数据驱动设计

（第 2 版）

冯毅雄　谭建荣　洪兆溪◎著

電子工業出版社
Publishing House of Electronics Industry
北京 · BEIJING

内 容 简 介

数据驱动设计主要指的是以用户数据和行为分析为核心，通过量化的方法来改进和优化设计决策的过程。随着数字化进程的加快，企业在产品开发和用户互动过程中积累了大量的数据，这些数据蕴含了用户的需求和偏好。通过对这些数据的深入挖掘，设计团队能够识别用户的痛点和趋势，从而更精准地满足市场需求。数据驱动设计不仅提高了设计的客观性和科学性，也为产品开发提供了新的思路和方向，是现代设计实践中一种被广泛采用的有效策略。本书将围绕数据驱动的产品设计，介绍设计知识数据的获取、建模和挖掘等技术，同时，结合机器学习和优化算法，分析数据驱动设计过程中的设计需求分析、知识重构、期望性能感知、智能推荐、性能反演、个性化配置、型谱优化及多源异构数据集成等关键技术，为工程设计领域的从业人员了解数据驱动设计的相关技术提供参考。

图书在版编目（CIP）数据

数据驱动设计 / 冯毅雄，谭建荣，洪兆溪著.
2 版. -- 北京 : 电子工业出版社，2024. 12. -- ISBN
978-7-121-49165-8

Ⅰ. TB472-39

中国国家版本馆 CIP 数据核字第 2024PZ0494 号

责任编辑：刘志红（lzhmails@163.com）　　特约编辑：陈冬梅
印　　刷：涿州市京南印刷厂
装　　订：涿州市京南印刷厂
出版发行：电子工业出版社
　　　　　北京市海淀区万寿路 173 信箱　邮编　100036
开　　本：787×1 092　1/16　印张：13.5　字数：345.6 千字
版　　次：2022 年 10 月第 1 版
　　　　　2024 年 12 月第 2 版
印　　次：2024 年 12 月第 1 次印刷
定　　价：98.00 元

凡所购买电子工业出版社图书有缺损问题，请向购买书店调换。若书店售缺，请与本社发行部联系，联系及邮购电话：（010）88254888，88258888。
质量投诉请发邮件至 zlts@phei.com.cn，盗版侵权举报请发邮件至 dbqq@phei.com.cn。
本书咨询联系方式：18614084788，lzhmails@163.com。

PREFACE 前言

在当今这个信息技术飞速发展的时代，智能制造作为一种革命性的生产模式，以其高效、灵活和智能化的特点，正在深刻重塑传统制造业的格局。信息技术作为智能制造的核心驱动力，推动了智能生产设备的智能化升级、产品生命周期的智能化管理。随着物联网和边缘计算等先进信息技术在制造业中的应用，产品全生命周期已经积累了大量的数据知识。如何挖掘工业大数据并将其运用智能制造系统来统筹管理产品生命周期过程，对于制造业的转型升级和价值创造具有重要意义。

数据驱动设计，作为一种革命性的设计理念，其重要性在当今数据驱动的商业环境中日益凸显。它不仅仅是设计过程中的一个环节，而且是一种深刻理解用户需求、优化产品设计、提升市场竞争力的重要手段。通过数据驱动设计，企业能够将海量的数据转化为有价值的洞察，从而指导产品的迭代和优化，确保每一项设计决策都基于事实而非猜测。数据驱动设计对于提高产品的市场适应性，增强用户体验，减少设计风险，并最终推动企业实现创新驱动和高质量发展具有重要意义。作为研究基础，数据驱动设计对创新概念提出和设计流程优化具有重要影响。

本书全面系统地讲述了与数据驱动设计有关的理论、方法和智能系统的开发技术及应用案例。全书共包括 11 章内容，第 1 章是绪论部分，第 2 章至第 10 章着重讲述了智能设计有关的最新具体方法，第 11 章则主要讲述了与智能设计有关的具体案例。

第 1 章介绍数据驱动设计的基本概念及其研究现状，梳理了数据驱动产品设计的主要研究内容。

第 2 章以产品设计需求分析为核心，介绍了产品设计需求分析的基本概念。基于物元模型和递归证据推理方法，提出了产品设计需求分析方法。

第 3 章以产品设计知识数据重构为内涵，介绍了产品设计需求知识本体的定义和语义化表达，基于粗糙集理论，提出了高维产品设计需求知识的粗糙集简化方法。

第 4 章以产品期望性能感知为核心，介绍了产品期望性能数据感知解析辨识的基本概念。基于数据驱动，构建了产品期望性能闭环感知模型，提出了在不确定条件下的期望性能递推解析度量方法。

第 5 章以产品设计知识推动为核心，介绍了产品设计知识智能推荐的基本概念。基于奇异值分解，构建了设计知识模型到描述词－设计知识矩阵的转换方法。

第 6 章以产品性能参数反演为主体，介绍了产品结构多参数关联性能反演的基本概念。基于数据驱动，阐述了多参数关联行为性能反演问题的描述，提出了多参数关联行为性能同伦反演方法。

第 7 章以产品个性化配置为核心，介绍了产品个性化配置的基本概念。基于模糊评价理论和最小二乘法，提出了一个产品个性化配置的优化模型，并运用改进的非支配排序遗传算法进行优化。

第 8 章以产品型谱优化为核心，介绍了产品型谱性能分解的基本概念。基于模糊聚类与平台规划进行产品型谱的优化，提出了混合协同进化的产品型谱优化方法。

第 9 章以产品多源异构数据集成为主题，介绍了产品多源异构数据的基本概念。基于使能性能知识需求集成，提出了组件接口语义描述、系统模型及组件接口的实现方法。

第 10 章以产品设计质量规划为内涵，介绍了产品质量与供应链构建的组合优化的基本概念，基于多目标优化分析零部件质量规划，提出了面向定制产品的质量优化方法。基于伯努利预测的模糊动态多属性决策模型，提出了面向定制供应商的供应链构建技术。

第 11 章以数控加工中心的需求分析系统分析建模、数据驱动的大型注塑装备设计系统、复杂锻压装备性能增强设计及工程应用、高速电梯模块配置设计、大型空分设备质量控制系统集成与实现等为例，说明了数据驱动的产品设计在重大装备产品中的应用。

撰写本书各章的作者如下：

第 1 章，谭建荣、冯毅雄；

第 2 章，丁力平、洪兆溪；

第 3 章，魏喆、谭建荣；

第 4 章，郑浩、冯毅雄；

第 5 章，许震宇、洪兆溪；

第 6 章，魏喆、谭建荣；

第 7 章，李中凯、冯毅雄；

第 8 章，李中凯、洪兆溪；

第 9 章，彭翔，谭建荣；

第 10 章，安相华，洪兆溪；

第 11 章，谭建荣，冯毅雄；

全书由冯毅雄、谭建荣、洪兆溪修改并统稿。

由于相关的研究工作还有待继续深入，加之受研究领域和写作时间所限，瑕疵和纰漏在所难免，在此恳请读者予以批评指正，并提出宝贵的意见，激励和帮助我们在探索数据驱动的产品设计理论与方法研究之路上继续前进。

作　者

2024 年 6 月于求是园

CONTENTS 目 录

第1章

绪　论

1.1　引言

在产品与其所处的外界环境（包括用户和其他环境因素）互动的过程中，通常会产出丰富的数据资源。这些数据不仅记录了产品与环境的互动，更映射出它们之间的联系特性。数据驱动设计便是以这些互动数据为基础，通过建模与分析的方法，探索其中的关联性与隐含的规律，进而辅助产品设计的发展。这种设计方法的核心目标，是将数字化的虚拟世界与实际的物理世界相结合，帮助决策者通过数据分析揭示产品背后的深层次联系与规律性，从而指导决策过程。

在产品的整个生命周期中，数据驱动的设计方法都能发挥其作用，通过分析操作数据来提升产品的整体质量。这一设计领域的研究主要聚焦于知识发现、数据挖掘技术、产品使用的数据分析，以及消费者偏好的预测等关键方面。数据驱动的设计不仅仅是对现有产品和系统方案的改良，它还关注于如何通过产品和系统运行中产生的数据实现生产流程的数字化转型。这种转型不仅将用户、产品和生产过程紧密相连，而且极大提升了设计的效率。通过对产品设计中产生的数据进行深入分析，不仅能够提升管理效率和产品质量，还能使产品设计更加灵活，迅速响应市场需求，增强产品的市场竞争力。在提升用户体验方面，数据驱动设计同样展现出其独特的优势。信息的及时反馈机制确保了用户需求能够被迅速捕捉并满足。此外，在产品的实际使用过程中，对用户数据的分析有助于更深入地理解消费者行为和需求。

总体来说，数据驱动设计不仅为产品创新提供了坚实的数据支持，也显著提高了设计的效率和质量。它已成为现代产品设计不可或缺的重要组成部分，对设计领域产生了深远的影响。

1.2 产品设计的基本概念

产品设计是一项系统的创造性活动，其核心目的是定义出一个新产品的形态、功能、使用性能以及用户体验。这个过程不仅涉及产品的外观造型设计，更包括内在结构、材料选择、技术方案，以及与其生产、使用及最终处置相关的一系列问题。产品设计是连接消费者需求和产品生产的桥梁，它在确定企业产品战略和市场成功中发挥着至关重要的作用。

在现代经济条件下，产品设计不仅仅是一种艺术行为，更是一种科学。它依靠市场研究、用户体验调研、工程技术、材料科学、生产工艺、成本分析和环境可持续性等多学科知识。设计师需要充分理解和预测用户需求，同时考虑到生产的实际条件和成本限制，提出创新的设计解决方案。

在产品设计过程中，设计师会运用各种设计方法论，如用户中心设计、环境友好设计、模块化设计等，以确保设计结果能够在满足功能和性能要求的同时，提供良好的用户体验，并且符合市场定位。设计师还会利用现代工具和技术，如计算机辅助设计（CAD）软件、三维建模、快速原型制作等，来实现设计想法并验证其可行性。产品设计的过程通常包括市场调研、需求分析、概念设计、详细设计、原型制作、测试评估和最终设计确定等阶段。在这一过程中，设计团队需要与市场专家、工程师、生产人员、供应商和客户紧密合作，以确保设计方案的实用性和市场竞争力。随着技术的快速发展和消费者偏好的不断变化，产品设计也在不断进化。例如，可持续性设计正在变得越来越重要，设计师在设计产品时需要考虑其整个生命周期的环境影响。同时，随着数字化和智能化技术的发展，产品设计也越来越多地融入了智能元素，以提供更加个性化和智能化的使用体验。

总之，产品设计是一门综合艺术和科学的学科，它要求设计师不仅要有创新精神和美学素养，还要具备跨学科的知识和技能，以应对不断变化的市场需求和技术挑战。通过将创意转化为实际产品，产品设计在推动社会进步和提高人们生活质量方面发挥着极其重要的作用。

1.3 数据和产品设计的关系

1.3.1 产品数据的定义及属性

人工智能技术的进步为将计算机和信息科学技术融入制造业带来了新的可能，进而促成了一个灵活且智慧的生产体系，以迎合市场的实时需求变化。在这样的智能生产框架下，信息技术与前沿生产技术实现了深度整合。得益于物联网、边缘计算等尖端技术的推广应用，制造过程中产品的整个生命阶段都积聚了丰富且有价值的数据资源。有效利用智能生产体系内的数据资源来管理产品的生命周期对于推动制造业的价值链转型升级至关重要。

产品生命周期管理（PLM）是企业管理复杂知识过程的关键信息战略，涵盖了产品从需求分析、设计、生产、销售、服务到废弃回收的全程。产品设计是工业生产的关键环节，对整个产品生命周期产生了深远的影响。在设计的每一阶段，涉及到丰富的知识和数据，包括产品规划、初始设计、结构设计，以及细节设计等。设计师在整个设计流程中，往往需要大量时间用于整理和管理这些设计知识和数据。因此，高效的设计知识与数据管理是企业提升市场竞争力和缩短产品开发周期的关键技术。

随着社会的演进，数据作为一种资源，在积累的同时，在各个行业中也扮演着越来越关键的角色。这些产品数据是伴随产品整个生命周期产生的，并由产品与人类及环境的交互作用共同构成。主要数据来源包括互联网上的数字资源、网络化的物理系统，以及科学实验所得数据。在智能设计的新时代，通过匹配功能的应用以满足客户需求，进而通过终端记忆与模拟学习预测消费者偏好，这一过程与人脑的思考方式相似。在产品的设计与开发过程中，数据已成为一个不可或缺的元素，贯穿产品生命周期的始终。

1.3.2 基于数据驱动的产品设计流程

在产品设计的实践中，设计师依靠丰富的产品数据来做出决策，将一系列功能需求转化为具体的产品实施方案。产品设计是一个多阶段、迭代性的复杂活动，包含了从产品的原理方案设计、宏观设计到详尽的方案设计等多个环节。每个设计任务都需要明确的分工，且往往涉及到若干子任务的子流程。这些设计任务需要多轮迭代，对数据的支持需求极其强烈。产品设计的过程可以分为四个关键阶段：计划与分工、概念设计、结构设计和详细设计。在这一连串的设计阶段中，各个环节都有其特殊的工作内容，涉及众多员工和部门的协作，这一过程中将产生大量的数据。以下是与需求分析、概念设计、详细设计相关的产品数据介绍。

（1）需求分析：在这个阶段，基于市场和顾客的数据需求，分析关键顾客的偏好，并将这些偏好精准地转化为产品的属性和规格，关键任务是有效捕捉和筛选出客户偏好的数据。需求分析所涉及的数据可能包含顾客反馈、满意度调查以及网络上的评论和视频等。

（2）概念设计：在此阶段，设计师通常会构建基于数据的产品概念模型，并结合概念设计过程中的数据来获取相关的知识，以辅助概念设计的决策。在建立功能结构和寻找合适的工作原理之后，将解决方案整合为一个可行的工作模型。概念设计阶段可能包括产品的功能需求数据、结构设计数据和各种设计方案的备选数据等。

（3）详细设计：在这个阶段，设计师根据收集到的产品数据来对产品开发进行建模。这些数据描述了如何基于特定的需求来构建产品方案，并支持设计过程中的仿真和验证。详细设计阶段可能会用到的数据包括产品的外观造型、配置选项以及各种设计参数等。

1.4 数据驱动的产品设计发展历程

1.4.1 数据驱动的需求分析

需求分析是指通过一定的方法获取客户需求信息，然后根据客户需求数据的重要性及其对产品设计的影响进行筛选的过程。制造产品的最初动机是满足客户的需求，客户需求是数据驱动产品设计的直接动力。随着大数据、物联网等技术的发展，数据驱动的客户偏好感知成为研究热点。客户需求分析方法倾向于使用一些智能分析和数据处理方法来满足客户需求。当今企业面临的市场已从单一、稳定的市场转变为要求产品具有差异化、个性化特性的细分市场。企业要想长久生存，就必须准确把握客户的需求，生产出符合客户需求的产品。因此，面对庞大的数据生成环境和竞争激烈的市场形势，设计工程师必须考虑客户的各种偏好和要求。

客户偏好数据可以通过各种数据源获得，如客户反馈、网络爬虫和公司数据库。在激发和分析需求数据的过程中，对客户需求的理解和假设对产品设计和制造在质量、交付周期和成本方面具有重要影响。因此，有效地捕捉关键客户偏好和需求，系统地分析并适当地将它们转换为合适的产品属性和特性是需求分析的重点。

正确识别和预测产品特征是进行需求分析的基础。需求预测的前提是通过一定的方法获取客户需求数据，这也是数据驱动产品设计中比较耗时的一部分。早期传统的客户需求的获取主要以问卷的形式进行。随着互联网和大数据技术的应用，客户需求的获取正变得更加智能、方便和快捷。在获取客户需求数据后，结合产品生命周期各阶段的数据，对客户需求进行分析和补充。为了更好地满足客户需求和理解客户的各种异构需求，有必要对客户需求数据进行分类。随着客户需求数据的爆炸性增长，需求分类方法也不再仅限于传统类别，目前大多使用模糊聚类和数据挖掘方法进行需求分类处理。

收集到的客户需求数据不仅包括顾客对产品功能的要求，还包括客户对产品性能的要求。在进行客户需求转换和映射时，主要包括客户需求重要性的确定和客户需求功能特征的映射。预测产品特征的未来重要性权重对数据驱动的产品设计有重大影响，因为它会显著影响工程需求的目标值设置。确定客户需求的重要性是客户需求预测和综合分析过程中的关键部分。当前，确定客户需求重要性的方法很多，主要包括专家评估方法、层次分析法（AHP）、模糊分析法（FAM）、特征分析法和质量功能展开法（QFD）。通常，在使用过程中可以将多种方法结合使用。客户需求和产品设计参数的数据驱动相关性分析可以帮助设计人员预测和感知客户需求偏好，这已成为一个热门的研究方向。客户需求到产品特性的映射是产品设计的一个关键方面，用于将客户需求数据转换为易于理解的产品工程特征。除了上面提到的需求转换方法，QFD 对设计人员来说是更有用的工具。QFD 是一种集成的决策方法，可确保并提高设计过程元素与客户需求的一致性。QFD 需求转换的关键是使用质量屋建立客户需求数据与技术特征之间的关系矩阵，并通过矩阵转换将客户需求数据转换为产品技术特征。

1.4.2 数据驱动的产品概念设计

产品概念设计是面向设计需求的一系列迭代、复杂的工程过程，它通过建立功能行为关联来寻找正确的组合机制，确定基本求解路径，并生成设计方案。新产品开发的成功与否取决于概念设计阶段的设计概念生成。企业需要在不增加生产成本和产品开发周期的前提下，快速生产满足消费者多样化和个性化需求的新产品。产品概念设计是解决这些问题的关键步骤之一，而产品数据的使用效率是影响产品概念设计效率的主要因素。

在大数据时代背景下，数据在产品概念设计中发挥积极作用。大多数消费群体的需求可以从大量的产品数据中分析出来，从而减少了概念设计的模糊性。产品数据包含丰富的设计知识，可以提高概念设计的效率和设计方案的创新性。数据的其他方面包括许多有助于设计过程的方法论经验。在产品概念设计中，设计者往往需要依靠自己的设计经验，找到相关的设计知识来解决设计问题。有时在遇到新问题时，仅靠设计者自身的知识和经验很难解决问题，而这会导致设计效率低下。数据驱动的产品概念设计不仅可以减轻设计人员的工作量，而且可以提高产品设计质量。

产品概念设计方案的生成过程是一个从模糊需求到特定结构的映射过程，产品概念设计中的功能推理方法侧重于功能层面，以生成和评估特定设计问题的解决方案。推理过程中涉及大量的实际数据。许多学者将数据处理技术引入概念设计，形成了一系列数据驱动的功能推理方法。对设计知识和数据重用的需求推动了基于实例推理法（CBR）在产品设计领域的发展和应用。CBR 通过将过去相似问题的解决方案关联起来，并对其进行适当的修改来解决新问题，这与人类的决策过程类似。CBR 通过有效地组织和利用原有的设计知识和数据，克服了一般智能系统中知识获取的瓶颈。智能算法可以处理特定的产品数据，因此引入智能算法可以更好地执行推理过程。神经网络具有自组织和自学习的能力，可以解决分类任务和联想记忆的重新获得问题。在功能推理中，神经网络可以处理不充分且容易被更改的数据，用于提取和表达知识。混合推理是两种或多种推理技术的结合，通过一定的信息交换和相互协作，生成概念设计优化方案，有效地解决了单一推理方法的不足。

通过对产品功能设计、原理解和原始理解的结合，得到多个产品原理解。概念设计的目标是选择一个令人满意的设计方案，并在随后的详细设计阶段进一步细化方案。概念设计方案的决策是在方案生成阶段对生成的多个候选方案进行评价和比较，以选出最优的概念设计方案。数据驱动的方案决策通过选择和分析选定的数据对象来提供决策支持信息。以产品类型和产品元素作为数据驱动的影响因素和阈值权重，实现对产品设计方案的决策。产品类型是基于数据的价值创新，源于对用户数据的挖掘。产品元素的获取基于数据聚类，是一个集成、分析和归纳的过程，表示某一类用户的相关特征。这些特征是相互关联的，是用户之间相互理解和交流的纽带。常用的经典决策方法有线性加权法、相似理想解排序法（TOPSIS）和层次分析法等。随着研究的深入，学者们引入了灰色理论、粗糙集理论等其他数学分析方法，改进了经典的多属性决策方法，拓宽了多属性决策的思路，并提出了灰色关联评价法、模糊综合评判法等多属性决策方法。随着数据分析和数据驱动方法在产品设计中的应用，机器学习、神经网络等方法也逐渐被用于产品设计方案的评价和决策。

1.4.3 数据驱动的详细设计

20 世纪上半叶，模型在工程设计中得到了广泛的应用，数学模型几乎涵盖了工程产品的方方面面。从设计的物理表示和图形模型开始，然后是模拟模型，或者使用一种事物来表示另一种事物。设计问题可以用不同的方式建模和表示，以帮助设计师工作。产品数据信息的符号模型是由符号关联约束下的一组符号组成的。设计过程模型是设计过程的抽象表达，可以清晰地表示设计数据和知识，描述设计变量及其转换关系。随着传感器和数据存储技术的发展，产品数据呈现出大容量、多类型、多采样率的新特点，给建模和应用带来了困难。数据挖掘和数据库技术为数据驱动建模方法在产品设计中的开发和应用提供了强有力的技术支持。产品建模中的数据描述了基于需求创建产品解决方案（如候选设计和制造过程）的原因和方式的基本原理。当更改需求或识别新需求时，设计人员可以使用产品数据修改现有的解决方案或创建新的解决方案。在产品数据的各个方面，产品设计数据在基于计算机的产品开发系统的开发中起产品建模的关键作用。近年来，数据建模已经成为学术界和工业界的研究热点，在建模语言和建模方法上都取得了重大发展。

根据产品高度分布和可重构的特点，数据驱动的建模语言可以分为本体建模语言和面向对象的建模语言。本体建模语言用于构造语义丰富的产品模型，使用最广泛的本体语言是本体网络语言（OWL），它通过提供额外的词汇和形式语义来提高万维网（Web）内容的机器解释能力。OWL 用于应用程序需要处理文档中包含的信息，可以用来清楚地表示词汇表中术语的含义及这些术语之间的关系。面向对象的建模语言采用面向对象的编程思想，包括实例化、继承、封装和多态性等，对产品数据进行建模。它们包括许多流行的建模语言，如在面向对象的设计和分析中常用的统一建模语言、进程（STEP）中用来表示产品数据的表达方式（EXPRESS）及其图形表示格式 EXPRESS-G.Szykman 等。

1.4.4 数据驱动的设计工具

在 2000 年之前，产品设计主要依赖于设计师的经验、直觉和有限的数据分析。设计师通过市场调研、用户反馈、设计原型和用户测试等方法来了解用户需求和市场趋势，并通过基本的统计分析工具分析用户数据和市场数据。这一时期的设计实践强调设计师的经验和直觉，设计决策主要基于长期积累的设计经验和敏锐的设计直觉。设计师还需要与团队成员和用户进行充分的沟通和协作，撰写详细的设计文档和制定设计规范，以确保设计方案的实施和方案的一致性。尽管这一阶段的数据量较小，分析方法较为简单，但这些方法为后来的大数据分析技术的发展奠定了重要基础。

21 世纪最初十年初期，互联网的普及和信息技术的发展使得数据的采集和存储变得更加容易和便宜。企业开始积累大量的用户数据，但这些数据大多未被充分利用。设计师们开始逐步意识到数据的重要性，尝试将数据引入设计流程中。然而，由于缺乏成熟的数据处理和分析工具，数据的利用仍然较为初级。企业通过互联网技术积累用户数据，利用基础的数据分析工具，如 Google Analytics，对网站流量、用户点击行为等进行初步分析。尽管数据驱动设计的意识逐步觉醒，但实践中仍处于探索阶段，数据的应用和价值尚未得到充分体现。

2005 年，Hadoop 的发布标志着大数据处理技术的一个重要里程碑。Hadoop 提供了一个处理大规模数据的框架，使得企业能够处理和分析海量数据。这个时期，数据驱动的理念开始逐步渗透到产品设计中。企业开始通过更为先进的数据分析工具，来从海量数据中提取有价值的信息，用于指导产品设计。Hadoop 的分布式处理框架使得企业在成本可控的情况下处理和分析大量结构化和非结构化数据，推动了数据驱动决策的兴起。数据分析工具如 Tableau、QlikView 等的普及，使得数据可视化和分析更加直观和便捷，企业通过数据驱动进行产品设计的实践逐渐增多。

随着 2010 年左右大数据技术的成熟，越来越多的企业开始利用大数据进行产品设计。机器学习和人工智能技术的引入，使得数据分析变得更加智能和自动化。企业可以通过分析用户行为数据、市场数据和社交媒体数据，来进行更加精准的产品设计。这个时期的数据分析不仅限于数据的简单处理和统计，而是通过复杂的算法和模型，预测用户需求，优化产品设计。企业通过 Hadoop、Spark 等大数据技术处理海量数据，引入机器学习和人工智能技术，实现个性化推荐、智能客服等应用。社交媒体数据分析成为企业了解用户需求和情感的重要手段，精准营销与个性化设计提升了用户满意度和市场竞争力。

2015 年前后数据驱动的产品设计进入了一个新的阶段。企业不仅仅利用数据来进行产品设计，还开始通过 A/B 测试、用户画像和个性化推荐等技术，来不断优化和改进产品。这一阶段的特点是数据分析的实时化和智能化。企业能够实时获取用户反馈，并迅速做出反应，优化产品设计，提高用户满意度。通过 A/B 测试，企业实时比较不同设计方案的效果，用户画像帮助企业了解用户需求和行为模式，个性化推荐提升了用户体验。实时数据分析技术如 Kafka、Storm 的应用，使得企业可以即时监控和响应用户行为，智能化的产品设计和优化如自动化界面调整、智能客服等，提升了产品的智能化水平。

未来随着物联网（IoT）和 5G 技术的发展，数据驱动的产品设计将变得更加普遍和深入。企业将能够实时获取用户的使用数据，并通过人工智能技术进行实时分析和优化，进一步提升用户体验和产品竞争力。未来，数据驱动设计将不仅限于软件产品，还将广泛应用于硬件产品和服务设计中，推动各行各业的创新与发展。跨领域应用将推动制造业、医疗、交通等各个领域的数字化转型和智能化升级，企业将构建基于数据驱动的智能生态系统，通过数据互联互通，实现产品、服务和用户体验的全面优化和提升。

1.5 数据驱动下产品设计的主要研究内容

1.5.1 数据驱动的需求分析

需求分析是指通过一定的方法获取客户需求信息，然后根据客户需求数据的重要性及其对产品设计的影响进行筛选的过程。制造产品的最初动机是满足客户的需求，客户需求是数据驱动产品设计的直接动力。

1.5.2 数据驱动的概念设计

产品概念设计是面向设计需求的一系列迭代、复杂的工程过程，它通过建立功能行为关联来寻找正确的组合机制，确定基本求解路径，并生成设计方案。新产品开发的成功与否取决于概念设计阶段的设计概念生成。企业需要在不增加生产成本和产品开发周期的前提下，快速生产满足消费者多样化和个性化需求的新产品。产品概念设计是解决这些问题的关键步骤之一，而产品数据的使用效率是影响产品概念设计效率的主要因素。

在大数据时代背景下，数据在产品概念设计中发挥积极作用。大多数消费群体的需求可以从大量的产品数据中分析出来，从而减少了概念设计的模糊性。产品数据包含丰富的设计知识，可以提高概念设计的效率和设计方案的创新性。数据的其他方面包括许多有助于设计过程的方法论经验。在产品概念设计中，设计者往往需要依靠自己的设计经验，找到相关的设计知识来解决设计问题。有时在遇到新问题时，仅靠设计者自身的知识和经验很难解决问题，而这会导致设计效率低下。数据驱动的产品概念设计不仅可以减轻设计人员的工作量，而且可以提高产品设计质量。

产品概念设计方案的生成过程是一个从模糊需求到特定结构的映射过程，产品概念设计中的功能推理方法侧重于功能层面，以生成和评估特定设计问题的解决方案。推理过程中涉及大量的实际数据。许多学者将数据处理技术引入概念设计，形成了一系列数据驱动的功能推理方法。对设计知识和数据重用的需求推动了基于实例推理法（CBR）在产品设计领域的发展和应用。CBR 通过将过去相似问题的解决方案关联起来，并通过对其进行适当的修改来解决新问题，这与人类的决策过程类似。CBR 通过有效地组织和利用原有的设计知识和数据，克服了一般智能系统中知识获取的瓶颈。智能算法可以处理特定的产品数据，因此引入智能算法可以更好地执行推理过程。神经网络具有自组织和自学习的能力，可以解决分类任务和联想记忆的重新获得。在功能推理中，神经网络可以处理不充分且容易被更改的数据，用于提取和表达知识。混合推理是两种或多种推理技术的结合，通过一定的信息交换和相互协作，生成概念设计优化方案，有效地解决了单一推理方法的不足。

通过对产品功能设计、原理解和原始理解的结合，得到多个产品原理解。概念设计的目标是选择一个令人满意的设计方案，并在随后的详细设计阶段进一步细化方案。概念设计方案的决策是在方案生成阶段对生成的多个候选方案进行评价和比较，以选出最优的概念设计方案。数据驱动的方案决策通过选择和分析选定的数据对象来提供决策支持信息。以产品类型和产品元素作为数据驱动的影响因素和阈值权重，实现对产品设计方案的决策。产品类型是基于数据的价值创新，源于对用户数据的挖掘。产品元素的获取基于数据聚类，是一个集成、分析和归纳的过程，表示某一类用户的相关特征。这些特征是相互关联的，是用户之间相互理解和交流的纽带。常用的经典决策方法有线性加权法、相似理想解排序法（TOPSIS）和层次分析法等。随着研究的深入，学者们引入了灰色理论、粗糙集理论等其他数学分析方法，改进了经典的多属性决策方法，拓宽了多属性决策的思路，并提出了灰色关联评价法、模糊综合评判法等多属性决策方法。随着数据分析和数据驱动方法在产品设计中的应用，机器学习、神经网络等方法也逐渐被用于产品设计方案的评价和决策。

1.5.3　数据驱动的详细设计

数据是产品设计过程的重要资源，现有很多研究者对已有数据基于神经网络进行指导设计，优化参数，提高设计效率。当前，随着智能制造成为工业发展的主流模式，智能设计和服务的利润率增长点将会得到大幅度提升。其中，智能设计作为制造业三大主要业务的起点和关键，能够帮助企业精准获取设计知识、准确辨识生产要素、精确预测产品性能，是加快产品设计进程、提升产品制造质量、保障产品运行性能和提升企业竞争力的重要手段。通常，产品设计主要包括需求分析、概念设计、结构设计和详细设计四个阶段。数据驱动的详细设计是一种以数据为中心进行产品详细设计业务决策和行动的方式，基于精益分析和数据闭环理念，强调数据在产品设计决策制定中的核心作用，通过数据分析和挖掘技术提炼规律、分析研判再到详细设计的业务应用。

数据驱动的产品详细设计可以通过利用大量的真实数据进行建模和分析，更准确地了解产品结构在不同工况下的响应和行为，从而更加精确地进行设计和改进。随着数据处理和机器学习技术的迅猛发展，可以利用大量的现实数据来辅助产品结构的分析、优化和创新。与此同时能够提高设计效率和精度，为产品设计行业的创新和发展注入新的活力。深度学习神经网络能够处理各种类型的高维度、非线性、大规模的数据，并从中自动地学习到有用的特征，具有较高的准确率、优秀的泛化能力和自适应的能力，对于设计变量较多且复杂的模型，其计算结果的精度和误差在工程上是可以接受的。用于产品详细设计的神经网络算法主要包含网络结构的设计和损失函数的选择，完成神经网络的设计后，选择适当的优化器，将获得的数据集传入网络模型中进行训练和验证测试，通过不断调整模型结构和权值大小，最终获得最优的网络模型并保存，为网络模型的使用做准备。

1.5.4 数据驱动的设计工具

设计知识是信息和数据收集的整合，与产品设计过程相关的数据包含了大量的设计知识。产品设计是一个不断扩展和优化设计知识的过程。设计知识可以结构化并存储在设计知识库中，便于设计知识的组织和管理。知识库系统可用于设计知识和数据的存储、管理和重用。产品数据驱动的设计知识库和实例库作为信息支持的基础，包括设计原则和规范、设计标准和方法及专家经验。有效的构造可以帮助设计者管理产品设计实例信息，提高产品设计效率。随着设计过程的继续，数据不断产生并转化为设计知识。通过数据的结构化处理和存储，促进了知识的积累和产品设计的改进。

为了克服数据库模型在知识表达能力方面的不足，有必要加强数据库的语义构件。将领域专家的所有知识集合起来并转化为知识库中的知识实现起来十分困难，因此知识开发的思想也从转换转向了建模。在知识库系统的建模框架中，KADS 方法是构建知识库系统的结构化方法的集合。它的关键组件之一是通用推理模型库，它可以应用于给定类型的任务。基于模型和增量知识工程方法用于开发基于知识的系统，该系统将半规范和形式化规范技术与原型技术集成到一个一致的框架中。Protégé system 是一个持久的、可扩展的知识系统开发和研究平台，它可以在各种平台上运行，并支持定制的用户界面扩展，包括开放式知识库连接知识模型。

产品数据驱动的设计知识库有效地支持了设计过程建模和设计对象建模中的知识重用。设计知识的管理和重用可以提高产品设计的效率和质量。在知识经济时代，有效利用企业积累的知识对保持企业竞争力有至关重要的作用，特别是对产品设计公司这类知识密集型企业。数据驱动设计支持工具作为应用的延伸，集成了设计知识库、实例库、数据库和产品模型，帮助设计人员在设计初期信息不完全的情况下对产品结构和参数进行优化。目前的数据驱动设计工具借助计算机辅助技术和产品数据管理，注重环境集成和界面关联，极大地方便了产品设计过程。

1.6 本书的篇章结构

本书全面系统地讲述了与数据驱动的产品设计有关的理论、方法和智能系统的开发技术及应用案例。全书正文共包括 11 章内容，第 1 章介绍了数据驱动的产品设计绪论部分，第 2 章至第 10 章着重讲述了智能设计有关的最新具体方法，第 11 章则主要讲述了与智能设计有关的具体案例。

第 2 章以产品设计需求分析为核心，介绍了产品设计需求分析的基本概念。基于物元模型，递归证据推理方法，提出了产品设计需求分析方法。

第 3 章以产品设计知识数据重构为内涵，介绍了产品设计需求知识本体的定义和语义化表达，基于粗糙集理论，提出了高维产品设计需求知识的粗糙集简化方法。

第 4 章以产品期望性能感知为核心，介绍了产品期望性能数据感知解析辨识的基本概念。基于数据驱动，构建了产品期望性能闭环感知模型，提出了在不确定条件下的期望性能递推解析度量方法。

第 5 章以产品设计知识推动为核心，介绍了产品设计知识智能推荐的基本概念。基于奇异值分解，构建了设计知识模型到描述词——设计知识矩阵的转换方法。

第 6 章以产品性能参数反演为主体，介绍了产品结构多参数关联性能反演的基本概念。基于数据驱动，阐述了多参数关联行为性能反演问题，提出了多参数关联行为性能同伦反演方法。

第 7 章以产品个性化配置为核心，介绍了产品个性化配置的的基本概念。基于模糊评价理论和最小二乘法，提出了一个产品个性化配置的优化模型，并运用改进的非支配排序遗传算法进行优化。

第 8 章以产品型谱优化为核心，介绍了产品型谱性能分解的基本概念。基于模糊聚类与平台规划进行产品型谱的优化，提出了混合协同进化的产品型谱优化方法。

第 9 章以产品多源异构数据集成为主题，介绍了产品多源异构数据的基本概念。基于使能性能知识需求集成，提出了组件接口语义描述、系统模型以及组件接口的实现方法。

第 10 章以产品设计质量规划为内涵，介绍了产品质量与供应链构建的组合优化的基本概念，基于多目标优化分析零部件质量规划，提出了面向定制产品的质量优化方法。基于伯努利预测的模糊动态多属性决策模型，提出了面向定制供应商的供应链构建技术。

第 11 章以数控加工中心的需求分析系统分析建模、数据驱动的大型注塑装备设计系统、复杂锻压装备性能增强设计及工程应用、高速电梯模块配置设计、大型空分设备质量控制系统集成与实现等为例，说明了数据驱动的产品设计在重大装备产品中的应用。

第2章

基于证据推理的产品细分需求建模技术

在当今快速变化的市场环境中，消费者对产品的个性化和定制化需求日渐增长，这直接催生了大批量定制产品开发的新趋势。本章将深入探讨如何从客户需求出发，确保定制产品的质量与客户满意度。客户需求的精确把握和分析是实现产品个性化与高质量的关键。正确地转化这些需求为产品设计和资源分配的优先级，是赢得市场竞争的重要手段。在本书的脉络中，本章起着承上启下的作用。它不仅建立了客户需求与产品设计之间的桥梁，也为后续章节中的产品实现和市场推广奠定了基础。本章我们将介绍一系列创新方法，包括物元模型的应用、蚁群聚类算法，在客户需求划分中的使用，以及基于递归证据推理的信息处理技术。这些方法共同构成了一种系统化的需求分析与质量特性提取框架，旨在提高信息处理的精确性，减少不确定性，最终实现对客户需求的精准响应。本章将首先介绍物元模型在描述客户需求属性中的作用，通过该模型，我们能够更加详细地捕捉客户需求的多维特征。随后，我们将探讨蚁群聚类算法如何帮助我们对客户需求进行有效的群体划分，以便于针对性地满足不同客户群体的需求。进一步地，章节还将涉及如何通过递归证据推理来处理质量功能展开（QFD）过程中的不确定信息，并提出一种优化决策模型，旨在从众多的客户反馈中提取出最关键的质量特性。通过本章的学习，读者将获得一套完整的工具和理论框架，以指导产品开发人士如何从客户需求出发，进行定制产品的质量规划和设计。这不仅对产品开发专业人士有着重要的指导意义，也对提高企业的市场竞争力和客户满意度具有深远影响。

2.1 客户需求群物元细分

定制产品的开发模式是以客户的需求相似性为基础，形成一定范围内的客户需求群，

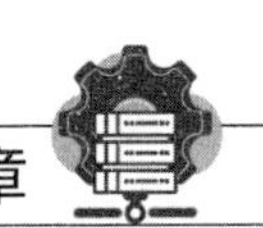

并针对不同的客户群实施相应的产品设计，以最小的产品变型来快速满足多样化与个性化的客户需求。因此，如何合理有效地对客户需求进行聚类划分是正确定义和规划定制产品的前提与基础。

2.1.1 客户需求的物元表达与筛选

给定产品对象 P，客户对该产品的需求特征 r 和 P 关于 r 的量值 v，以有序三元组 $S=(P,r,v)$ 构成的物元定义为客户的需求物元。需求物元是对客户需求的物元描述，用以表达客户需求信息与特征。

通常，首先通过市场调查、客户面谈或数据收集等方式得到客户需求初选集，初选集所包含的需求描述存在大量模糊、冗余的信息，甚至各个需求之间可能相互冲突。

假设客户需求初选集为 $R_C^0=\{r_1^0,r_2^0,\cdots,r_m^0\}$，则 r_i^0 和 r_j^0 之间在所包含内容上可能存在三种关系：

（1）包容关系 如果 r_i^0 包含的内容是 r_j^0 所包含内容的子集，则称 r_i^0 与 r_j^0 是包容关系。

（2）交叉关系 如果 r_i^0 包含的内容与 r_j^0 所包含内容存在交集，则称 r_i^0 与 r_j^0 是交叉关系。

（3）独立关系 如果 r_i^0 包含的内容与 r_j^0 所包含内容无关，则称 r_i^0 与 r_j^0 是独立关系。

因此，为了减少 QFD 转化过程中的模糊、不明确，以及冗余的信息，需要对初选集中的客户需求进行筛选。可通过需求物元的可拓变换，实现对客户需求的整理分析。假设 S_i^0、S_j^0 为任意两客户的需求物元，则筛选整理的相关物元变换规则如下：

（1）若 $S_i^0\subset S_j^0$，则客户需求之间存在包容关系，可由删减变换 $S[I\to(S-\Delta S)]$，将被包容的需求特征去掉。

（2）若 $S_i^0\cap S_j^0\neq\varnothing$，则客户需求之间存在交叉关系，可由分解变换 $S[I\to(S_1\oplus S_2\oplus\cdots\oplus S_n)]$，以及删减变换 $S[I\to(S-\Delta S)]$ 将交集部分去掉，并构建新的客户需求特征。

（3）若 $S_i^0\cap S_j^0=\varnothing$，则客户需求之间为独立关系，不需作物元变换。

经过筛选处理后，得到产品 P 的客户需求特性的待选集 $R_C^{'}=\{r_1^{'},r_2^{'},\cdots,r_k^{'}\}$，此时，待选集中的任意需求特性元素 $r_i^{'}$、$r_j^{'}$ 可能存在以下四种关系：

（1）不相关关系 如果 $r_i^{'}$ 的满足或实现不会给 $r_j^{'}$ 造成任何影响，则称 $r_i^{'}$ 与 $r_j^{'}$ 是不相关关系。

（2）正相关关系 如果 $r_i^{'}$ 的满足或实现有益于 $r_j^{'}$ 的满足或实现，则称 $r_i^{'}$ 与 $r_j^{'}$ 是正相关关系。

（3）负相关关系 如果 $r_i^{'}$ 的满足或实现将阻碍 $r_j^{'}$ 的满足或实现，则称 $r_i^{'}$ 与 $r_j^{'}$ 是负相关关系。

（4）互斥关系 如果$r_i^{'}$与$r_j^{'}$（部分或全部）不能同时被满足或实现，则称$r_i^{'}$与$r_j^{'}$是互斥关系。

在前述相关关系的基础上，对待选集中的需求特征进行进一步筛选，适当取舍具有互斥关系的需求特征，根据需要保留具有不相关关系、正相关关系和负相关关系的需求特征，最后得到筛选后的客户需求筛选集$R_C=\{r_1,r_2,\cdots,r_n\}$，作为所有客户的需求物元特征。由此，可得全体客户$\mathrm{CU}=\{\mathrm{CU}_1,\mathrm{CU}_2,\cdots,\mathrm{CU}_t\}$的需求物元：

$$\Gamma(S)=S_1\cup S_2\cup\cdots\cup S_t$$ 。

式中，$S_t=(P,r,v_t)$；$r\in R_C$。

2.1.2 客户需求物元的相似度计算

在获得多个客户需求物元后，需要分析这些需求物元之间的差异，作为客户需求群细分的依据。通过客户需求物元的聚类划分，使得同一细分群体内的客户需求具有较大相似度，不同客户需求群之间的需求具有一定的差异性。为了对客户需求物元进行相似性度量，需要计算各需求物元之间的距离。由于客户需求物元的特征量值直接描述了客户对产品的量化需求，因此，从各特征量值之间的距离入手，分析可计算需求物元距离的计算方法。

通常，需求物元的特征量值有离散型和区间型两种，特征量之间的距离有点到点、点到区间以及区间到区间三种情况，因此，常用的距离计算方法（如海明距离和欧式距离）不适用于物元特征量值间的距离描述。Liem 提出了一种可计算两区间距离的计算公式，具体如下：

假设两区间分别为$A=[a_1,a_2]$，$B=[b_1,b_2]$，其中，a_1、a_2、b_1、b_2均为实数，则区间A和区间B之间的距离$D(A,B)$为：

$$\begin{aligned}D^2(A,B)&=\int_{-1/2}^{1/2}\int_{-1/2}^{1/2}\{[(\frac{a_1+a_2}{2})+x(a_2-a_1)]-[(\frac{b_1+b_2}{2})+y(b_2-b_1)]\}^2\mathrm{d}x\mathrm{d}y\\&=[(\frac{a_1+a_2}{2})-(\frac{b_1+b_2}{2})]^2+\frac{1}{3}[(\frac{a_2-a_1}{2})^2+(\frac{b_2-b_1}{2})^2]\end{aligned} \tag{2-1}$$

度量空间理论规定，对于空间集X中的任意两点p、q，其距离函数$d(p,q)$必须满足以下条件：

（1）如果$p\neq q$，则$d(p,q)>0$；

（2）如果$p=q$，则$d(p,q)=0$；

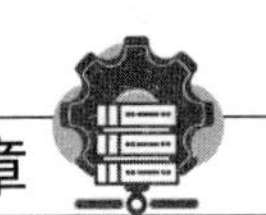

（3）$d(p,q)=d(q,p)$；

（4）对于任意 $h\in X$，$d(p,q)\leqslant d(p,h)+d(h,q)$。

显然，不满足条件（2），因此，该计算公式不能作为区间型空间的距离度量函数。为此，定义区间型空间的距离函数如下：

对任意两区间 $A=[a_1,a_2]$，$B=[b_1,b_2]$，且 $A\cap B=E=[e_1,e_2]$，其中，a_1、a_2、b_1、b_2、e_1、e_2 均为实数，则区间 A 和区间 B 之间的距离 $D(A,B)$ 为：

$$\begin{aligned}D^2(A,B)=&\int_{-1/2}^{1/2}\int_{-1/2}^{1/2}\{[(\frac{a_1+a_2}{2})+x(a_2-a_1)]-[(\frac{b_1+b_2}{2})+y(b_2-b_1)]\}^2\mathrm{d}x\mathrm{d}y-\\&\int_{-1/2}^{1/2}\int_{-1/2}^{1/2}\{[(\frac{e_1+e_2}{2})+x(e_2-e_1)]-[(\frac{e_1+e_2}{2})+y(e_2-e_1)]\}^2\mathrm{d}x\mathrm{d}y\\&=[(\frac{a_1+a_2}{2})-(\frac{b_1+b_2}{2})]^2+\frac{1}{3}[(\frac{a_2-a_1}{2})^2+(\frac{b_2-b_1}{2})^2]-\frac{1}{6}(e_2-e_1)^2\end{aligned}\tag{2-2}$$

规定，若 $A\cap B=E=\varnothing$，则 $e_2-e_1=0$。

现证明公式（2-2）满足距离函数度量条件。

对于条件（1）：

因为 $E=A\cap B$，且 $A\neq B$，易得 $a_2-a_1>e_2-e_1$，$b_2-b_1>e_2-e_1$

所以

$$\begin{aligned}D^2(A,B)=&[(\frac{a_1+a_2}{2})-(\frac{b_1+b_2}{2})]^2+\frac{1}{3}[(\frac{a_2-a_1}{2})^2+(\frac{b_2-b_1}{2})^2]-\frac{1}{6}(e_2-e_1)^2>\\&[(\frac{a_1+a_2}{2})-(\frac{b_1+b_2}{2})]^2+\frac{1}{3}[(\frac{e_2-e_1}{2})^2+(\frac{e_2-e_1}{2})^2]-\frac{1}{6}(e_2-e_1)^2\\&=[(\frac{a_1+a_2}{2})-(\frac{b_1+b_2}{2})]^2\geqslant 0\end{aligned}\tag{2-3}$$

因此，条件（1）得证。

对于条件（2）：

因为 $A=B$，所以，$a_1=b_1=e_1$，$a_2=b_2=e_2$

可得 $D(A,B)=0$

因此，条件（2）得证。

对于条件（3）：

因为

$$\begin{aligned}D^2(A,B)&=[(\frac{a_1+a_2}{2})-(\frac{b_1+b_2}{2})]^2+\frac{1}{3}[(\frac{a_2-a_1}{2})^2+(\frac{b_2-b_1}{2})^2]-\frac{1}{6}(e_2-e_1)^2\\&=[(\frac{b_1+b_2}{2})-(\frac{a_1+a_2}{2})]^2+\frac{1}{3}[(\frac{b_2-b_1}{2})^2+(\frac{a_2-a_1}{2})^2]-\frac{1}{6}(e_2-e_1)^2\\&=D^2(B,A)\end{aligned}\tag{2-4}$$

所以 $D(A,B)=D(B,A)$

因此，条件（3）得证。

对于条件（4）：

不妨设空间中的任意一点为 $H=[h_1,h_2]$， $A\cap H=[s_1,s_2]$， $B\cap H=[g_1,g_2]$，则

$$\begin{aligned}
&[D(A,H)+D(H,B)]^2-D^2(A,B)=\\
&\{[(\frac{a_1+a_2}{2})-(\frac{h_1+h_2}{2})]^2+\frac{1}{3}[(\frac{a_2-a_1}{2})^2+(\frac{h_2-h_1}{2})^2]-\frac{1}{6}(s_2-s_1)^2\}+\\
&\{[(\frac{b_1+b_2}{2})-(\frac{h_1+h_2}{2})]^2+\frac{1}{3}[(\frac{b_2-b_1}{2})^2+(\frac{h_2-h_1}{2})^2]-\frac{1}{6}(g_2-g_1)^2\}+\\
&2\sqrt{[(\frac{a_1+a_2}{2})-(\frac{h_1+h_2}{2})]^2+\frac{1}{3}[(\frac{a_2-a_1}{2})^2+(\frac{h_2-h_1}{2})^2]-\frac{1}{6}(s_2-s_1)^2}\times\\
&\sqrt{[(\frac{b_1+b_2}{2})-(\frac{h_1+h_2}{2})]^2+\frac{1}{3}[(\frac{b_2-b_1}{2})^2+(\frac{h_2-h_1}{2})^2]-\frac{1}{6}(g_2-g_1)^2}-\\
&\{[(\frac{a_1+a_2}{2})-(\frac{b_1+b_2}{2})]^2+\frac{1}{3}[(\frac{a_2-a_1}{2})^2+(\frac{b_2-b_1}{2})^2]-\frac{1}{6}(e_2-e_1)^2\}
\end{aligned}\tag{2-5}$$

因为 $A\cap H=[s_1,s_2]$，所以 $a_2-a_1\geqslant s_2-s_1$， 且 $h_2-h_1\geqslant s_2-s_1$

所以 $\frac{1}{3}[(\frac{a_2-a_1}{2})^2+(\frac{h_2-h_1}{2})^2]-\frac{1}{6}(s_2-s_1)^2\geqslant\frac{1}{3}[(\frac{s_2-s_1}{2})^2+(\frac{s_2-s_1}{2})^2]-\frac{1}{6}(s_2-s_1)^2=0$

同理可得： $\frac{1}{3}[(\frac{b_2-b_1}{2})^2+(\frac{h_2-h_1}{2})^2]-\frac{1}{6}(g_2-g_1)^2\geqslant 0$

所以

$$\begin{aligned}
&[D(A,H)+D(H,B)]^2-D^2(A,B)\geqslant\\
&\{[(\frac{a_1+a_2}{2})-(\frac{h_1+h_2}{2})]^2+\frac{1}{3}[(\frac{a_2-a_1}{2})^2+(\frac{h_2-h_1}{2})^2]-\frac{1}{6}(s_2-s_1)^2\}+\\
&\{[(\frac{b_1+b_2}{2})-(\frac{h_1+h_2}{2})]^2+\frac{1}{3}[(\frac{b_2-b_1}{2})^2+(\frac{h_2-h_1}{2})^2]-\frac{1}{6}(g_2-g_1)^2\}+\\
&2\left|(\frac{a_1+a_2}{2})-(\frac{h_1+h_2}{2})\right|\times\left|(\frac{b_1+b_2}{2})-(\frac{h_1+h_2}{2})\right|-\\
&\{[(\frac{a_1+a_2}{2})-(\frac{b_1+b_2}{2})]^2+\frac{1}{3}[(\frac{a_2-a_1}{2})^2+(\frac{b_2-b_1}{2})^2]-\frac{1}{6}(e_2-e_1)^2\}
\end{aligned}\tag{2-6}$$

经化简可得：

$$\begin{aligned}
&[D(A,H)+D(H,B)]^2-D^2(A,B)\geqslant\\
&\{[(\frac{a_1+a_2}{2})-(\frac{h_1+h_2}{2})]^2+[(\frac{b_1+b_2}{2})-(\frac{h_1+h_2}{2})]^2-[(\frac{a_1+a_2}{2})-(\frac{b_1+b_2}{2})]^2\}+\\
&\frac{1}{3}[(\frac{a_2-a_1}{2})^2+(\frac{b_2-b_1}{2})^2]+2\left|(\frac{a_1+a_2}{2})-(\frac{h_1+h_2}{2})\right|\times\left|(\frac{b_1+b_2}{2})-(\frac{h_1+h_2}{2})\right|+\\
&\{\frac{1}{6}[(h_2-h_1)^2-(s_2-s_1)^2-(g_2-g_1)^2]\}+\frac{1}{6}(e_2-e_1)^2
\end{aligned}\tag{2-7}$$

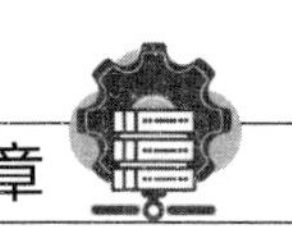

因为$\frac{1}{3}[(\frac{a_2-a_1}{2})^2+(\frac{b_2-b_1}{2})^2]\geqslant 0$，$\frac{1}{6}(e_2-e_1)^2\geqslant 0$，又因$(h_2-h_1)>(s_2-s_1)+(g_2-g_1)$，所以$\frac{1}{6}[(h_2-h_1)^2-(s_2-s_1)^2-(g_2-g_1)^2]\geqslant 0$

所以

$$\begin{aligned}&[D(A,H)+D(H,B)]^2-D^2(A,B)\geqslant\\&\{[(\frac{a_1+a_2}{2})-(\frac{h_1+h_2}{2})]^2+[(\frac{b_1+b_2}{2})-(\frac{h_1+h_2}{2})]^2-[(\frac{a_1+a_2}{2})-(\frac{b_1+b_2}{2})]^2\}+\\&2\left|(\frac{a_1+a_2}{2})-(\frac{h_1+h_2}{2})\right|\times\left|(\frac{b_1+b_2}{2})-(\frac{h_1+h_2}{2})\right|\end{aligned}\tag{2-8}$$

对上式化简后得：

$$\begin{aligned}&[D(A,H)+D(H,B)]^2-D^2(A,B)\geqslant\\&2\times\{[(\frac{a_1+a_2}{2})-(\frac{h_1+h_2}{2})]\times[(\frac{b_1+b_2}{2})-(\frac{h_1+h_2}{2})]+\\&\left|(\frac{a_1+a_2}{2})-(\frac{h_1+h_2}{2})\right|\times\left|(\frac{b_1+b_2}{2})-(\frac{h_1+h_2}{2})\right|\}\end{aligned}\tag{2-9}$$

为便于分析，记

$$\begin{aligned}M=&[(\frac{a_1+a_2}{2})-(\frac{h_1+h_2}{2})]\times[(\frac{b_1+b_2}{2})-(\frac{h_1+h_2}{2})]+\\&\left|(\frac{a_1+a_2}{2})-(\frac{h_1+h_2}{2})\right|\times\left|(\frac{b_1+b_2}{2})-(\frac{h_1+h_2}{2})\right|\end{aligned}$$

不妨设$\frac{a_1+a_2}{2}\leqslant\frac{b_1+b_2}{2}$，则：

如若$\frac{h_1+h_2}{2}\leqslant\frac{a_1+a_2}{2}$，可得$(\frac{a_1+a_2}{2})-(\frac{h_1+h_2}{2})\geqslant 0$，且$(\frac{b_1+b_2}{2})-(\frac{h_1+h_2}{2})\geqslant 0$

所以有$M\geqslant 0$

如若$\frac{b_1+b_2}{2}\leqslant\frac{h_1+h_2}{2}$，可得$(\frac{a_1+a_2}{2})-(\frac{h_1+h_2}{2})\leqslant 0$，且$(\frac{b_1+b_2}{2})-(\frac{h_1+h_2}{2})\leqslant 0$

所以有$M\geqslant 0$

如若$\frac{a_1+a_2}{2}\leqslant\frac{h_1+h_2}{2}\leqslant\frac{b_1+b_2}{2}$，可得$(\frac{a_1+a_2}{2})-(\frac{h_1+h_2}{2})\leqslant 0$，且$(\frac{b_1+b_2}{2})-(\frac{h_1+h_2}{2})\geqslant 0$

所以有$M=0$

综上情况，可得：$M\geqslant 0$

所以$[D(A,H)+D(H,B)]^2-D^2(A,B)\geqslant 2M\geqslant 0$

所以$D(A,B)\leqslant D(A,H)+D(H,B)$

因此，条件（4）得证。

以上分析过程证明，式（2-1）满足度量空间的距离定义条件，可作为区间距离的度量公式。

此外，从公式（2-1）不难看出，当 $a_1 = a_2 = a$ 且 $b_1 = b_2 = b$ 时，$D(A,B) = |a-b|$，此时为两点之间的距离。当 A 或 B 有一个为点值时，$D(A,B)$ 为点与区间的距离。

所有客户集为 $\mathrm{CU} = \{\mathrm{CU}_1, \mathrm{CU}_2, \cdots, \mathrm{CU}_t\}$，其对应的客户需求物元为 $S = \{S_1, S_2, \cdots, S_t\}$，需求物元的特征集为同类特征 $R_C = \{r_1, r_2, \cdots, r_n\}$，则客户需求物元的相似度计算步骤具体如下：

步骤 1 计算需求特征距离。对任意两需求物元 S_i、S_j，按照公式（2-1）可得到其相同特征 r_k 的特征距离 d_{ij}^k。

步骤 2 规范化特征距离。考虑到不同需求特征量值的量纲和可比性问题，假设所有需求物元关于特征 r_k 的最大特征距离值为 $d_{\max}^k$，最小特征距离值为 $d_{\min}^k$，则按照计算公式：$\tilde{d}_{ij}^k = \dfrac{d_{ij}^k - d_{\min}^k}{d_{\max}^k - d_{\min}^k}$，对 d_{ij}^k 进行规范化处理，得到规范化特征距离 $\tilde{d}_{ij}^k$。

步骤 3 计算需求物元距离。取需求特征 r_k 的权重系数为 μ_k，且 $\sum_{k=1}^{n} \mu_k = 1$，则两需求物元 S_i、S_j 的物元距离 D_{ij} 可按如下方法计算：$D_{ij} = \sum_{k=1}^{n} \mu_k \tilde{d}_{ij}^k$。

步骤 4 计算需求物元相似度。任意两需求物元 S_i、S_j 的物元相似度 SI_{ij} 的计算方法为：$\mathrm{SI}_{ij} = 1 - D_{ij}$。

2.1.3 基于物元蚁群聚类算法的客户需求群划分

为了对客户需求群进行细分，采用具有较强灵活性、稳健性和自组织性的蚁群聚类算法，以客户需求物元为聚类对象，通过对相似客户需求信息的挖掘，形成客户需求群的最优划分方案。

蚁群算法（ant colony algorithm）是由意大利学者 Dorigo M 等于 20 世纪 90 年代初期受到自然界中真实蚂蚁觅食行为启发而提出的一种新型仿生优化算法。蚂蚁在觅食过程中，在所经路径上释放出一种具有挥发性的物质——信息素，以此反映和传递搜索到的路径信息，不同蚂蚁个体通过感知信息素的存在及其强度来指导自己的移动方向。

仿生学家研究表明，蚂蚁更倾向于选择信息素密度较大的路径移动。相对路径越短则一定时间内经过的蚂蚁数量越多，在该路径释放的信息素密度越大，被后续蚂蚁选择的概率就越高，由此形成一种正反馈机制：较短路径上的信息素浓度越来越大，其他路径上信息素浓度则相对较少，最终整个蚁群在这种自组织作用下搜索出巢穴与食物源间的最短路

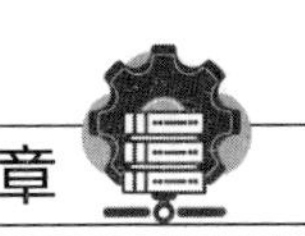

径。Dorigo 的“双桥实验”形象地说明了蚁群发现最短路径的原理和机制。

蚁群算法借鉴了自然界中真实蚁群的觅食行为特点，通过将所研究的问题抽象为节点模型，以人工蚂蚁在节点间的逐步选取过程表征为解的构建过程，不断向部分解添加符合定义的解成分从而构建出一个完整的可行解，最终在信息素的正反馈作用下逐步收敛到所求问题的最优解。

实际应用中，蚁群算法中的人工蚂蚁被赋予了如下一些性质：

（1）人工蚂蚁是借鉴真实蚂蚁觅食机理而抽象的简单智能体，能够由起始状态（空序列）独立完成可行解的构建过程，彼此之间也可通过介质相互影响。

（2）人工蚂蚁都存在信息存储器以记录当前（历史）解的路径信息及性能状态，用以参与：① 转移概率计算，② 可行解构建，③ 解决方案质量评估等过程。

（3）为人工蚂蚁引入与拟求解问题空间特征相关的启发式信息，以引导其初始阶段的搜索过程，增加算法的时间有效性。

（4）人工蚂蚁完成一个完整可行解的构建后，根据构建的解决方案更新相关联的信息素指导后续蚂蚁搜索。

具备上述特性的人工蚂蚁作为蚁群算法的基本单元协同实现具有自组织特性的寻优过程，同时也体现了蚁群算法的以下特征：

（1）分布式计算。蚁群算法将全局寻优的问题分配给每只蚂蚁去独立解决处理，然后将所有结果进行综合处理分析，即每个个体独立求解问题，因为蚁群存在大量个体也就意味着很强的随机性，通过所有个体求得的解来进行对比分析，最终蚁群总会找到一个最优解，并不会因为某个个体死亡或者求得的解太差而影响最终结果。

（2）自组织性。蚁群中的每个个体蚂蚁都随机地搜索路径，并没有来自外部的干扰，通过蚁群走过路径上的信息素来感知路径搜索是否最优，经过一段时间后，蚁群自发地倾向于选择路径上信息素最大的路径，即最短路径。

（3）正反馈。蚁群算法整个搜索核心是围绕着信息素进行开展的，由于路线距离越短，信息素越多，进而吸引着越多的蚂蚁来选择这条路线，越多蚂蚁来这条路线行走，信息素累积增加，这个过程使得算法处于正反馈状态，最终蚁群会找到最短路线。

基于以上蚁群算法的原理和特征，设计基于物元蚁群聚类算法的客户需求群划分流程如下。

客户需求群相似度 某一待聚类客户的需求物元 S_i 与其所在的一定局部范围内所有其他客户需求物元的平均相似度。客户需求群相似度的计算公式如下：

$$\mathrm{SO}_i=\max\left\{0,\frac{1}{n_r}\sum_{S_j\in \mathrm{Neigh}_{l\times l}(r)}\left[\frac{\mathrm{SI}_{ij}}{\alpha[1+(v-1)/v_{\max}]}\right]\right\} \tag{2-10}$$

式中，$\mathrm{Neigh}_{l\times l}(r)$ 表示位置 r 周围边长 l 形成的正方形局部邻域；SI_{ij} 为需求物元 S_i 与 S_j 的物元相似度；n_r 为位置 r 周围邻域内包含的需求物元个数；α 为群体相似性参数；v 为蚂蚁的移动速度；$v_{\max}$ 为蚂蚁最大移动速度。

概率转换函数 将客户需求群相似度转化为个体移动待聚类需求物元 S_i“拾起”或“放下“物体的概率函数。“拾起”概率 P_{pick} 与“放下”概率 P_{drop} 分别为：

$$P_{\mathrm{pick}}^i=1-\mathrm{Sigmoid}(\mathrm{SO}_i) \tag{2-11}$$

$$P_{\mathrm{drop}}^i=\mathrm{Sigmoid}(\mathrm{SO}_i) \tag{2-12}$$

式中，$\mathrm{Sigmoid}(x)=\dfrac{1-\mathrm{e}^{-\lambda x}}{1+\mathrm{e}^{-\lambda x}}$；其中 λ 为调节参数，λ 取值越大，曲线饱和越快，算法收敛速度也越快。

平均聚类适度 用于反映所有客户需求物元的聚类程度，计算公式如下：

$$\zeta=\frac{1}{t}\sum_{i=1}^{t}\mathrm{SO}_i \tag{2-13}$$

随着聚类过程的进行，平均聚类适度也将不断变化，当其值趋于最大值时，聚类程度最佳。

客户需求物元的蚁群聚类算法具体如下：

步骤 1 初始化各参数包括：α、λ、最大循环次数 $T_{\max}$、蚁群规模 $\mathrm{Num}_{\mathrm{ant}}$、半径 l 等。

步骤 2 将所有客户需求物元作为数据对象随机分布在设定的二维网格上。同时，将蚂蚁初始化为空载状态，且随机放置于网格空间中。

步骤 3 蚁群在二维空间中移动，并按以下搬运规则进行拾放操作：

如果蚂蚁空载，且在当前位置发现需求物元 S_i，则按式（2-11）计算拾起概率 P_{pick}^i，P_{pick}^i 是否大于随机数 ρ（$\rho\in[0,1]$），若是，“拾起”物元 S_i；否则，转步骤 4。

如果蚂蚁负载 S_i，且在当前位置为空，则按式（2-12）计算放下概率 P_{drop}^i，P_{drop}^i 是否大于随机数 ρ（$\rho\in[0,1]$），若是，“放下”物元 S_i；否则，转步骤 4。

步骤 4 随机选择网格空间中未被其他蚂蚁占据的网格作为下一站。

步骤 5 是否每只蚂蚁已完成操作，若是，则转步骤 6，否则，转步骤 3。

步骤 6 令计数器 $T=T+1$，检查是否达到终止条件（平均聚类适度 ζ 收敛于最优值或达到 $T>T_{\max}$），若是，则转步骤 7；否则，转步骤 3。

步骤 7 输出聚类结果，算法结束。

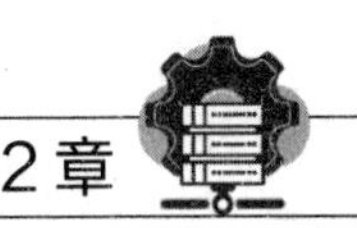

2.2 客户需求与产品质量特性的证据推理评价

证据推理（D-S）理论是一种可对不确定信息进行表达和合成的推理理论。证据推理决策不仅在区分不确定及无知信息等方面具有很大灵活性，在处理主观判断问题及不确定知识的合成方面也具有突出优势，因此，已经逐渐成为专家决策分析领域的重要不确定推理方法。

证据推理利用信度函数表示证据，由于信度函数满足半可加性，因此与概率函数相比，信度函数更能表达信息的“不确定性”和“不知性”。同时，证据理论可综合不同信度函数的 Dempster 规则，便于实现对多个属性的综合。因此，将证据理论引入到客户需求与产品质量特性的评价中，以实现客户需求到质量特性的映射。

2.2.1 证据推理的基本概念

假设有 K 个信息源 $C_1,C_2,\cdots,C_K$ 组成评价团队，K 个信息源的权重分别为 $\lambda_1,\lambda_2,\cdots,\lambda_K$，且满足 $\sum_{k=1}^{K}\lambda_k=1$，$\lambda_k\geqslant 0(k=1,2,\cdots,K)$。令识别框架为 $G=\{G_1,G_2,\cdots,G_d,\cdots G_N\}$，待评对象 O 包含的属性集合为 $E=\{e_1,e_2,\cdots,e_L\}$，属性权重为 $w_1,w_2,\cdots,w_L$。

成员信念度 $\beta_{j,d}^k$　用于表示信息源成员 C_k 提供信息对属性 e_j 做出评价值 $G_d\in G$ 以置信度 $\beta_{j,d}^k$ 为真，并且满足 $\sum_{d=1}^{N}\beta_{j,d}^k\leqslant 1$，$\beta_{j,d}^k\geqslant 0$。

团队信念度 $\beta_{j,d}$　用于表示信息源团队提供的信息对属性 e_j 做出评价值 $G_d\in G$ 的置信度，计算公式为：

$$\beta_{j,d}=\sum\nolimits_{k=1}^{K}\lambda_k\beta_{j,d}^k \tag{2-14}$$

基本可信度 $m_{j,d}$　表示信息源团队支持属性 e_j 被评为 G_d 的程度，计算公式为：

$$m_{j,d}=w_j\beta_{j,d},\quad d=1,2,\cdots,N \tag{2-15}$$

未分配可信度 $m_{j,G}$　表示信息源团队支持属性 e_j 被评为 G_d 后剩下的概率，计算公式为：

$$m_{j,G}=1-\sum_{d=1}^{N}m_{j,d}=1-w_j\sum_{d=1}^{N}\beta_{j,d} \tag{2-16}$$

将 $m_{j,G}$ 分解为两部分，即：

$$m_{j,G}=\overline{m}_{j,G}+\widetilde{m}_{j,G} \tag{2-17}$$

式中，$\overline{m}_{j,G}=1-w_j$ 表示由于权重而未分派的概率函数；$\widetilde{m}_{j,G}=w_j(1-\sum_{d=1}^{N}\beta_{j,d})$ 表示由于无知

而未分派的概率函数。

2.2.2 证据推理的评价信息转化规则

在证据推理过程中首先需要获取对目标对象的属性评价信息。分布评价形式能有效表达主观判断过程中的不确定和不完全信息进行，可用于描述属性的评价信息，其表达形式为：$\Xi_{C_k}(e_i)=\{(G_{i,n},\partial_{i,n}),n=1,2,\cdots,N_i\}$，其中，$\partial_{i,n}$ 为信息源（决策者）C_k 将属性 e_i 评价为评价等级 $G_{i,n}$ 的置信度，满足 $\partial_{i,n}\geqslant 0$，$\sum_{i=1}^{N_i}\partial_{i,n}\leqslant 1$。

由于待评价问题的性质不同，评价属性可分为定性属性和定量属性两类。定性属性通常采用评价等级来度量，例如，在评价某项客户需求 CR_i 时，可用评价等级 $G^j=\{G_{j,1},G_{j,2},G_{j,3},G_{j,4},G_{j,5}\}=\{极高,高,一般,低,极低\}$ 进行度量。依据该评价等级，决策者 C_k 可做出评价：该项需求判断为“极高”的置信度是 0.4，而判断为“一般”的置信度是 0.5。定性属性评价信息可用分布评价形式表示为：$\Xi_{C_k}(e_i)=\{(极高,0.4),(一般,0.5)\}$。

定量属性通常用基数尺度来描述，其属性评价信息是以具体数值来表示的。例如，对于某产品的价格，决策者可能认为定价为 5000～6000 元为极高，4500～4800 元为高。如果以评价等级 $G^j=\{G_{j,1},G_{j,2},G_{j,3},G_{j,4},G_{j,5}\}=\{极高,高,一般,低,极低\}$ 表示，则 $[5000,6000]$ 等价于 $G_{j,1}$，$[4500,4800]$ 等价于 $G_{j,2}$。同样地，定性属性评价信息也可用分布评价形式表示。

不同的属性评价其评价等级可能不同，为了使信息源 C_k 可参照综合评价等级即 $G=\{G_1,G_2,\cdots,G_d,\cdots G_N\}$ 对问题进行统一评价，有必要对评价信息进行转化。对于以基本评价等级 $G^i=\{G_{i,n},n=1,2,\cdots,N_i\}$ 来评价的定性属性 e_i 的，可按照转化规则参照 G^i 将其转换为相对于 G 的属性评价值 $\Xi_{C_k}(e_i)$；对于以数值表示定量属性的，可按照转化规则将其转换为与 G 等价的分布评价形式。具体转化规则如下：

定性属性转化规则

若 G^i 与 G 一致，则有 $G_{i,n}$ 等价于 G_n，则信息源 C_k 将属性 e_i 评价为评价等级集 G^i 的分布评价为 $\Xi_{C_k}(e_i)=\{(G_{i,n},\tau_{i,n}),n=1,2,\cdots,N_i\}$；

若 G^i 与 G 不一致，则可认为 $G_{i,n}$ 以程度 $\alpha_{l,n}$ 被评价为 G_l（$l=1,2,\cdots,N$），因此 $G_{i,n}$ 等价于 $\Xi_{C_k}(e_i)=\{(G_l,\alpha_{l,n}),l=1,2,\cdots,N\}$，其中，$\alpha_{l,n}\geqslant 0$，$\sum_{l=1}^{N}\alpha_{l,n}=1$。

定量属性转化规则

首先根据决策者的知识和经验，对定量属性 e_i 设定其各个评价等级所对应的属性值 $h_{i,n}$，则：

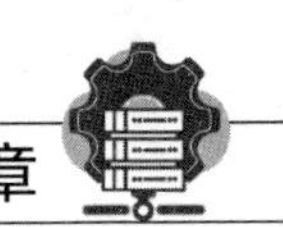

当$h_{i,n} \leqslant h_j \leqslant h_{i,n+1}$时，$\theta_{j,n} = \dfrac{h_{i,n+1} - h_j}{h_{i,n+1} - h_{i,n}}$，$\theta_{j,n+1} = 1 - \theta_{j,n}$，$\theta_{j,k} = 0$，$k = 1,2,\cdots,N$，并且$k \neq n, n+1$，由此可得：$\Xi_{C_k}(e_i) = \{(G_n, \phi_{j,n}), j = 1,2,\cdots,N\}$，其中，$\phi_{j,n} = \theta_{j,n}$；

当$h_j \geqslant h_{i,N}$时，则$\theta_{j,n} = 1$，$\Xi_{C_k}(e_i) = \{(G_N, 1), n = 1,2,\cdots,N\}$；

当$h_j \leqslant h_{j,n} = 1$时，则$\Xi_{C_k}(e_i) = \{(G_1, 1), n = 1,2,\cdots,N\}$。

通过以上转化规则，信息源（决策者）C_k对属性e_i的评价可统一表示为

$$\Xi_{C_k}(e_i) = \{(G_n, \beta_{i,n}^k), n = 1,2,\cdots,N\} \tag{2-18}$$

2.2.3 基于证据推理递归算法的客户需求与产品质量特性评价

为便于表述，定义$E_{J(j)}$为包含前j个属性的集合$E_{J(j)} = \{e_1, e_2, \cdots, e_j\}$，且满足$E_{J(j)} \subseteq E$。用$m_{J(j),d}$表示前$j$个属性支持待评目标对象$O$被认定为$G_d$的程度，$m_{J(j),G}$表示前$j$个属性经组合评价后没有被分配的信念度，则依据证据推理理论，$m_{J(j),d}$和$m_{J(j),G}$可通过对前j个属性融合得到，对多个属性的融合过程可按如下公式递归进行：

$$\{G_d\}: m_{J(j+1),d} = K_{J(j+1)}[m_{J(j),d} m_{j+1,d} + m_{J(j),d} m_{j+1,G} + m_{J(j),G} m_{j+1,d}] \tag{2-19}$$

式中，

$$m_{J(j),G} = \overline{m}_{J(j),G} + \widetilde{m}_{J(j),G} \tag{2-20}$$

$$\{G\}: \widetilde{m}_{J(j+1),G} = K_{J(j+1)}[\widetilde{m}_{J(j),G} \widetilde{m}_{j+1,G} + \overline{m}_{J(j),G} \widetilde{m}_{j+1,G} + \widetilde{m}_{J(j),G} \overline{m}_{j+1,G}] \tag{2-21}$$

$$\{G\}: \overline{m}_{J(j+1),G} = K_{J(j+1)}[\overline{m}_{J(j),G} \overline{m}_{j+1,G}] \tag{2-22}$$

$$K_{J(j+1)} = [1 - \sum_{a=1}^{N} \sum_{b=1,b\neq a}^{N} m_{J(j),a} m_{j+1,b}]^{-1} \tag{2-23}$$

式中，$K_{J(j+1)}$称为规模化因子；$d = 1,2,\cdots,N$；$j = 1,2,\cdots,L-1$。

当所有L个属性递归融合完毕后，用下式获得最终对目标O的融合结果，即：

$$\{G_d\}: \beta_d = \frac{m_{J(L),d}}{1 - \overline{m}_{J(L),G}} \tag{2-24}$$

$$\{G\}: \beta_G = \frac{\widetilde{m}_{J(L),G}}{1 - \overline{m}_{J(L),G}} \tag{2-25}$$

$$Z(O) = \sum_{d=1}^{N} \frac{\beta_d}{1 - \beta_G} \times G_d \tag{2-26}$$

式中，β_d是属性$E_{J(j)}$被评定为G_d的置信度；β_G是不知被评定为哪个等级的置信度；$Z(O)$为决策团队对目标对象O的评价期望效用。

2.3 产品质量特性的优化提取

定制产品设计建立在客户需求群划分的基础上，并通过对客户需求群的把握和认识，定制出符合各个细分客户需求群要求的、具备不同质量特性的细分产品，以此满足市场客户的需求差异和实现产品的范围经济。由于客户需求是从客户角度提出的产品使用要求，无法直接应用于产品设计开发，因此，有必要将客户需求转换映射为可指导产品设计开发的产品质量特性，从而将细分客户需求群的客户需求贯穿到产品设计开发的全过程。

质量功能展开（quality function deploymnet，QFD）强调客户需求在产品设计过程中的基础性作用，是一种需求驱动的质量保证方法，已逐渐发展成为面向质量的产品设计中质量目标制订的主要方法和工具。本节主要针对质量功能展开中客户需求与质量特性之间映射关系的不确定、不完整、不协调等特点，通过证据推理获得和建立质量功能配置模型所需的关联信息，从而合理、有效地从客户需求中自动提取产品质量特性。

2.3.1 基于 D-S 理论的客户需求重要度确定

在质量屋的构建过程中，确定客户需求重要度是 QFD 过程中的一个关键步骤，同时为了使产品具有更大的竞争优势，所设计规划的产品必须满足其所面向的特定客户需求群的需求。为此，本节以获得的细分客户需求群为基础，确定质量屋中的客户需求重要度。

假设从企业产品的某一客户群中选择 C 个客户 $(\mathrm{CUS}_1,\mathrm{CUS}_2,\cdots,\mathrm{CUS}_C)$，每个客户对企业的重要性为 η_k，且满足 $\sum_{k=1}^{C}\eta_k=1$，则由上述客户对该质量屋中的客户需求 $\mathrm{CR}=\{\mathrm{CR}_1,\mathrm{CR}_2,\cdots,\mathrm{CR}_m\}$ 进行协助评价以推理确定其重要度。应用 D-S 理论确定客户需求重要度 $w=\{w_1,w_2,\cdots,w_m\}$ 的过程步骤如下：

步骤 1 设定辨识框架 将客户需求 $\mathrm{CR}_1,\mathrm{CR}_2,\cdots,\mathrm{CR}_m$ 看作该推理过程的证据，将设定的评价等级 $G=\{G_1,G_2,G_3,G_4,G_5\}=\{$极重要,重要,一般重要,稍微重要,不重要$\}$ 看作是辨识框架，并以数值标度简记为 $G=\{G_1,G_2,G_3,G_4,G_5\}=\{8,6,4,2,0\}$。

步骤 2 建立证据信念结构 按照 2.2.2 节的评价信息转化规则，获得客户需求群对各项客户需求的评价信息集 $\Xi_{C_k}(\mathrm{CR}_i)$，$k=1,2,\cdots,C$，$i=1,2,\cdots,m$，并由此建立客户需求重要度评价的证据信念结构：$S_{k,i}(\mathrm{CR}_i)\mapsto\Xi_{C_k}(\mathrm{CR}_i)$，即 $S_{k,i}(\mathrm{CR}_i)\mapsto\{(G_d,\zeta_{i,d}^k),d=1,2,3,4,5\}$，其中 $\zeta_{i,d}^k$ 表示客户 CUS_k 将客户需求项 CR_i 评价为 G_d 的信念度。

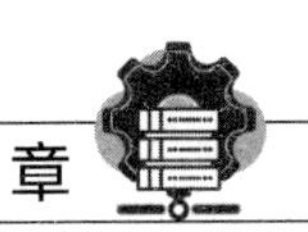

步骤 3 计算团队信念度 根据客户需求的证据信念结构，得到客户需求群对客户需求项 CR_i 的团队信念度 $\zeta_{i,d}=\sum_{k=1}^{C}\eta_k\zeta_{i,d}^k$ 。

步骤 4 构造概率分配函数 对于第 j 个证据 CR_j ，可根据式（2-15）和式（2-16）得到其基本概率分配函数 $m_{j,d}$ 、 $m_{j,G}$ ，按此计算方法构造得到所有客户需求项的基本概率分配函数。

步骤 5 证据的融合 按照 2.2.3 节的证据推理递归算法，将 m 个独立证据的概率分配函数进行融合，得到综合后的信念度 $\zeta'_{i,d}$ 和 $\zeta'_{i,G}$ 。

步骤 6 计算客户需求重要度 按式（2-26）计算客户群对 CR_i 的评价期望效用值 $Z(\mathrm{CR}_i)$ ，经规范化处理后得到客户需求重要度：

$$w_i=\frac{Z(\mathrm{CR}_i)}{\sum_{l=1}^{m}Z(\mathrm{CR}_l)} \tag{2-27}$$

2.3.2 基于 D-S 理论的质量特性初始重要度计算

产品质量特性的初始重要度是由客户需求所决定的质量特性重要度，可根据客户需求重要度以及客户需求与质量特性之间的关联关系推导得出。由于关联关系的不确定、不分明和不完备等特质，本节将质量特性的初始重要度计算问题视为一个多属性群决策问题，在充分利用 QFD 团队中的专家经验和知识的基础上，通过 QFD 专家自由、独立地对关联程度做出评价并以证据推理方式融合整个群体的决策结果，从而获得质量特性的初始重要度。

从本质上讲，QFD 中任一项客户需求与各质量特性的关联关系可认为是该项质量特性实现各项客户需求的程度，因此，可将该项质量特性与各项客户需求关联程度的总和定义为该项质量特性的初始重要度。假定某产品中包含 n 项质量特性 $\mathrm{EC}=\{\mathrm{EC}_1,\mathrm{EC}_2,\cdots,\mathrm{EC}_n\}$ 。QFD 团队中有 L 位专家参与质量屋的构建，各专家的权威性分别为 $\vartheta_1,\vartheta_2,\cdots,\vartheta_n$ ，则质量特性的初始重要度计算步骤如下：

步骤 1 设定辨识框架 设定客户需求与质量特性关联关系的评价等级 $G=\{G_1,G_2,G_3,G_4,G_5\}=\{$强相关,相关,一般相关,弱相关,不相关$\}$ 看作是辨识框架，并以数值标度简记为 $G=\{G_1,G_2,G_3,G_4,G_5\}=\{8,6,4,2,0\}$ 。

步骤2 建立关联度成员证据信念结构 按照2.2.2 节的评价信息转化规则，获得第 l 位 QFD 专家对客户需求 CR_i 与质量特性 EC_j 之间的关联度 R_{ij} 的评价信息集 $\Xi_{C_l}(R_{ij}^l)$ ，并由此建立关联度评价的证据信念结构：$S_{l,ij}(R_{ij}^l)\mapsto\{(G_d,\psi_{ij,d}^l),d=1,2,3,4,5\}$ ，其中 $\psi_{ij,d}^l$ 表示第 l 位

专家将 CR_i 与 EC_j 之间的关联度 R_{ij} 评价为 G_d 的信念度。

步骤 3　建立关联度团队证据信念结构　将整个 QFD 团队对客户需求 CR_i 与质量特性 EC_j 之间的关联程度 R_{ij} 的评价证据信念结构记为：$S_{ij}(R_{ij}) \mapsto \{(G_d, \psi_{ij,d}), d = 1,2,3,4,5\}$，其中 $\psi_{ij,d} = \sum_{l=1}^{L} \vartheta_l \psi_{ij,d}^l$。

步骤 4　构造概率分配函数　将各项客户需求与质量特性 EC_k 的关联关系 $R_k = \{R_{1k}, R_{2k}, \cdots, R_{mk}\}$ 作为属性集合，则 QFD 团队对 R_{ik} 的评价等级为 G_d 的基本信念度 $n_{(i,k),d}$ 和未分配信念度 $n_{(i,k),G}$ 可按照式（2-15）和式（2-16）计算并得出：

$$\begin{cases} n_{(i,k),d} = w_i \psi_{ik,d}, \quad d \in \{1, \cdots, 5\}; \\ n_{(i,k),G} = 1 - \sum_{d=0}^{5} w_i \psi_{ik,d} \end{cases} \tag{2-28}$$

步骤 5　属性的融合　以 $J(i,k) = \{R_{1k}, R_{2k}, \cdots, R_{ik},\}$，其中 $1 \leqslant i \leqslant m$，表示集合 R_k 中的前 i 项关联关系；$n_{J(i,k),d}$ 表示融合前 i 个关联关系后支持质量特性 EC_k 被评价为 G_d 的信念度；$n_{J(i,k),G}$ 表示前 i 个关联关系组合评价后没有分配的信念度；$\bar{n}_{(i,k),d}$ 表示由于权重而未分派的概率函数；$\tilde{n}_{(i,k),d}$ 表示由于无知而未分派的概率函数。根据推理递归算法，属性融合过程如下：

当 $i = 1$ 时，有如下四个等式关系：

$$\begin{cases} n_{J(1,k),d} = n_{(1,k),d} \\ \bar{n}_{J(1,k),d} = \bar{n}_{(1,k),d} \\ \tilde{n}_{J(1,k),d} = \tilde{n}_{(1,k),d} \\ n_{J(1,k),G} = \bar{n}_{J(1,k),G} + \tilde{n}_{J(1,k),G} \end{cases}$$

按式（2-23）可计算出前两项关联关系 R_{1k} 和 R_{2k} 的规模化因子：

$$K_{J(2,k)} = [1 - \sum_{a=0}^{5} \sum_{b \neq a, b=0}^{5} n_{J(1,k),a} n_{(2,k),b}]^{-1}。$$

按式（2-19）～式（2-21）和式（2-22）可计算出如下结果：

$$n_{J(2,k),d} = K_{J(2,k)}[n_{J(1,k),d} n_{(2,k),d} + n_{J(1,k),d} n_{(2,k),G} + n_{J(1,k),G} n_{(2,k),d}] \tag{2-29}$$

$$\tilde{n}_{J(2,k),G} = K_{J(2,k)}[\tilde{n}_{J(1,k),G} \tilde{n}_{(2,k),G} + \bar{n}_{J(1,k),G} \tilde{n}_{(2,k),G} + \tilde{n}_{J(1,k),G} \bar{n}_{(2,k),G}] \tag{2-30}$$

$$\bar{n}_{J(2,k),G} = K_{J(2,k)}[\bar{n}_{J(1,k),G} \bar{n}_{(2,k),G}] \tag{2-31}$$

以式（2-29）～式（2-31）作为前两项属性融合的结果为下一步继续求出三项属性融合提供基础。以此类推，经过 $m-1$ 次的融合，可得到 m 项证据推理的信念度：

$$\{G_d\}: \ \psi_{k,d} = \frac{n_{J(m,k),d}}{1 - \bar{n}_{J(m,k),G}}$$

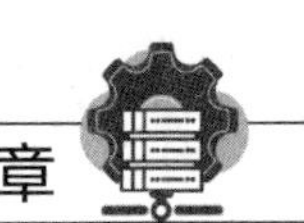

$$\{G\}：\ \psi_{k,G}=\frac{\tilde{n}_{J(m,k),G}}{1-\bar{n}_{J(m,k),G}}$$

步骤 6 计算质量特性初始重要度 按式（2-26）计算 QFD 团队对 EC_k 的评价值 $Z(\mathrm{EC}_k)=\sum_{d=1}^{5}\frac{\psi_{k,d}}{1-\psi_{k,G}}\times G_d$，经规范化处理后可得质量特性的初始重要度为 $\varpi_k=\frac{Z(\mathrm{EC}_k)}{\sum_{k=1}^{n}Z(\mathrm{EC}_k)}$。

2.3.3 基于 D-S 的质量特性自相关关系推理

质量特性的自相关关系反映了各项质量特性之间的相互影响，与关联关系类似，自相关关系具有不确定、不分明和不完备等特质并且需要依靠 QFD 团队专家的经验和知识来辅助决定。现有研究大多以对称矩阵方式来处理质量特性的自相关关系，即在质量屋的屋顶建立唯一的质量特性自相关矩阵。由于某项质量特性与其他特性的关联关系还取决于其相应的客户需求，所以单个自相关矩阵往往不能准确反映各项质量特性之间的相互影响。本节所提方法针对质量屋中每一项客户需求，均构建一个相应的质量特性自相关矩阵，并利用证据推理来确定质量特性之间的自相关关系。

自相关关系的证据推理方法与关联关系证据推理的不同之处在于：关联关系中只包含正相关关系，而自相关关系中不但包含正相关关系，还包含负相关关系。质量特性自相关关系的确定步骤如下：

步骤 1 设定辨识框架 设定质量特性自相关关系的评价等级 $G=\{G_1,G_2,G_3,G_4,G_5\}=\{强相关,相关,一般相关,弱相关,不相关\}$ 是辨识框架，并以数值标度简记为 $G=\{G_1,G_2,G_3,G_4,G_5\}=\{8,6,4,2,0\}$。

步骤 2 建立自相关成员证据信念结构 按照 2.2.2 节的评价信息转化规则，获得第 l 位 QFD 专家对在客户需求 CR_i 影响下，质量特性 EC_j 与质量特性 EC_k 之间的关联强度 $T_{jk}^{l,i}$ 的评价信息集 $\Xi_{C_l}(T_{jk}^{l,i})$，并由此建立自相关强度评价的证据信念结构：$S_{l,i,jk}(T_{jk}^{l,i})\mapsto\{(G_d,\chi_{jk,d}^{l,i}),d=1,2,3,4,5\}$，其中 $\chi_{jk,d}^{l,i}$ 表示在客户需求 CR_i 影响下，第 l 位专家将 EC_j 与 EC_k 之间的自相关强度 $T_{jk}^{l,i}$ 评价为 G_d 的信念度。

步骤 3 建立自相关团队证据信念结构 将整个 QFD 团队对质量特性 EC_j 与质量特性 EC_k 之间的关联强度 T_{jk}^{i} 的评价证据信念结构记为：$S_{jk}(T_{jk}^{i})\mapsto\{(G_d,\chi_{jk,d}^{i}),d=1,2,3,4,5\}$，其中 $\chi_{jk,d}^{i}=\sum_{l=1}^{L}\mu\vartheta_l\chi_{jk,d}^{l,i}$，$\mu$ 为自相关类型系数。

步骤 4 构建质量特性自相关矩阵 构建在客户需求 CR_i 影响下的自相关矩阵 $\boldsymbol{T}^i=\left|T_{jk}^{i}\right|_{n\times n}$，其中每个元素 T_{jk}^{i} 都是一个由团队决策的信念结构。相应地，对于每个客户需

求 QFD 团队共构建 m 个质量特性自相关矩阵 $\boldsymbol{T}^1,\cdots,\boldsymbol{T}^i,\cdots,\boldsymbol{T}^m$，其中 $\boldsymbol{T}^i=\left|T_{jk}^i\right|_{n\times n}$。

步骤 5　归一化自相关矩阵　根据文献所提出的自相关矩阵归一化方法，得到一个统一的自相关矩阵。其计算公式为：$\boldsymbol{T}^U=\sum_{i=1}^{m}w_i\boldsymbol{T}^i$，且 $\boldsymbol{T}^U=\left|\boldsymbol{T}_{jk}^U\right|_{n\times n}$ 中的每个元素 $\boldsymbol{T}_{jk}^U$ 满足关系式 $\boldsymbol{T}_{jk}^U=\sum_{i=1}^{m}w_i\boldsymbol{T}_{jk}^i$。

步骤 6　自相关关系的融合　对于统一矩阵 $\boldsymbol{T}^U$ 的每个元素 T_{jk}^U 而言，可以采用集合 $\{T_{jk}^1,T_{jk}^2,\cdots,T_{jk}^m\}$ 作为其属性集合，然后利用证据推理算法获得 T_{jk}^U 的评价值。计算过程与 2.3.2 节推理过程相同，此处不再赘述。$u_{J(m,jk),d}$ 表示融合前 m 个关联关系后支持 T_{jk}^U 被评价为 G_d 的信念度，$\bar{u}_{J(m,jk),G}$ 表示由于权重而未分派的概率函数，$\tilde{u}_{J(m,jk),G}$ 表示由于无知而未分派的概率函数，则对 T_{jk}^U 评价的信念度如下：

$$\{G_d\}:\chi_{jk,d}=\frac{u_{J(m,jk),d}}{1-\bar{u}_{J(m,jk),G}}$$

$$\{G\}:\chi_{jk,G}=\frac{\tilde{u}_{J(m,jk),G}}{1-\bar{u}_{J(m,jk),G}}$$

步骤 7　计算质量特性自相关度　按式（2-26）计算 QFD 团队对 T_{jk}^U 的评价期望效用值 $\mathrm{Z}(T_{jk}^U)=\sum_{d=1}^{5}\frac{\chi_{jk,d}}{1-\chi_{jk,G}}\times G_d$，由此可得质量特性 EC_j 与质量特性 EC_k 之间的关联强度为 $\mho_{jk}=Z(T_{jk}^u)$。

2.3.4　基于整数规划法的产品质量特性的优化与决策

质量特性重要度的确定必须综合反映客户需求重要度、客户需求与质量特性的关联程度以及质量特性自相关关系的影响。基于此，得到修正后的产品质量特性重要度如下：

$$W_j=\sum_{k=1}^{n}\varpi_k\cdot\mho_{jk} \tag{2-32}$$

在提取产品质量特性时，除了需要考虑质量特性重要度外，还要综合考虑影响质量特性配置策略的其他因素，如时间、成本、技术成熟度、技术可行性、资源占用等。因此，在将这些影响因素分为定性约束与定量约束的基础上，采用加权 0-1 整数规划法进行优化决策，得到产品质量特性的最优集合，其优化模型如下：

$$\min\ \lambda_1b_1^-+\sum_{i=2}^{k}\lambda_i(\frac{b_i^-}{B_i}+\frac{b_i^+}{B_i})+\sum_{i=k+1}^{m}\lambda_ib_i^- \tag{2-33}$$

$$\text{s.t.}\ \sum_{j=1}^{n}W_jx_j+b_1^--b_1^+=1 \tag{2-34}$$

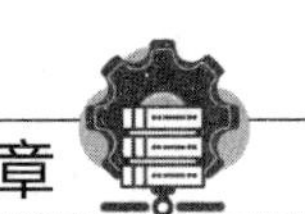

$$\sum_{j=1}^{n}\kappa_{ij}x_j+b_1^- - b_1^+ = B_i \qquad i=1,2,\cdots,s \tag{2-35}$$

$$\sum_{j=1}^{n}\varepsilon_{ij}x_j+b_1^- - b_1^+ = 1 \qquad i=s+1,s+2,\cdots,m \tag{2-36}$$

$$x_j\in\{0,1\} \qquad j=1,2,\cdots,n \tag{2-37}$$

$$b_i^- \geqslant 0, b_i^+ \geqslant 0 \quad i=1,2,\cdots,m \tag{2-38}$$

式中，λ_i为约束目标权重，b_i^-为与第i项目标的负偏差，b_i^+为与第i项目标的正偏差，B_i为第i项定量约束的目标限制，x_j为0-1变量，W_j为第j个质量特性的重要度，κ_{ij}为第j个产品质量特性使用第i项定量约束的数量，ε_{ij}为第j个产品质量特性关于第i项定性约束目标的权重。

习题

1．描述物元模型的基本概念，并探讨它在定制产品客户需求分析中的作用与重要性。

2．以一个具体的产品为例，运用蚁群聚类算法对一组客户需求进行分析和划分，详细阐述你的步骤和发现。

3．针对QFD过程中的不确定信息处理，解释递归证据推理的基本原理，并讨论其如何改善质量特性提取过程。

4．设计一项实验，比较传统的需求分析方法与使用物元模型和蚁群聚类算法后的结果差异，并讨论新方法的优势和潜在局限性。

5．在一个多功能手机设计的案例研究中，如何应用本章提出的优化决策模型来确定哪些质量特性最符合用户的需求？

6．讨论客户需求的多维特性如何影响定制产品的质量特性提取过程，并说明如何处理这种多维数据。

7．构建一个案例，展示如何通过递归证据推理方法处理QFD中的不同类型信息，例如定性数据和定量数据。

8．描述如何从Pareto优化的角度评价和选择最优质量特性组合，并解释这种方法在实际产品设计中的潜在价值。

参考文献

[1] 胡永仕，杜嘉玮．基于证据推理的应急医疗物资配送优化研究[J]．交通科技与经济，2023，25(04): 27-35.

[2] 钱立炜，徐向前，豆亚杰，等．基于 RIMER 方法的体系能力需求推荐方法[J]．系统工程与电子技术，2022，44(12): 3719-3727.

[3] 彭张林，杜一甫，程啸先，等．面向设计众包的产品概念方案评价与选择[J]．计算机集成制造系统，2023，29(10): 3450-3461.

[4] 李苗在. 基于证据推理的嵌入式软件可信性评估方法[J]. 计算机应用研究，2011，28(12): 4604-4606+4620.

[5] 程贲，姜江，谭跃进，等. 基于证据推理的武器装备体系能力需求满足度评估方法[J]. 系统工程理论与实践，2011，31(11): 2210-2216.

[6] 李彬，王红卫，杨剑波，等．基于置信规则推理的库存控制方法[J]．华中科技大学学报（自然科学版），2011，39(07): 76-79.

[7] 安相华，刘振宇，谭建荣，等．QFD 中质量特性实现水平的多目标协同确定方法[J]．计算机集成制造系统，2010，16(06): 1292-1299.

[8] 张丽君，黄德才，刘端阳，等．基于证据推理的网格服务质量量化与调度算法[J]．计算机集成制造系统，2008(04): 767-772+812.

[9] Ding Q, Goh M, Wang Y M. Interval-valued hesitant fuzzy TODIM method for dynamic emergency responses[J]. Soft Computing, 2021, 25(13): 8263-8279.

[10] Fu C, Xu C, Xue M, et al. Data-driven decision making based on evidential reasoning approach and machine learning algorithms[J]. Applied Soft Computing, 2021, 110:107622.

[11] Kowalski P, Zocholl M, Jousselme A L. Explaining the impact of source behaviour in evidential reasoning[J]. Information Fusion, 2022, 81:41-58.

[12] Loughney S, Wang J, Matellini D B, et al. Utilizing the evidential reasoning approach to determine a suitable wireless sensor network orientation for asset integrity monitoring of an offshore gas turbine driven generator[J]. Expert Systems with Applications, 2021, 185: 115583.

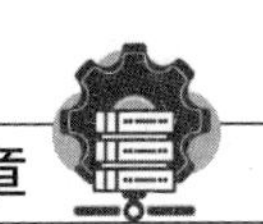

[13] Wang J, Zhou Z J, Hu C H, et al. A new evidential reasoning rule with continuous probability distribution of reliability[J]. IEEE Transactions on Cybernetics, 2022, 52(8): 8088-8100.

[14] Wang Z, Wang Q, Wu J, et al. An ensemble belief rule base model for pathologic complete response prediction in gastric cancer[J]. Expert Systems with Applications, 2023, 233: 120976.

[15] Xiao F, Cao Z, Lin C T. A complex weighted discounting multisource information fusion with its application in pattern classification[J]. IEEE Transactions on Knowledge and Data Engineering, 2023, 35(8): 7609-7623.

第3章

基于粒度的产品设计需求知识本体重组技术

随着各类产品层出不穷，产品的用户群体也在不断扩大。在如此增长的用户群体中，每个人对于同样产品的需求往往由于个性化的差异导致表达方式不统一。因为用户的个人经验、知识背景不同，所以对同一概念会有不同的解读，这将阻碍用户与设计师之间的信息互通，不利于充分利用产品数据信息去开展新的设计。将不同渠道获取的、表达模糊的产品设计需求知识进行重构是更好地利用大规模设计知识和数据的方法之一。将混沌、多变的用户需求转化为清晰、一致的设计需求，这将打通设计师与用户之间的信息障碍，便于设计师从中识别产品设计过程中可以利用的设计信息。产品设计需求知识本体式重构是将混沌的设计需求知识进行清晰化的重要方法之一，有助于开展数据驱动的产品设计。因此，本章提出了基于粒度的产品设计需求知识本体式重构方法，介绍了产品设计需求知识的本体式表达，阐述了本体理论如何帮助我们对产品设计需求知识进行统一表达和抽象描述，并给出了产品设计需求知识本体的多粒度分解与重组方法，以更好地建立需求知识库，指导产品设计的后续阶段。基于粗糙集理论，对产品设计中的高维设计需求知识及逆行约简，以此来分析产品多个需求知识的依赖度和重要度，更好地指导产品设计的进程。

3.1 产品设计需求知识的本体化表示

3.1.1 产品设计需求知识本体的定义

在产品智能设计中，用户常常使用自身偏好的表达方法去描述其对产品的需求，由于

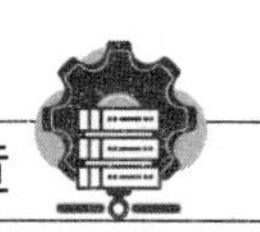

用户与设计者往往在不同的业务领域和知识背景下考虑问题，对于同一个基本概念可能产生不同的理解，形成概念上的差异，导致需求信息表达的偏差、不完整和多变更，阻碍了产品的智能设计进程，给产品的设计带来很多困难。同时，用户之间对产品需求知识表达上的差异也使同一概念的需求知识难以共享。利用本体理论对产品设计需求知识进行统一表达，按一定的规则进行抽象的描述，是解决上述难题的有效途径，能够从根本上解决对需求信息的一致理解并实现产品需求知识的共享与重用。

本体（ontology）是对概念及其相互关系的规范化描述和一致性表达，本体作为一种能在语义和知识层次上描述信息模型的建模工具，具有清晰、一致、灵活、可扩展等特点，能够较好地支持产品智能设计中用户需求知识的集成，实现产品创新设计过程中用户知识的共享和重用，在知识工程、软件复用、信息检索和语义 Web 等许多领域得到了广泛的应用。

本体的形式化定义为：本体是一个四元组，Ontology =（D，Con，Att，Ass）。其中，D 为本体应用的领域集，可以是单个领域或者多个领域的并集；Con 为领域集 D 中的概念实体的有限集；Att 为概念实体属性的有限集；Ass 是概念实体之间的关联函数。如果两个概念实体存在关联，则函数值为 1，否则为 0，并且不存在孤立的概念实体，即不与其他概念实体发生关联的概念实体。

用概念框架表示用户需求知识本体中的概念领域、概念实体、概念属性及概念之间的类属关系，对需求知识本体进行如下定义：

需求知识本体可表示为一个四元组 RK={R_D，R_C，R_Ks，R_Rs}。其中：R_D 表示用户知识概念领域，包括设计领域、制造领域、工程领域等多个领域的并集，R_C 为需求知识概念实体的有限集，R_Ks 为概念实体 R_C 上一组属性的非形式化描述，通常为自然语言，比如“可进行回收利用”；R_Rs 为概念实体间的“关系”集合，包括从属关系（kind of）、同类关系（same as）、属性关系（attribute of）等，体现了需求知识在拓扑树中所处层级以及能否分解等信息。

3.1.2 产品设计需求的语义化形式表达

为了能够对产品设计需求进行形式化表达，引入本体的概念，借助语义 Web 技术，便于语义信息在设计过程中重用、共享与优化配置。Web 本体描述语言（OWL）是一种用来描述 Web 服务属性与功能的本体规范，以资源建模框架标准（RDFS）作为概念模型框架，采用描述逻辑进行服务过程间的逻辑关系表达和关系推理，具有很强的信息表达能力与逻辑推理能力。通过抽取目标性能语义信息，构建性能形式化表达模型，如表 3-1 所示。

表 3-1 基于 OWL 的产品设计需求形式化表达

```
<owl:Ontology>
<owl:Classrdf: ID=EquipResource> //类名称
<rdfs:subClassofrdf:resource=Resource/> //父类
<rdfs:differeniFromrdf:resource=HumanResource>
......
<owl:Classrdf:ID="产品设计需求属性"/>
<owl:Classrdf:about="#本体概念"><rdfs:subClassofrdf:resource="#目标性能属性"
/></owl:Class>
<owl:Classrdf:about="#本体属性"><rdfs:subClassofrdf:resource="#目标性能属性"
 /></owl:Class>
<owl:Class:df:about="#本体关联"><rdfs:subClassofrdf:resouree="#目标性能属性"
 /></owl:Class>
<owl:Classrdf:ID="性能名称"><rdfs:subClassofrdf:resource="#本体概念"/></owl:Class>
<owl:Classrdf:ID="性能类别"><rdfs:subClassofrdf:resource="#本体概念"/></owl:Class>
<owl:Classrdf:ID="意图属性"><rdfs:subClassofrdf:resource="#本体属性"/></owl:Class>
<owl:Classrdf:ID="约束属性"><rdfs:subClassofrdf:resource="#本体属性"/></owl:Class>
<owl:Classrdf:ID="继承关系"><rdfs:subClassofrdf:resource="#本体关联"/></owl:Class>
<owl:objectProPerty>//属性定义
<owl:Grouprdf:ID=concept>//概念属性组定义
<owl:hasobjectProPertyrdf:resource=ResOwner/>
.......
</owl:Group>
```

3.2 产品设计需求知识本体的多粒度解析与重构

3.2.1 产品设计需求知识本体的多粒度解析

在产品设计需求知识本体的表达过程中，人们总是按照一定的信息粒度层次进行需求知识处理的，例如对金属加工中常用的切削需求知识中，各种加工方法如“车削”“拉削”“铣削”和“磨削”等属于同一知识粒度，而“车削外圆”“车削圆锥面”“车削偏心”及“车削特形面”等常用车削加工则属于车削加工知识的子颗粒。可以看出，用户对产品的需求知识是具有粒度层次特点的，很多情况下要对获取的需求知识进行多粒度分解，以更好地建立需求知识库，指导后续的产品智能设计。设存在可分解的需求知识节点 RK_N，且可分解为 RK_N_1，RK_N_2，…，RK_N_n，则分解的过程可表达如式：

$$RK\_N \rightarrow RK\_N_1 \wedge RK\_N_2 \wedge \ldots \wedge RK\_N_n \tag{3-1}$$

分解遵从以下准则：① 分解后的子需求知识与原需求知识必须保持语义一致；② 分解过程中无冗余产品设计需求知识产生；③ 分解后的子需求知识的并集应包含原需求知识的全部信息。

以某产品设计需求知识本体的分解过程为例，设原始需求知识为“相对制冷量在0.6～0.8快速可调”，本体知识表达为，概念对象：“相对制冷量”（实体对象）；概念对象属性：“0.6～0.8”（相对制冷量属性）；任务匹配关系：“快速可调”。依据需求知识本体所划分出的三个元素，对产品设计需求知识本体进行多粒度分解，可提取出子需求知识：① 相对制冷量的变化区间范围为0.6～0.8；② 相对制冷量的调节须能快速实现。最后检验分解后的产品设计需求知识是否满足上述三条准则。图3-1表达了产品需求知识本体的多粒度分解过程。

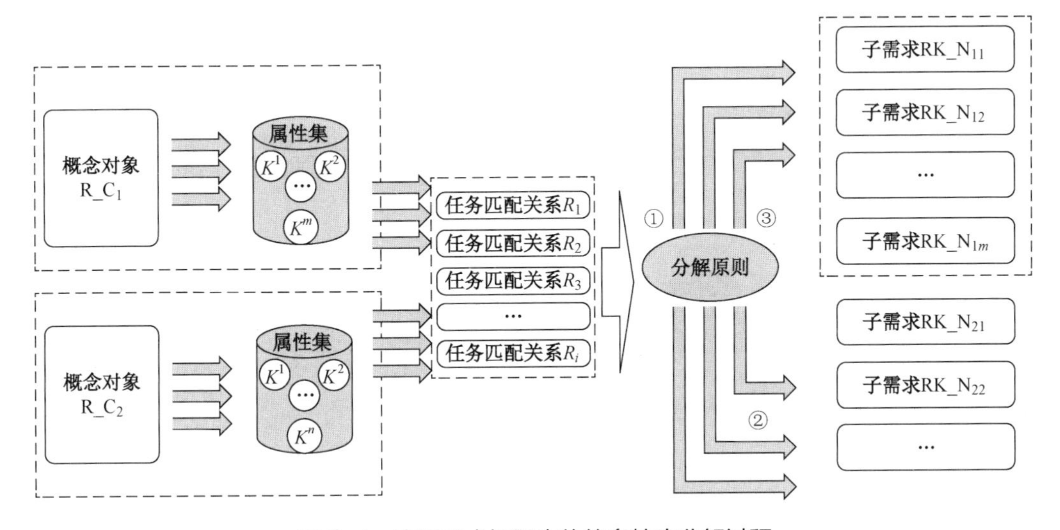

图3-1 产品需求知识本体的多粒度分解过程

3.2.2 产品设计需求知识本体的多粒度重构

在产品需求知识本体表达与多粒度分解的基础上即可对需求知识进行多粒度重组建模，形成最终的产品需求知识拓扑重组模型。对于产品需求知识拓扑重组模型的构建一方面要考虑到需求知识粒度的层次性，另一方面也要考虑到产品功能和结构的层次特点。例如对于大型空分装备产品需求知识的拓扑重组建模，空分装备承包范围需求知识用于描述用户的总体需求知识，其子节点需求知识包括对空气压缩机系统、空气遇冷系统、分子筛纯化系统、增压透平膨胀机组、分馏系统、换热系统、存储系统等子系统的产品设计需求。上述各项需求知识属于同一粒度需求知识，而且分别包含各自的子节点，如增压透平膨胀机组子系统又可分为功能需求知识、结构需求知识、性能需求知识、安全需求知识、服务需求知识等。对上述粒度层次下的需求知识又可按照上节提出的分解准则进行本体式多粒度分解，不同粒度的需求知识共同组成空分装备产品的需求知识拓扑重组模型，如图 3-2 所示为空分装备产品的需求知识本体的多粒度拓扑重组模型。

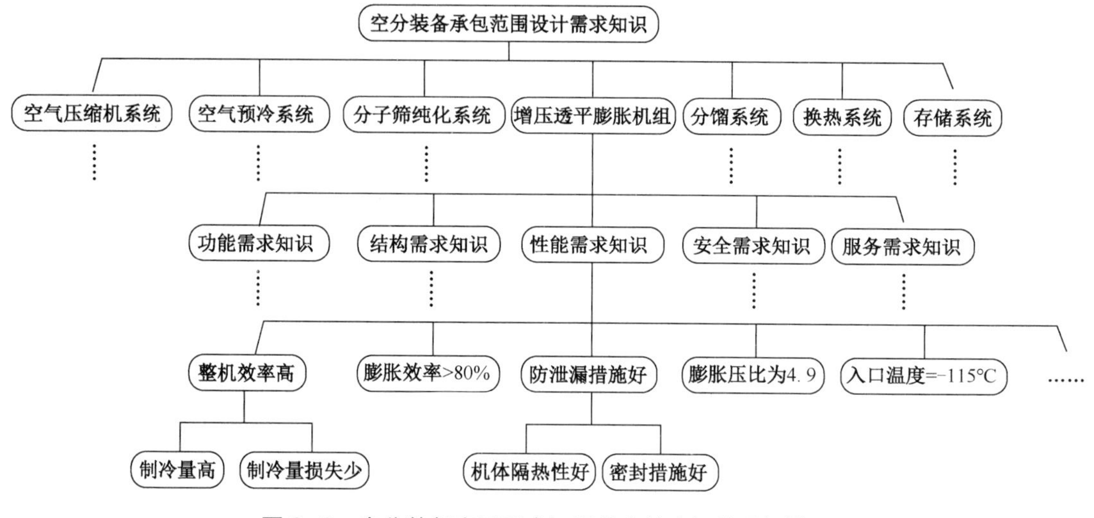

图 3-2　空分装备产品需求知识的多粒度拓扑重组模型

3.3　产品设计需求知识的粗糙集处理

在产品智能设计过程中，通常来说所获取的各项需求知识之间是相互关联的，这种关联既可能是互补的，也可能是互斥的。例如用户对空分装备配套空气净化系统的要求“净化效率高，机械杂质滤除效果好”，对空气压缩机要求“具备一定的抗微小机械杂质撞击能力”，具有一定的互补性；而“运行可靠、流程先进、操作方便、设备配置合理、安全低耗、设备总成本低廉”则具有某种互斥性。因此在产品智能重组设计过程中需要对这些需求知识进行分析和约简处理。基于粗糙集理论的需求知识分析适合处理以数据表形式表示的知识，因此可提取需求知识本体中的属性并转化成数据表形式的需求知识表达系统，以实现数据约简、属性权值计算、需求案例分类等任务，从而达到需求知识分析的目的。在产品智能重组设计过程中，尽量将信息系统中相关度和重要性程度较高的产品设计需求知识进行优先处理。

3.3.1 粗糙集理论的基础概念

粗糙集理论作为一种研究模糊的不完整、不确定、不一致等各种不完备知识的表达、学习、归纳的数学理论方法，具有完全由数据驱动、不需要人为假设的优点，更具客观性。它能在保持知识库分类能力不变的条件下，通过属性约简，剔除冗余信息，导出问题分类和决策规则，无须提供问题所需处理的数据集合之外的任何先验信息或附加信息，仅根据观测数据本身来删除冗余信息，比较知识的粗糙度、知识属性间的依赖性与重要性，抽取分类规则，易于掌握和使用。粗糙集不仅为信息科学和认知科学提供了新的科学逻辑和研究方法，而且为信息知识分析与处理提供了有效的技术，已经在人工智能、知识获取分析与数据挖掘、模式识别与分类、故障监测等方面得到了较为成功的应用。

粗糙集作为描述不完整和不确定性知识的工具，其研究的对象或环境是信息与知识表达系统，通过引入下近似（lower approximation）和上近似（upper approximation）概念来表示知识的不确定性。下近似是指所有对象元素都肯定被包含，而上近似是指所有对象可能被包含。通过引入约简和核概念进行知识的分析与处理等计算，简化信息知识中的冗余属性和属性值，进行知识库的约简，提取有用的特征信息。约简就是用对象的部分知识属性取代全体属性，从大量数据中求取最小不变集合，以简化对对象的研究。对于不能进行约简的知识属性，我们称为“核”。粗糙集中对于系统、上近似、下近似以及约简与核概念的数学定义分别如下：

粗糙集将研究对象抽象为一个信息系统或知识表达系统，可用信息表表示，而信息表又可由四元组来表示，即：

$$S=<U,A,V,f> \tag{3-2}$$

上述定义中，U 称为论域，是一个有限非空集合，是知识系统中研究对象的集合。研究对象即知识表中的元组或者记录。U 是知识表中所有元组的集合，可以用 $U=\{x_1,x_2,\cdots,x_n\}$ 表示。A 称为知识属性集，是一个有限非空集合，用于刻画对象的性质，可用 $A=\{a_1,a_2,\cdots,a_m\}$ 表示。V 称为知识属性值集，是一个有限非空集合，可用 $V=\{v_1,v_2,\cdots,v_m\}$ 表示，其中 v_i 是知识属性 a_i 的值域。f 称为知识函数：

$$f:U\times A\rightarrow V,\quad f(x_i,a_j)\in V_j \tag{3-3}$$

其中，$f(x_i,a_j)$ 是元组 x_i 在知识属性 a_j 处的取值。

设 U 是对象集，R 是 U 上的等价关系。则：

称(U, R)为近似空间，由(U, R)产生的等价类为

$$U/R=\{[x_i]_R \mid x_i \in U\},\quad [x_i]_R=\{x_j \mid (x_i,x_j)\in R\}。\tag{3-4}$$

$$\underline{R}(X)=\{x_i \mid [x_i]_R \subseteq X\},\quad \overline{R}(X)=\{x_i \mid [x_i]_R \cap X \neq \phi\},\tag{3-5}$$

式中，$\underline{R}(X)$为X的下近似，$\overline{R}(X)$为X的上近似，若$\underline{R}(X)=\overline{R}(X)$，则称$X$为可定义集合，否则，称$X$为粗糙集，如图3-3所示。

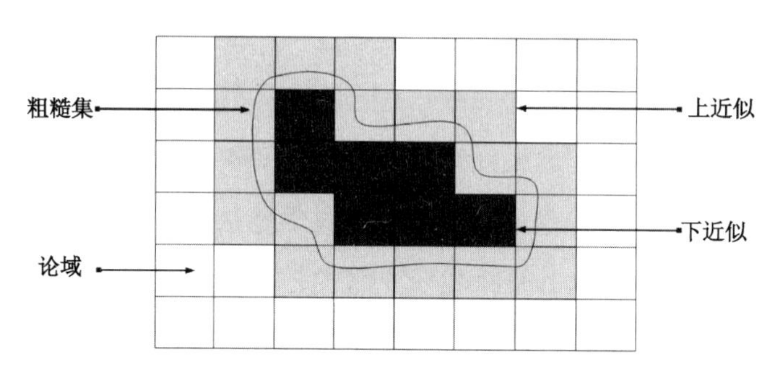

图3-3　粗糙集概念示意图

定义3 给定一个知识表达系统$S=<U,A,V,f>$，有知识属性集A'，$A'\subset A$且$U/A=U/A'$，并且不存在一个知识属性集A''，$A''\subset A'$且$U/A''=U/A'$，则称A'为A的一个约简。知识表达系统可有m个约简：$A',A'',\cdots,A^{(m)}$，所有约简的交集$C=A'\cap A''\cap\cdots\cap A^{(m)}$，$C$称为$A$的核。

3.3.2　高维产品设计需求知识的粗糙集简化

产品智能设计中，产品需求知识的各个属性对于满足用户需求的重要程度是不同的，而且各属性之间存在相互依赖的约束关系。因此需要在需求知识约简和核概念的基础上进行产品设计需求知识的相关性计算，以此来分析产品多个需求知识的依赖度和重要度，更好地指导产品智能设计的进程。

在产品智能设计中，对于给定的需求知识表达系统$S=<U,A,V,f>$，$A=T\cup J$，$T\cap J=\phi$，且T为需求知识条件属性集，J为决策属性集，决策属性J对条件属性T的依赖度（或者可以称为条件属性T对决策属性J的支持度）可定义为：

$$g=\gamma(T,J)=\frac{\mathrm{Base}(\mathrm{pos}_T J)}{\mathrm{Base}(U)}\tag{3-6}$$

其中Base表示集合的基数，即集合包含的元素个数，上式称J在g程度上依赖于T，记为$T\Rightarrow_g J$，其中：

$$\mathrm{pos}_T J=\bigcap_{X\in U/J} T_-(X)\tag{3-7}$$

$g<1$表示决策属性集J中的部分属性值由条件属性集T中的属性值决定，则称决策属

性集 J 局部（在 g 程度上）依赖于条件属性集 T； $g=1$ 表示决策属性集 J 中的所有属性值都由条件属性集 T 中的属性值决定，则称决策属性集 J 完全依赖于条件属性集 T。

因此，可对需求知识的粗糙度进行如下描述：

$$R_T J = 1 - \gamma(T, J) \tag{3-8}$$

式中， $R_T J$ 表示需求知识的粗糙度，其值体现了需求知识条件属性集 T 对于决策属性集 J 分类的近似程度。

需求知识属性 T_i 的重要度 $I_{T-\{T_i\}}J(T_i)$ 可以用从需求知识条件属性集合 T 中去掉某个属性 T_i 时，T 的决策属性集 J 正域所受到影响的程度来表示，即：

$$\begin{aligned} I_{T-(T_i)}J(T_i) &= 1 - \frac{\mathrm{pos}_{[T-(T_i)]}J}{\mathrm{pos}_T J} \\ &= 1 - \frac{r[T-(T_i), J]}{r(T, J)} \end{aligned} \tag{3-9}$$

$$\begin{gathered} 0 \leqslant I_{T-(T_i)}J(T_i) \leqslant 1 \\ \mathrm{core}_T J = [T_i \in T \mid I_{T-(T_i)}J > 0] \end{gathered} \tag{3-10}$$

对于知识系统中各需求知识的重要性程度的计算，可以通过引入各需求知识 R_i 针对论域或对象集 U 的不可分辨关系 $U \mid R_i[i \in (1,n)]$ ，求出对象集 U 相对于需求知识集 R 的等价关系 $U \mid \mathrm{Ind}(P)$ 及相对正域 $\mathrm{PosP}(S)$ ，依次省略各个需求知识 $R_i[i \in (1,n)]$ 后，列出 U 针对剩余各需求知识的不可分辨关系 $U \mid \mathrm{Ind}(P-R_i)[i \in (1,n)]$ ，依次计算省略各需求知识后的相对正域 $\mathrm{Pos}_{P-\{R_i\}}(S)[i \in (1,n)]$ ，根据相对正域的变化及式（3-9）得到需求知识系统中各需求知识的重要性程度 g 的计算式：

$$g = r_p(S) - \mathrm{Pos}_{p-\{p'\}}(S) = k - \mathrm{Pos}_{p-\{p'\}}(S) \tag{3-11}$$

其中，

$$k = r_p(S) = \mathrm{Base}[\mathrm{Pos}_p(S)] / \mathrm{Base}(U) \tag{3-12}$$

产品需求知识的条件属性对于决策属性的重要性程度越高，则认为两者的相关程度越强，在产品智能设计过程中，应尽量将需求知识系统中的相关度和重要性程度较高的产品需求知识进行优先处理。

习题

1．什么是本体（ontology）？解释其在产品设计需求知识统一表达中的作用。

2．解释产品设计需求知识本体的多粒度分解，并给出一个实际例子。

3．解释什么是需求知识本体的多粒度重组，并描述其在产品设计中的重要性。

4．描述如何使用 OWL（Web 本体描述语言）进行产品设计需求的形式化表达。

5.解释粗糙集理论的基本理论，并描述其在产品设计需求知识的粗糙集分析中的应用。

6．描述如何在产品设计中进行需求知识的粗糙度描述和重要性计算。

7．给出一个实际的产品设计需求知识的多粒度拓扑重组模型的例子。

8．思考并讨论如何在实际的产品设计中应用本章所学的理论和方法。

参考文献

[1] 李佳静，黎荣，武浩远，等．面向多领域的转向架知识本体表达及重用研究[J]．机械设计与制造，2019(04): 55-58.

[2] 施明君．基于本体论的产品设计调研报告的构建研究[D]．中国美术学院，2022.

[3] 王立业．机械装备传动设计知识多色建模与重构研究[D]．内蒙古工业大学，2021.

[4] 易军，颜胡．工程机械工业设计知识库构建方案研究[J]．包装工程，2020，41(18): 71-77.

[5] 张雷，郑辰兴，钟言久，等．基于粗糙集的机械产品绿色设计知识更新[J]．中国机械工程，2019，30(05): 595-602.

[6] SANFILIPPO E M. Feature-based product modelling: an ontological approach[J]. International Journal of Computer Integrated Manufacturing, 2018, 31(11): 1097-1110.

[7] Liang J S. An ontology-oriented knowledge methodology for process planning in additive layer manufacturing[J]. Robotics and Computer-Integrated Manufacturing, 2018, 53: 28-44.

[8] JING L, YAO J, GAO F, et al. A rough set-based interval-valued intuitionistic fuzzy conceptual design decision approach with considering diverse customer preference distribution[J]. Advanced Engineering Informatics, 2021, 48: 101284.

[9] WANG Y, LUO L, LIU H. Bridging the Semantic Gap Between Customer Needs and Design Specifications Using User-Generated Content[J]. IEEE Transactions on Engineering Management, 2022, 69: 1622-1634.

[10] Sanfilippo E M. Feature-based product modelling: an ontological approach[J]. International Journal of Computer Integrated Manufacturing, 2018, 31(11): 1097-1110.

[11] FAN Y, LIU C, WANG J. Integrating multi-granularity model and similarity measurement for transforming process data into different granularity knowledge[J]. Advanced Engineering

Informatics. Informatics, 2018, 37: 88-102.

[12] WANG T, ZHOU M Y. Integrating rough set theory with customer satisfaction to construct a novel approach for mining product design rules[J]. Journal of Intelligent & Fuzzy Systems, 2021, 41: 331-353.

[13] WU Z, LIU H, GOH M. Knowledge recommender system for complex product development using ontology and vector space model[J]. Concurrent Engineering, 2019, 27(4): 347-360.

[14] WANG H, CHEN K, ZHENG H. Knowledge transfer methods for expressing product design information and organization[J]. Journal of Manufacturing Systems, 2021, 58: 1-15.

[15] QI J, HU J, PENG Y. Modified rough VIKOR based design concept evaluation method compatible with objective design and subjective preference factors[J]. Applied Soft Computing, 2021, 107: 107414.

[16] CHHIM P P, CHINNAM R, SADAWI N M. Product design and manufacturing process based ontology for manufacturing knowledge reuse[J]. Journal of Intelligent Manufacturing, 2019, 30: 905-916.

[17] WANG R, NELLIPPALLIL A B, WANG G. Systematic design space exploration using a template-based ontological method[J]. Advanced Engineering Informatics. Informatics, 2018, 36: 163-177.

第4章

基于状态感知的产品性能期望数据感知解析识别技术

在当前激烈的市场竞争中，产品质量是企业发展的基石。产品设计作为质量控制的核心环节，直接关系到产品质量特性的形成。但是，产品复杂性的增加使得设计过程中性能间的相互作用难以掌控，从而提升了性能设计的难度。性能作为质量的核心，其设计需考虑多方面因素，并在设计过程中不断调整以符合性能要求。面对这样的挑战，行业和学术界逐渐意识到，对产品期望性能的系统分析和合理分配对于实现和优化关键性能极为关键。期望性能不仅是用户对产品性能的期望，也是设计的出发点和归宿。深入分析和精确测量期望性能，可以更有效地指导产品设计，确保产品满足用户需求。为了解决性能设计中的问题，本章提出了一种基于状态感知的产品期望性能辨识技术。该技术首先分析产品在整个生命周期中的性能变化，建立一个性能闭环模型。通过模型的形式化表达，结合直觉模糊数和灰关联分析等方法，能够对期望性能的重要度进行量化。同时，通过分析期望性能的反馈，使用性能损失函数和泰勒级数展开等方法对性能反向重要度进行迭代求解，最后利用模糊积分方法将两类重要度函数融合。这种期望性能辨识技术，提高了性能设计的可操作性，为复杂产品的性能优化提供了强大的支持。通过精确辨识和合理分配期望性能，可以更好地满足和优化关键性能，从而提升产品的市场竞争力。

4.1 复杂产品性能期望闭环感知模型构建

期望性能被定义为在设计早期描述用户对复杂产品性能目标的概念，其广泛存在于整个设计过程中。由于性能是产品市场核心竞争力的关键，因此在设计阶段需要对其进行全面的分析计算，期望性能的演化模型则是获取准确性能的基础。期望性能的数据既来自用户需求的语义化描述，也来自产品服役状态中性能参数的反馈分析。目前对期望性能的分析多集中于用户需求端的正向获取，忽略了性能参数反馈对目标性能的补偿修正过程。本节主要从需求端的正向过程与服役端的反馈过程进行综合分析，对抽象的性能演化过程进行建模，同时对模型进行形式化表达，有助于性能解析过程的显式化与清晰化。

对性能在产品设计过程中的演化规律进行分析，可以发现期望性能首先来源于客户需求，表达了客户对产品目标性能的约束与期望；其次，期望性能以性能参数的形式显示表达，通过在结构域中对产品的具体设计参数具体化赋值，使性能可以在装配设计、工艺规划及制造阶段得到继承与传递，从而保证了产品性能的一致性与满足性。以电液比例液压泵为例，在设计早期，客户对其设计的性能需要为噪声小、控制精度高、系统效率好等，但是此类性能在产品实际运行中，以斜盘倾角、介质特性、黏度等性能设计参数的具体形式呈现。

根据上述分析，期望性能不仅需要能够表达显性的语义化性能需求，还要能够综合体现性能参数在结构域的波动情况，因此本节从性能演化机理的角度出发，提出期望性能闭环感知环模型，用来全面表达性能在设计过程中的进化规律，其模型如图 4-1 所示。

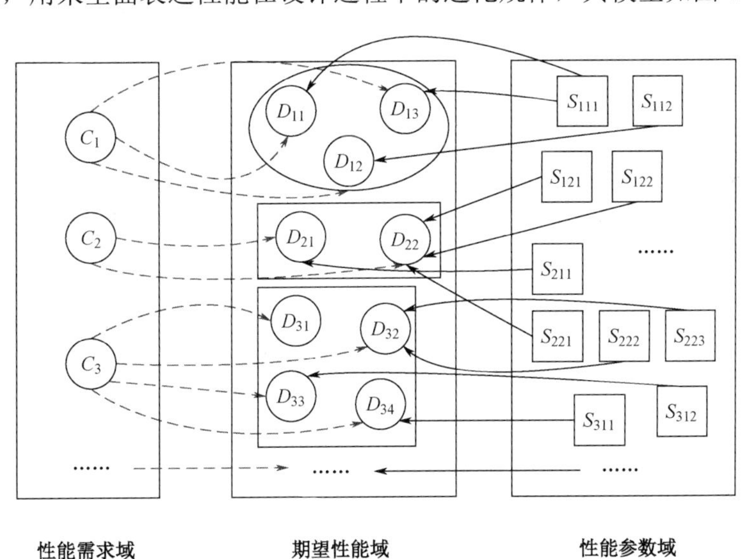

图 4-1 期望性能闭环感知模型示意图

为了能够简化模型，本节假设期望性能为独立同分布，主要考虑性能在设计过程中的信息流动过程，如果后续需要考虑性能之间的耦合现象，可以在本书的基础上对其自相关关系进行加权分析或通过综合耦合度分析计算。一个完整的期望性能闭环感知模型主要由性能需求域、期望性能域和性能参数域三部分组成，其信息流动主要在这三个域之间叠加流动反馈。

（1）性能需求域：性能需求数据主要来源于用户对产品的性能偏好，主要包含产品的使用性能、维修性能、环境性能等。在设计过程中可以采用质量功能展开、公理设计等方法对性能需求进行分析与演化，正向传递符合工程设计的工程特性，即期望性能。

（2）期望性能域：期望性能为设计者对产品目标性能的表达，也有相关文献称其为工程特性，本节从性能设计的角度将其定义为期望性能。期望性能是产品设计的前端，通过对性能意图的分析，可以在后续产品结构域中实现期望性能的具体化与显式化。

（3）性能参数域：性能参数是期望性能的具体赋值表达，在装配、制造等环节中为产品尺寸、间隙、公差等具体的性能参数赋值，是复杂产品从早期方案设计到实体化的关键。

性能闭环模型可以理解为性能需求域的正向传递与性能参数域的反向演化两个过程。正向传递过程主要是指对性能需求域进行分析，通过质量功能展开、公理设计的“之”字映射等方式，将性能需求表达为具有工程特性的期望性能及显式化的性能参数，实现性能在整个设计过程的正向传递。从质量设计的角度看，性能参数需要有较小的波动才能保证产品的稳健性与可靠性，因此反向演化过程从波动理论的角度出发，基于已有的产品数据对性能参数的波动特性进行分析，将其特征反向演化到正向传递相对应的期望性能，从而实现性能的补偿修正与准确辨识。

根据上述分析，期望性能闭环模型信息可以用一个 4 元组模型表示为：$\mathrm{PFB}=(C,D,S,R)$，其中 $C=(C_1,C_2,C_3,\cdots,C_n)$ 表示 n 个性能需求集合，$D=[(D_{11},D_{12}),(D_{21},D_{22},D_{23}),\cdots]$ 表示与性能需求相对应的具有工程特性的期望性能集合，$S=[(S_{111},S_{112}),(S_{211}),\cdots]$ 表示与期望性能相对应的性能参数的集合，R 表示映射过程中所有对应关联关系的集合。为了能够对期望性能进行形式化表达，这里引入本体的概念，借助语义 Web 技术，便于语义信息在设计过程中重用、共享与优化配置。Web 本体描述语言（OWL）是一种用来描述 Web 服务属性与功能的本体规范，以资源建模框架标准（RDFS）为概念模型框架，采用描述逻辑进行服务过程间的逻辑关系表达和关系推理，具有很强的信息表达能力与逻辑推理能力。关于本体研究内容参见相关文献，本书不做具体介绍。

4.2 不确定环境下的性能期望渐进分析

性能可以认为是用户对产品满意程度的函数，产品设计总是以设计出用户满意的产品

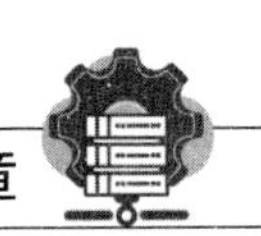

为目标，而性能正是对这类抽象描述的具体表征。在产品设计早期，需要对客户需求进行分析与转换，解析得到可用于指导后续设计过程的期望性能。由于此阶段的信息具有模糊、不确定的特点，通常需要引入模糊数学中的相关方法对不确定信息进行定量化表达。本节引入直觉模糊数与灰关联分析对期望性能递推解析过程中的不确定信息进行处理，得到精确的定量化期望性能重要度函数，使得在设计早期能够对产品性能意图有一个直观的认识。

4.2.1 不确定语义分析与量化表征

在产品设计模糊前端，性能通常以模糊语言变量的方式存在。以液压机中的液压泵为例，通常以流量均匀、压力脉动小、噪声小、密封性能较好等具有模糊、不确定特性的语言来表征；同时为了能够定量表示性能元素之间重要关系，也需要设计决策者以语言变量的方式对其关系进行表达，这里的不确定语义指的是一类模糊语义表达的语言变量。本节引入直觉模糊数的理论，旨在对不确定的性能语义信息进行更全面的分析与表达。

在实际应用中，模糊集隶属函数值仅是一个单一的值，无法同时表达支持、反对和犹豫的证据。直觉模糊数是对 Zadeh 的模糊集的扩展，除了包含隶属关系，增加了认知过程中对事物表现一定程度犹豫的关系，使得处理模糊性与不确定性更加灵活。由于设计早期认知过程表现出强烈的模糊、不确定特征，因此引入直觉模糊数能够更好地处理不确定语义信息的量化表达。这里首先对直觉模糊数做如下定义：

定义 4.1： 设 X 是一个给定论域，则 X 上的直觉模糊集 A 可以表示为 $A=\{[x,\mu_A(x),\nu_A(x)]\mid x\in X\}$。其中，$\mu_A(x)$ 和 $\nu_A(x)$ 分别表示 X 中元素属于 A 的隶属度和非隶属度 $\mu_A: X\to[0,1]$，$\nu_A: X\to[0,1]$，且满足条件 $0\leqslant\mu_A(x)+\nu_A(x)\leqslant 1$，称 $\pi_A(x)=1-\mu_A(x)-\nu_A(x)$ 表示 X 中元素 x 属于 A 的犹豫度。

定义 4.2： 设 $\alpha=(\mu_\alpha,\nu_\alpha)$，$\beta=(\mu_\beta,\nu_\beta)$ 为两个直觉模糊数，则称 $S(\alpha)=\mu_\alpha-\nu_\alpha$ 与 $H(\alpha)=\mu_\alpha+\nu_\alpha$ 为直觉模糊数 α 的价值函数与精度函数，$S(\beta)=\mu_\beta-\nu_\beta$ 与 $H(\beta)=\mu_\beta+\nu_\beta$ 为直觉模糊数 β 的价值函数与精度函数，有：

（1）如果 $S(\alpha)>S(\beta)$，则 $\alpha>\beta$；

（2）当 $S(\alpha)=S(\beta)$ 时，如果 $H(\alpha)>H(\beta)$，则 $\alpha>\beta$，如果 $H(\alpha)=H(\beta)$，则 $\alpha=\beta$。

定义 4.3： 设 $\alpha_j=(\mu_{\alpha_j},\nu_{\alpha_j})(j=1,2,\cdots,n)$ 为一组直觉模糊数，且设 IFWA：$\Theta^n\to\Theta$，若 $\mathrm{IFWA}_\omega(\alpha_1,\alpha_2,\cdots,\alpha_n)=\omega_1\alpha_1\oplus\omega_2\alpha_2\oplus\cdots\oplus\omega_n\alpha_n$，则称 IFWA 为直觉模糊加权平均算子，其中 $\omega=(\omega_1,\omega_2,\cdots,\omega_n)^2$ 为 α_j 的权重向量。

在产品规划初期，通过市场调查、口语分析及现场咨询等方式，确定了复杂产品的性

能需求指标 $D=(D_i\,|\,i=1,2,\cdots,m)$，这里为了便于分析，假设获得的性能指标已经过聚类、去噪、去冗余等相关处理。设 $\boldsymbol{E}=(e_1,e_2,\cdots,e_l)^{\mathrm{T}}$ 为设计人员的决策者集，$\boldsymbol{\theta}=(\theta_1,\theta_2,\cdots,\theta_l)$ 为决策者的权重，可以根据决策者所在的地位、知识层次及经验丰富程度所决定。首先设计决策者 $e_k\in\boldsymbol{E}$ 对性能需求指标之间用直觉模糊数进行定量偶对比较，构建直觉模糊矩阵 $\boldsymbol{R}_k=(r_{ij}^k)_{m\times m}$，其中 $r_{ij}^k=(\mu_{ij}^k,v_{ij}^k)(i,j=1,2,\cdots,m)$，$\mu_j^k$ 表示对性能需求指标 D_i 与 D_j 进行偶对比较时 D_i 更为重要的程度，同理 v_{ij}^k 表示 D_j 更为重要的程度。利用直觉模糊平均算子，如式（4-1）所示，对直觉模糊矩阵中的每一行进行集结，得到设计决策者 e_k 对性能需求指标的综合直觉模糊信息。

$$r_i^k=\mathrm{IFA}\left(r_{i1}^k,r_{i2}^k,\cdots,r_{in}^k\right)=\frac{1}{n}\left(r_{i1}^k\oplus r_{i2}^k\oplus\cdots\oplus r_{in}^k\right) \tag{4-1}$$

利用直觉模糊加权平均算子集成相应于 l 个设计决策者的直觉偏好值 r_i^k，得到性能需求指标 D_i 相对于其他指标重要程度的综合直觉偏好值 r_i，如式（4-2）所示。

$$r_i=\mathrm{IFWA}_\theta(r_i^1,r_i^2,r_i^3,\cdots,r_i^l) \tag{4-2}$$

最后通过所有性能需求指标的综合直觉偏好值进行规范化处理与修正，得到了性能需求重要度向量 $w=\left(w_1,w_2,\cdots,w_i,\cdots,w_n\right)$，如式（4-3）所示。

$$w_i=\frac{r_i}{\sum_{i=1}^{m}r_i} \tag{4-3}$$

4.2.2 性能期望重要度表征与评估

需求重要度表达的物理意义是表示用户需求端对性能的偏好程度，但是根据性能演化模型可知，期望性能重要度是以初始重要度与期望性能——特性映射关联关系为变量的函数，映射关联关系表征的物理意义是表示期望性能对性能需求的满足程度。为了计算方便，本节采用区间模糊数作为关联关系评价值，区间模糊数与直觉模糊数的转化关系可以参考相关文献。假设有 m 个性能需求，n 个期望性能，则第 i 个期望性能对应第 j 个性能需求的关联关系评价记为 (a_{ij}^l,a_{ij}^u)，其中，a_{ij}^l 和 a_{ij}^u 分别表示区间模糊数的下界与上界，则关于性能需求与期望性能的关联关系评价决策矩阵可以表示为：

$$\boldsymbol{K}=\begin{bmatrix}(a_{11}^l,a_{11}^u) & (a_{12}^l,a_{12}^u) & \cdots & (a_{1n}^l,a_{1n}^u)\\(a_{21}^l,a_{21}^u) & (a_{22}^l,a_{22}^u) & \cdots & (a_{2n}^l,a_{2n}^u)\\ & & \cdots & \\(a_{m1}^l,a_{m1}^u) & (a_{m2}^l,a_{m2}^u) & \cdots & (a_{mn}^l,a_{mn}^u)\end{bmatrix} \tag{4-4}$$

首先将评价矩阵进行拆分，得到下界矩阵 $\boldsymbol{K}^l$ 和上界矩阵 $\boldsymbol{K}^u$，下界矩阵是对评价矩阵

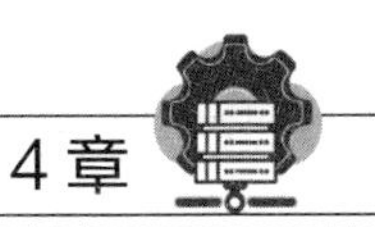

$\boldsymbol{K}$ 中的区间模糊数取下界所得，同理上界矩阵是对其取上界所得，通过对上下界矩阵进行最大最小运算，求得正理想解 $\boldsymbol{F}^+=(f_1^+,f_2^+,\cdots,f_m^+)^{\mathrm{T}}$ 与负理想解 $\boldsymbol{F}^-=(f_1^-,f_2^-,\cdots,f_m^-)^{\mathrm{T}}$。当性能需求为望大性时，$f_j^+=\max a_{ij}^u$，$f_j^-=\min a_{ij}^l$。当性能需求为望小性时，$f_j^+=\min a_{ij}^u$，$f_j^-=\max a_{ij}^l$。对正理想解与负理想解中的元素进行量纲归一化处理，保证数据的等效性与同序性，对于望大性性能需求，有 $X_{ij}^u=a_{ij}^u/f_j^+$，$X_{ij}^l=f_j^-/a_{ij}^l$；对于望小性性能需求，有 $X_{ij}^u=f_j^+/a_{ij}^u$，$X_{ij}^l=a_{ij}^l/f_j^-$。

灰关联分析是一种研究因素间关联程度的定量分析方法，其原理是通过对统计序列几何关系的比较来判断系统中多因素间的关联程度大小，具有计算过程简单、直接及性能稳定的优点。本节引入灰关联度量关联关系评价指标的上下界与正理想解和负理想解之间的距离，首先计算上下界与正理想解和负理想解之间的灰关联系数，分别表示为式（4-5）与式（4-6）。

$$\xi_i^+(j)=\frac{\min\limits_j\min\limits_i\left|1-X_{ij}^u\right|+\rho\max\limits_j\max\limits_i\left|1-X_{ij}^u\right|}{\left|1-X_{ij}^u\right|+\rho\max\limits_j\max\limits_i\left|1-X_{ij}^u\right|} \tag{4-5}$$

$$\xi_i^-(j)=\frac{\min\limits_j\min\limits_i\left|1-X_{ij}^l\right|+\rho\max\limits_j\max\limits_i\left|1-X_{ij}^l\right|}{\left|1-X_{ij}^l\right|+\rho\max\limits_j\max\limits_i\left|1-X_{ij}^l\right|} \tag{4-6}$$

其中，ρ 为给定的分辨系数，一般取值为 $\rho=0.5$。

得到关联系数后，基于性能需求重要度，可以计算评价指标上下界与正理想解和负理想解之间的灰关联度，分别表示为式（4-7）与式（4-8）。

$$\mathrm{Dist}^+=\sum_{j=1}^m w_j\xi_i^+(j) \tag{4-7}$$

$$\mathrm{Dist}^-=\sum_{j=1}^m w_j\xi_i^-(j) \tag{4-8}$$

由关联关系的上下界与正负理想解的关系可知，越接近正理想解则表明性能需求与期望性能之间的关系更加密切，两者之间应该具有更高的重要度，假设期望性能的重要度为 η_i，用来表达接近正理想解的程度，则接近负理想解的程度表达为 $1-\eta_i$，引入非线性规则：

$$\min Q=(\eta_i)^2(\mathrm{Dist}^+)^2+(1-\eta_i)^2(\mathrm{Dist}^-)^2 \tag{4-9}$$

对式（4-9）进行求导最优化，可得正向过程的期望性能重要度（亦叫作正向重要度）为：

$$\eta_i=\frac{(\mathrm{Dist}^-)^2}{(\mathrm{Dist}^+)^2+(\mathrm{Dist}^-)^2} \tag{4-10}$$

4.3 状态感知反馈下的性能期望综合识别

根据构建的性能演化机理模型，期望性能在结构域以性能参数的形式存在，性能参数的波动将直接影响期望性能取值的合理性，超出容限阈值的性能参数可以被认为存在质量问题。为了能够提高期望性能的辨识精度，本节对产品服役过程中波动较大的性能参数进行反向补偿，对正向重要度进行融合修正，从而更加准确且全面地对期望性能进行辨识。下面进行具体介绍。

4.3.1 服役状态下性能期望动态感知与反馈

由性能演化模型可知，性能需求以期望性能的形式表征量化，指导产品详细设计与仿真计算，而从结构域中可以看到，性能参数在服役过程中以波动的形式影响着产品的质量与稳健性。产品的波动来源于加工、安装、使用过程等人为因素及工况环境变化等不确定因素。产品波动使得设计变量的值域发生偏离，通过叠加震荡作用于性能参数上，导致性能参数与目标值存在偏离，其波动机理如图 4-2 所示。由于当前在产品设计过程中多假设设计参数不受外界条件干扰，因此真实波动超过设计阈值时，将导致产品出现严重的质量问题。目前的研究成果，如稳健设计就是通过合理地选择设计取值点，将设计参数域的波动控制在容差范围内，从而保证性能的稳健性。本节借鉴稳健设计研究的基础，通过波动的影响来分析期望性能的重要性。

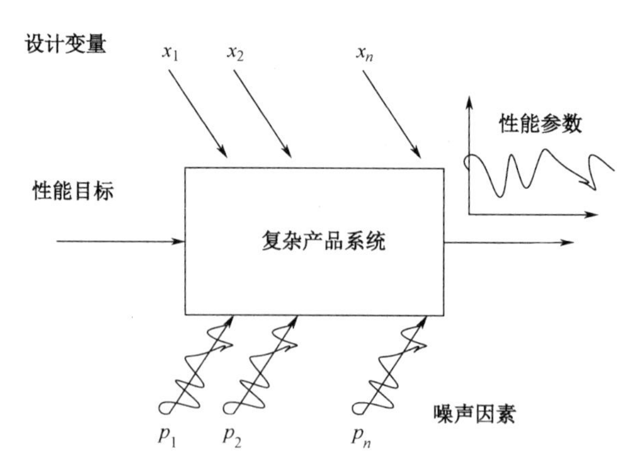

图 4-2　性能参数波动影响分析

综上所述，产品质量的核心问题可以归纳为性能参数波动偏离容限阈值的表象。从性

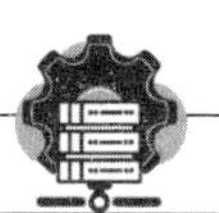

能增强的角度，引入反馈环节对期望性能重要度的影响性分析有利于保证并提高产品质量。服役状态感知反馈通过利用服役过程中的性能相关状态数据对期望性能映射的性能参数进行波动分析，识别出波动影响较大的性能参数并计算其重要度，随后利用模糊积分将其对正向重要度进行补偿融合修正，从而获得较为准确的重要度函数。

4.3.2 基于性能损失的重要度反演评估

田口质量观的质量损失函数描述了产品质量特性偏离设计目标给设计带来的损失，产品投入使用后，其质量的波动会给用户和社会造成损失，输出特性离目标值越远，造成的损失越大，其通常也适用于性能的波动。因此为了能够对性能波动进行分析，引入田口质量观理论对性能波动特性进行建模分析，将性能损失函数作为产品性能参数偏离性能目标给产品设计带来的损失。

假设产品期望性能域包含 m 个期望性能，记为集合 $\mathrm{DI}=(\mathrm{DI}_1,\mathrm{DI}_2,\cdots,\mathrm{DI}_m)$，其中某一个期望性能 $\mathrm{DI}_i(i\in m)$ 映射得到 n 个性能参数表征，记为集合 $\mathrm{DN}_i=(y_i^1,y_i^2,\cdots,y_i^n)$，设其中某一个性能参数在服役过程中的性能值为 y_i^j，目标值为 $\overline{y}_i^j$（其数据来源于已有同类产品的设计与运行日志文档），则性能损失函数可以用式（4-11）表征：

$$L(y_i^j)=k_i^j[(\sigma_i^j)^2+(\delta_i^j)^2] \tag{4-11}$$

其中，k_i^j 为性能参数 y_i^j 的质量损失常数，σ_i^j 为性能参数 y_i^j 的方差，δ_i^j 为均值偏离，$\delta_i^j=\mu_i^j-\overline{y}_i^j$，$\mu_i^j$ 表示性能参数的均值。

设期望性能产生的微小波动为 $\Delta\mathrm{DI}_i$，可以理解为其由 n 个性能参数波动叠加融合，采用泰勒级数展开，可以得到如下关系：

$$\Delta\mathrm{DI}_i=\frac{\partial\mathrm{DI}_i}{\partial y_i^1}\Delta y_i^1+\frac{\partial\mathrm{DI}_i}{\partial y_i^2}\Delta y_i^2+\cdots+\frac{\partial\mathrm{DI}_i}{\partial y_i^n}\Delta y_i^n \tag{4-12}$$

其中，$\dfrac{\partial\mathrm{DI}_i}{\partial y_i^n}$ 为波动传递系数，该系数可以通过多项式响应面法构建显式函数进行计算，在此处不再赘述。为了简化计算过程，本节假设各性能参数独立同分布，且服从正态分布，则期望性能与性能参数之间的统计关系可以表示为：

$$\sigma_{\mathrm{DI}_i}{}^2=\left(\frac{\partial\mathrm{DI}_i}{\partial y_i^1}\right)^2\left(\sigma_i^1\right)^2+\left(\frac{\partial\mathrm{DI}_i}{\partial y_i^2}\right)^2\left(\sigma_i^2\right)^2+\cdots+\left(\frac{\partial\mathrm{DI}_i}{\partial y_i^n}\right)^2\left(\sigma_i^n\right)^2 \tag{4-13}$$

$$\delta_{\mathrm{DI}_i}=\frac{\partial\mathrm{DI}_i}{\partial y_i^1}\delta_i^1+\frac{\partial\mathrm{DI}_i}{\partial y_i^2}\delta_i^2+\cdots+\frac{\partial\mathrm{DI}_i}{\partial y_i^n}\delta_i^n \tag{4-14}$$

根据期望性能与性能参数的统计关系，提取系数向量并定义波动传递系数矩阵和波动传递方差矩阵，分别如式（4-15）和式（4-16）所示。

$$\gamma = \begin{bmatrix} \frac{\partial DI_1}{\partial y_1^1} & \frac{\partial DI_1}{\partial y_1^2} & \cdots & \frac{\partial DI_1}{\partial y_1^n} \\ \frac{\partial DI_2}{\partial y_2^1} & \frac{\partial DI_2}{\partial y_2^2} & \cdots & \frac{\partial DI_2}{\partial y_2^n} \\ \vdots & \vdots & & \vdots \\ \frac{\partial DI_m}{\partial y_m^1} & \frac{\partial DI_m}{\partial y_m^2} & \cdots & \frac{\partial DI_m}{\partial y_m^n} \end{bmatrix} \tag{4-15}$$

$$\xi = \begin{bmatrix} (\frac{\partial DI_1}{\partial y_1^1})^2 & (\frac{\partial DI_1}{\partial y_1^2})^2 & \cdots & (\frac{\partial DI_1}{\partial y_1^n})^2 \\ (\frac{\partial DI_2}{\partial y_2^1})^2 & (\frac{\partial DI_2}{\partial y_2^2})^2 & \cdots & (\frac{\partial DI_2}{\partial y_2^n})^2 \\ \vdots & \vdots & & \vdots \\ (\frac{\partial DI_m}{\partial y_m^1})^2 & (\frac{\partial DI_m}{\partial y_m^2})^2 & \cdots & (\frac{\partial DI_m}{\partial y_m^n})^2 \end{bmatrix} \tag{4-16}$$

通过式（4-15）和式（4-16）可得期望性能与其映射的性能参数之间的关系表征为：

$$\sigma_{DI_i}{}^2 = \sum_{j=1}^{n} \xi_{ij} (\sigma_i^j)^2 \tag{4-17}$$

$$\delta_{DI_i} = \sum_{j=1}^{n} \gamma_{ij} \delta_i^j \tag{4-18}$$

为了分析性能参数对期望性能的影响，实现波动信息反向传递以获得期望的重要度，本节借鉴灵敏度分析理论，提出性能灵敏度的概念，用于量化表征性能参数对期望性能的影响程度，可以用式（4-19）表示：

$$\Delta S_{DI_i} = \int \frac{\partial S_{DI_i}}{\partial \sigma_i^j} d\sigma_i^j + \int \frac{\partial S_{DI_i}}{\partial \delta_i^j} d\mu_j \tag{4-19}$$

将上述各公式联立，可以得到性能参数 y_i^j 对期望性能的灵敏度为：

$$\Delta(y_i^j \to DI) = \sum_{i=1}^{m} k_i^j \{\xi_{ij}[(\bar{\sigma}_i^j)^2 - (\sigma_i^j)^2) + \gamma_{ij}{}^2 (\bar{\delta}_i^j)^2 - (\delta_i^j)^2]\} \tag{4-20}$$

故状态反馈分析的期望性能 DI_i 重要度（也称作反向重要度）可以表示为：

$$\omega_{DI_i} = \frac{\sum_{j=1}^{n} \Delta(y_i^j \to DI)}{\sum_{i=1}^{m}\sum_{j=1}^{n} \Delta(y_i^j \to DI)} \tag{4-21}$$

4.3.3 考虑互补关系的性能期望融合识别

正向传递与状态感知对性能重要度的解析具有属性互补的关联关系，使得属性权重的可加性遭到破坏，导致采用加权平均算子融合计算期望性能重要度过程失效。本节采用考

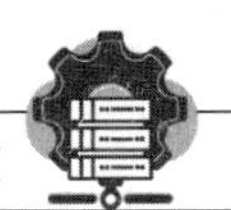

虑互补关系的模糊积分方法来融合两种性能重要度，从而提高性能重要度的辨识精度。

有别于概率测度，日本学者 Sugeno 提出了一个正规的、单调的、连续的集函数的模糊测度概念，放弃了概率测度的可加性，取而代之的是更广泛的单调性，更符合人类日常的推断活动。模糊积分是模糊测度的一种泛函，具体为：设 $(X,\wp)$ 是一个可测空间，$\mu:\wp\to[0,1]$ 是模糊测度，$f:X\to[0,1]$ 是 $\wp$ 的可测函数，$A\in\wp$，则 f 在 A 上关于 μ 的模糊积分为：

$$f_A f\mathrm{d}\mu=\underset{\alpha\in[0,1]}{\vee}[\alpha\wedge\mu(F_\alpha\cap A)] \tag{4-22}$$

Choquet 积分是一种被称为容度的模糊积分，容度是一个集函数，其定义域为所设空间的幂集，值取于实数 $\mathbf{R}$，且满足单调性与连续性。利用数学归纳法与转换关系，可以获得准则集的 n-可加模糊 Choquet 积分表达式为：

$$C(k_1,k_2,\cdots,k_n)=\sum_{i=1}^{n}\mu[N_{(r)}][k_{(r)}-k_{(r-1)}] \tag{4-23}$$

其中，(r) 表示对按照准则评估值进行一次排序操作，需要满足 $k_{(1)}\leqslant k_{(2)}\leqslant\cdots\leqslant k_{(n)}$ 且规定 $k_{(1)}=\varnothing$，$\mu(N_{(r)})$ 表示对准则的模糊测度。由于本节主要是对性能重要度评价时考虑正向与反向过程的互补关联关系，因此采用 2-可加模糊 Choquet 离散积分对在双向互反馈覆盖下的期望性能重要度进行非线性迭代融合。

假设期望性能集合表示为 $\mathrm{DI}=\{\mathrm{DI}_1,\mathrm{DI}_2,\cdots,\mathrm{DI}_m\}$，对于第 i 个性能意图 DI_i 来说，其通过正向传递得到期望性能重要度表示为 DI_i^+，其通过服役过程感知反馈获得的期望性能重要度表示为 DI_i^-，定义在同一个辨识框架下期望性能与性能需求的关联关系为 R_i^+，其数值可以通过之前章节中的方法获得，或通过专家基于知识及经验所给出的语义评定；期望性能与性能参数之间的关联关系为 R_i^-，其可以通过性能参数之间的耦合程度由灵敏度分析获得，亦可通过专家语义评定。基于上述假设，对于期望性能 DI_i 的融合重要度计算公式如式（4-24）所示。

$$\begin{aligned}\Omega_i(R_i^+,R_i^-)&=(R_i^+,R_i^-)\odot[g_\lambda(R_i^+),g_\lambda(R_i^-)]\\&=\sum_{\pi>0}(R_i^+\wedge R_i^-)\pi+\sum_{\pi<0}(R_i^+\vee R_i^-)|\pi|+R_i^+\left(\mathrm{DI}_i^+-\frac{|\pi|}{2}\right)+R_i^-\left(\mathrm{DI}_i^--\frac{|\pi|}{2}\right)\end{aligned} \tag{4-24}$$

其中，π 为正向传递与感知反馈关联关系的互补因子，其主要通过对正向重要度与反向重要度进行对比过程中人为确定，$\pi>0$，表明两者之间具有较大的互补性，相互补充从而增加了性能意图重要度，从信息论的角度则减少了评价带来的不确定性；$\pi<0$，表明两者之间具有冗余关系，可以适当地进行合并；$\pi=0$，表明两者独立无关，这时积分模型还原为传统的线性相加决策模型。最后，对所有的期望性能融合解析，并对其进行归一化处

理，得到规范化的期望性能重要度为：

$$\lambda_i = \frac{\Omega_i(R_i^+, R_i^-)}{\sum_{i=1}^{n}\Omega_i(R_i^+, R_i^-)} \tag{4-25}$$

习题

1．解释产品质量与产品设计之间的关系，以及它们如何影响产品的市场竞争力。

2．描述期望性能的定义和它在产品设计过程中的重要性。

3．解释什么是基于状态感知的产品期望性能辨识技术，并讨论其优点。

4．描述期望性能闭环感知模型的构建过程，并解释其重要性。

5．解释性能需求域、期望性能域和性能参数域之间的关系。

6．描述如何使用直觉模糊数和灰关联分析来处理期望性能递推解析过程中的不确定信息。

7．解释性能期望重要度的概念，以及如何通过灰关联度量来评估它。

8．解释什么是基于性能损失的重要度反演评估，并描述它如何提高期望性能的辨识精度。

参考文献

[1] 崔庆安．非线性相关的信号——响应系统稳健性参数设计[J]．计算机集成制造系统，2013，19(8): 1957-1966.

[2] 吴锦辉，张德权，韩旭．工业机器人参数容差稳健性设计[J]．机械工程学报，2023，59(11): 147-158.

[3] 黎凯，杨旭静，郑娟．基于参数和代理模型不确定性的冲压稳健性设计优化[J]．中国机械工程，2015，26(23): 3234-3239.

[4] 李昇平，张恩君．基于关联度分析的静态和动态稳健性设计[J]．机械工程学报，2013，49(5): 130-137.

[5] 王利山，胡靖宇，刘书田．考虑表面层厚度和载荷不确定性的结构稳健性拓扑优化方法[J]．应用力学学报，2024: 1-12.

[6] CHEN J, WAN Z. A compatible probabilistic framework for quantification of simultaneous aleatory and epistemic uncertainty of basic parameters of structures by synthesizing the change of measure and change of random variables[J]. Structural Safety, 2019.

[7] BANIHASHEMI A, NEZHAD M S, AMIRI A. A new approach in the economic design of acceptance sampling plans based on process yield index and Taguchi loss function[J]. Comput. Ind. Eng., 2021, 159.

[8] WANG Y, XIAO S, LU Z. A new efficient simulation method based on Bayes' theorem and importance sampling Markov chain simulation to estimate the failure-probability-based global sensitivity measure[J]. Aerospace Science and Technology, 2018.

[9] LIU H B, JIANG C, JIA X, et al. A new uncertainty propagation method for problems with parameterized probability-boxes[J]. Reliab. Eng. Syst. Saf., 2018, 172: 64-73.

[10] ALIZADEH A, OMRANI H. An integrated multi response Taguchi- neural network- robust data envelopment analysis model for CO2 laser cutting[J]. Measurement, 2019.

[11] YUAN X, ZHENG Z, ZHANG B. Augmented line sampling for approximation of failure probability function in reliability-based analysis[J]. Applied Mathematical Modelling, 2020, 80: 895-910.

[12] CHEN K S, CHANG T C. Construction and fuzzy hypothesis testing of Taguchi Six Sigma quality index[J]. International Journal of Production Research, 2020, 58: 3110-3125.

[13] JIANG Q, LI S, ZHU Z, et al. Design of Compressed Sensing System With Probability-Based Prior Information[J]. IEEE Transactions on Multimedia, 2020, 22: 594-609.

[14] YUAN X, LIU S, VALDEBENITO M, et al. Efficient procedure for failure probability function estimation in augmented space[J]. Structural Safety, 2021, 92.

[15] WU F C, CHUANG T C, CHOU F, et al. Evaluating the reliability of diagnostic performance indices by using Taguchi quality loss function[J]. Annals of Operations Research, 2020, 311: 437-449.

[16] GUAN Z, WANG Y. Non-parametric construction of site-specific non-Gaussian multivariate joint probability distribution from sparse measurements[J]. Structural Safety, 2021.

[17] CHUANG C J, WU C W. Optimal process mean and quality improvement in a supply chain model with two-part trade credit based on Taguchi loss function[J]. International Journal of

Production Research, 2018, 56: 5234-5248.

[18] ZHANG Y, LI L, SONG M, et al. Optimal tolerance design of hierarchical products based on quality loss function[J]. Journal of Intelligent Manufacturing, 2019, 30: 185-192.

[19] DIAO K, SUN X, LEI G, et al. Robust Design Optimization of Switched Reluctance Motor Drive Systems Based on System-Level Sequential Taguchi Method[J]. IEEE Transactions on Energy Conversion, 2021, 36: 3199-3207.

[20] CHEN J, YANG J, JENSEN H. Structural optimization considering dynamic reliability constraints via probability density evolution method and change of probability measure[J]. Structural and Multidisciplinary Optimization, 2020, 62: 2499-2516.

第 5 章

基于奇异分解的产品设计知识主动推送技术

经年累月的产品设计，早已积累了大量的设计知识。这些设计知识往往来自不同设计领域，不同经验丰富度的设计师，它们往往有着多源异构的特点，但都或显性或隐形的表达着丰富的设计信息。但这些数据在新的产品设计过程中往往没有得到有效的管理和利用。设计知识的积累和传递对于产品设计的成功至关重要，但由于设计知识的复杂性和多样性，往往无法准确便捷的让设计师在设计新产品时利用起来。这不仅阻碍了设计知识的有效利用，而且可能导致重复工作和效率低下。设计知识推荐是解决设计知识利用率低下的主要方法之一。通过将同领域同任务的设计知识进行搜集、分类，然后利用相似度匹配的方式将情景相关的设计知识推荐给设计师，从而促进设计师在设计过程中产生新的灵感，提高产品设计的创新性和效率。因此，本章提出了基于奇异分解理论的产品设计知识推荐方法。首先将设计知识模型转化为描述词-设计知识矩阵，通过非线性改进 TF-IDF 的方法计算矩阵的权重值。然后对描述词-设计知识矩阵进行奇异分解，实现设计知识的降维。最后介绍设计知识匹配度计算方法，基于计算结果将最相关的设计知识推送给设计师，帮助他们更有效地利用设计知识，从而提高产品设计的效率和质量。

5.1 从设计知识模型到描述词-设计知识矩阵的转换

5.1.1 产品设计知识的物元模型

物元理论是一种描述事物的方法，通过由事物、特征及相应的特征量值所构成的三元组来表征事物，通过物元理论可以更为形象地描述产品设计知识。

（1）物元的定义

对以给定的事物 M，该事物具有特征 c，特征之量值为 v，运用三元组 R=(M，c，v)来作为描述事物的基本元，即为物元。把事物的名称、事物的特征以及事物的量值作为物元的三要素。一个事物通常会具有许多特征，事物 M 可以通过其具有的特征 $c_1,c_2,c_3,\cdots\cdots,c_n$ 和这些特征所对应的特征量值 $v_1,v_2,v_3,\cdots\cdots,v_n$ 描述，这时事物 M 可以表示为：

$$\mathrm{R}=\begin{bmatrix} M & c_1 & v_1 \\ & c_2 & v_2 \\ & \vdots & \vdots \\ & c_n & v_n \end{bmatrix}=\begin{bmatrix} R_1 \\ R_2 \\ \vdots \\ R_n \end{bmatrix}$$

事物 M 即为 n 维物元。物元中的事物具有其内部结构，事物特征和特征值变化会引起物元变化。

（2）物元的三要素

物元的三要素即事物、特征、量值。物元中的事物包括类事物和个事物，特征包括功能特征、性质特征和实义特征等。量值用于表征事物具有的某一特征的度量，量值具有量域、量值域。特征量值的取值范围叫做量域，量值域是量域应用于某一类事物时取的子集，可记为 V_0，有 $V_0\in V(c)$，例如 TGK46100 高精卧式镗床工作台最大承重为 2 500kg。

（3）物元的特点

物元具备其他模型不具备的特点，物元模型可以描述从低级到高级从简单到复杂的问题，是描述产品设计知识的逻辑元。物元模型将设计知识的特征与其特征值相联系，其具有内部结构并且内部结构具有可变性。

5.1.2　描述词-设计知识矩阵的构建

不同类别的设计知识物元模型中都有各自设计知识的名称、以关键词描述的摘要以及设计知识用途的简述。提取出关键描述词，需通过自然语言分词法将知识模型中较为简短的自然语言描述分词，然后将设计知识表示成向量空间模型中的由描述词构成的向量，i 个描述词与 j 条设计知识映射成的 $i*j$ 阶矩阵 $\boldsymbol{A}$，矩阵 $\boldsymbol{A}$ 称为描述词-设计知识矩阵，如图 5-1 所示。

$$\boldsymbol{A}=\begin{bmatrix} a_{11} & a_{12} & \cdots & a_{1j} \\ a_{21} & a_{22} & \cdots & a_{2j} \\ & & \cdots & \\ a_{i1} & a_{i2} & \cdots & a_{ij} \end{bmatrix}=\left[A_{f1},A_{f2},\cdots,A_{fj}\right]=\begin{bmatrix} A_{1f} \\ A_{2f} \\ \vdots \\ A_{if} \end{bmatrix}$$

图 5-1　描述词-设计知识矩阵

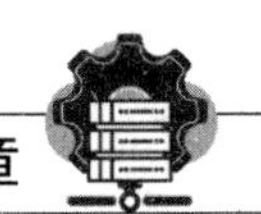

描述词-设计知识矩阵中的元素表示每个描述词在该条设计知识中的重要性即权重，通过不同描述词的不同权重来区分不同的设计知识。

5.1.3　基于改进 TF-IFD 的矩阵权重计算

描述词-设计知识矩阵中元素的权重值，可以通过相关设计领域专家来赋予，也可以通过香农信息学理论进行统计确定。但是前者工作量太大，且人为因素随意性强，可行性差，所以一般采用统计学方法进行权重计算。当前普遍采用的公式为 TF-IDF：

$$a_{ij} = tf_{ij} \times idf_i \tag{5-1}$$

式中 a_{ij} 表示描述词在设计知识 d_j 中的权重值，tf_{ij} 表示描述词 t_i 在设计知识 d_j 中所出现的频率，idf_i 表示描述词负相关于描述词所出现的设计知识条数。该公式表征的意义是，当某一个描述词多次出现于许多设计知识中时，其失去较强的区别性，熵值大，反过来也是如此。

除了经典 TF-IDF 公式外，其他的描述词-设计知识矩阵权重方法主要包括熵权重法和 TF-IDF-IG 法等。

熵权重法的权重计算公式为：

$$a_{ij} = \log\left(tf_{ij} + 1.0\right) \times \left\{1 + \frac{1}{\log(N)} \sum_{k=1}^{N} \left[\frac{tf_{ik}}{n_i} \log\left(\frac{tf_{ik}}{n_i}\right)\right]\right\} \tag{5-2}$$

式中 $\frac{1}{\log(N)} \sum_{k=1}^{N} \left[\frac{tf_{ik}}{n_i} \log\left(\frac{tf_{ik}}{n_i}\right)\right]$ 表示特征 i 的平均熵，N 表示设计知识条数。

TF-IDF-IG 通过信息增益的方法，来量化描述词在各设计知识中分布比例对描述词-设计知识权重计算的影响情况。

描述词的信息量用信息增益来表示：

$$IG_{ik} = H(D) - H(D \mid t_k) \tag{5-3}$$

其中设计知识集的信息熵为：

$$H(D) = \sum_{d_i \in D} \{P(d_i) \times \log_2[P(d_i)]\} \tag{5-4}$$

描述词 t_k 的条件熵为：

$$H(D \mid t_k) = -\sum_{d_i \in D} \{P(d_i \mid t_k) \times \log_2[P(d_i \mid t_k)]\} \tag{5-5}$$

设计知识 d_i 的概率为：

$$P(d_i) = \frac{|wordset(d_i)|}{\sum_{d_i \in D} |wordset(d_i)|} \tag{5-6}$$

式中 $|wordset(d_i)|$ 表示设计知识 d_i 中不同的描述词数量。

虽然复杂的描述词-设计知识权重计算方法对设计知识集的表示精度高，但是其计算的复杂度会大幅度地上升。而且此类方法也只是通过线性处理，简单计算了描述词出现的频率，且没有考虑描述词出现位置对其权重的不同贡献度。

针对已有计算方法中线性计算方法过于依赖词频导致权重倍数偏差过大的问题，采用非线性函数 $f(x)=x/(2+x)$ 对 TF-IDF 进行改进，以限制权重的线性增加，在保证权重与描述词频正相关的前提下，又使得权重之比不会过大，函数曲线如图 5-2 所示。

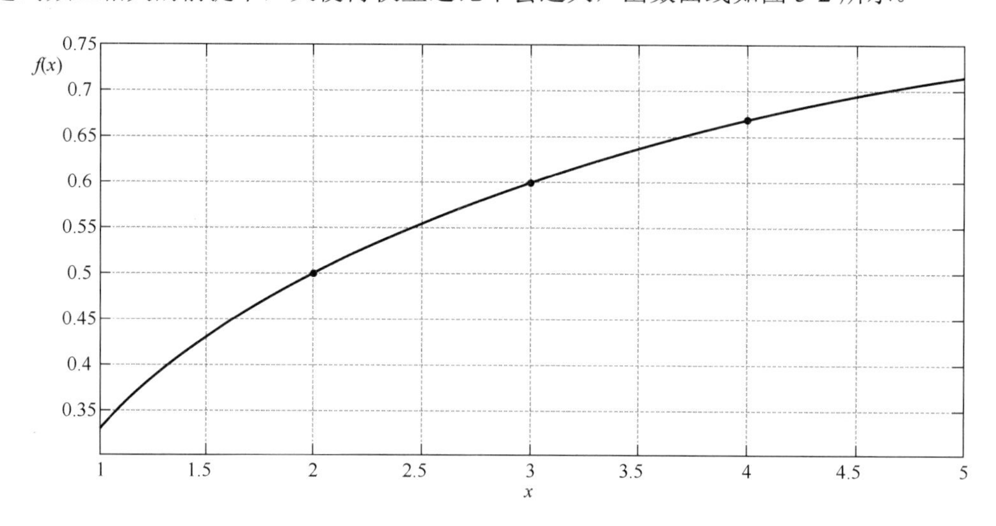

图 5-2 非线性函数 $f(x)=x/(2+x)$ 图

x 取值从 1 开始，此时 $f(x)=0.333$，随着 x 增大 $f(x)$ 递增，最终收敛于 1，所以函数 $f(x)$ 的倍数始终限制在 3 倍以内。此时令 $x=tf_{ij}\times idf_i$，则可使得权重倍率限制在 3 倍之内，通过非线性改进后更加符合自然语言的实际，此时得出权重计算式为：

$$a_{\mathrm{ij}}=\frac{tf_{ij}\times idf_i}{2+tf_{ij}\times idf_i} \tag{5-7}$$

5.1.4 考虑描述词位置的矩阵权重计算

设计知识模型中，描述词分布在知识名称、知识摘要与知识用途简述这三个位置。描述词分布在不同位置，由于其重要性是不同的，故在矩阵计算权重时还需要考虑这三个不同位置对描述词词频 tf_{ij} 的影响。

由于设计知识名称中的描述词比设计知识摘要中的描述词更能反映主题关联度，而设计知识摘要中的描述词比设计知识用途简要描述中的描述词更能反映主题关联度，本节采用层次分析法（AHP）确定描述词出现于知识模型中不同位置时对词频统计的影响因数，用 μ 来表示，其中 μ_1 表示设计知识名称，μ_2 表示设计知识摘要，μ_3 表示知识用途简述。

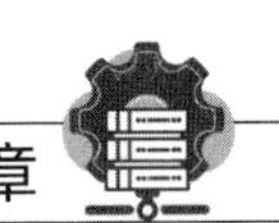

此时给出最终的描述词-设计知识矩阵权重计算公式为：

$$a_{ij}=\frac{\left(\sum_{m=1}^{3}\mu_m tf_{ijm}\right)\times idf_i}{2+\left(\sum_{m=1}^{3}\mu_m tf_{ijm}\right)\times idf_i} \tag{5-8}$$

式中：

a_{ij} ——描述词-设计知识矩阵权重值；

idf_i ——描述词负相关于描述词所出现的设计知识条数；

m ——取值为1、2、3，分别表示设计知识模型中的名称、摘要、简述三个不同位置；

μ_m ——描述词出现位置对词频统计的影响因数；

tf_{ijm} ——描述词在设计知识 d_j 中 m 位置处所出现的频率；

5.2 基于奇异分解理论的描述词-设计知识矩阵拆分

将描述词-设计知识矩阵 $\boldsymbol{A}$ 阵映射至低维的向量空间，通过奇异值分解实现降维，比传统的向量空间模型（VSM）中的高维度表示化简了向量文档，缩小问题规模，且能够分析出潜在语义结构。其过程如下：

设 $\boldsymbol{A}$ 为一个由设计知识库映射而成的 m 乘 n 阶的矩阵，其秩为 r ，那么存在 m 阶的正交矩阵 $\boldsymbol{U}$ 和 n 阶的正交矩阵 $\boldsymbol{V}$ 有：

$$\boldsymbol{U}^{\mathrm{T}}\boldsymbol{A}\boldsymbol{V}=\begin{bmatrix}\Sigma & 0\\ 0 & 0\end{bmatrix} \tag{5-9}$$

$\boldsymbol{A}=\boldsymbol{U}\begin{bmatrix}\Sigma & 0\\ 0 & 0\end{bmatrix}\boldsymbol{V}^{\mathrm{T}}$ 为矩阵 $\boldsymbol{A}$ 的奇异值分解，式中 $\boldsymbol{U}$ 为左奇异矩阵，其列向量为 $\boldsymbol{A}$ 的左奇异向量，即 $\boldsymbol{A}\boldsymbol{A}^{T}$ 的特征向量；$\Sigma=\mathrm{diag}(\lambda_1,\lambda_2,\cdots\lambda_m)$ ，且 $\lambda_1\geqslant\lambda_2\geqslant\cdots\geqslant\lambda_r\geqslant\lambda_{r+1}=\cdots=0$ ，λ_i 为 $\boldsymbol{A}^{i}$ 之奇异值；$\boldsymbol{V}$ 为矩阵 $\boldsymbol{A}$ 的右奇异矩阵，其列向量即 $\boldsymbol{A}^{\mathrm{T}}\boldsymbol{A}$ 的特征向量。

根据阶特性、二阶分解性和规范性：

阶特性：

$$\mathrm{rank}(\boldsymbol{A})=r,\quad N(\boldsymbol{A})=(v_{r+1},\cdots,v_n),\quad R(\boldsymbol{A})=\mathrm{span}(u_1,\cdots,u_r)$$

$$\boldsymbol{U}=(u_1,\cdots,u_m),\quad \boldsymbol{V}=(v_1,v_2,\cdots,v_n)$$

二阶分解性：

$$\boldsymbol{A}=\sum_{i=1}u_i\cdot\lambda_i\cdot v_i^{T} \tag{5-10}$$

规范性：

$$\|\boldsymbol{A}\|_F^2 = \lambda_1^2 + \lambda_2^2 + \cdots + \lambda_r^2\text{，}\quad \|\boldsymbol{A}\|_2 = \lambda_1$$

若 $r = \text{Rank}(\boldsymbol{A}) \leqslant p = \min(m,n)$，对于 $k \leqslant r$，可有：

$$\boldsymbol{A}_k = \sum_{i=1}^{k} u_i \cdot \lambda_i \cdot v_i^{\mathrm{T}} \tag{5-11}$$

则有：

$$\min_{r(B)=k} \|\boldsymbol{A} - \boldsymbol{B}\|_F^2 = \|\boldsymbol{A} - \boldsymbol{A}_k\|_F^2 = \lambda_{k+1}^2 + \cdots \lambda_p^2 \tag{5-12}$$

$$\min_{r(B)=k} \|\boldsymbol{A} - \boldsymbol{B}\|_2 = \|\boldsymbol{A} - \boldsymbol{A}_k\|_2 = \lambda_{k+1} \tag{5-13}$$

可使用 Σ 中的 k 个最大的奇异化因子，剩余奇异化因子为 0 来作为最小二乘矩阵近似代替 $\boldsymbol{A}$，从而达到去除噪音的目的。同时，只保留 U 的前 k 行，$\boldsymbol{V}$ 的前 k 列，形成和 $\boldsymbol{U}_k$ 和 $\boldsymbol{V}_k$，此时变为：

$$\boldsymbol{A}_k = \boldsymbol{U}_k \sum_k \boldsymbol{V}_k^{\mathrm{T}} \tag{5-14}$$

从 $\boldsymbol{A}$ 到 $\boldsymbol{A}_k$ 完成降维，并且由 $\boldsymbol{A}$ 的 k 个最大的奇异值所构成的 $\boldsymbol{A}_k$ 是与 $\boldsymbol{A}$ 最接近的 k -秩矩阵，它保留了 $\boldsymbol{A}$ 中的大部分原始信息。如图 5-3 所示，为描述词-设计知识矩阵奇异值分解降维表示。

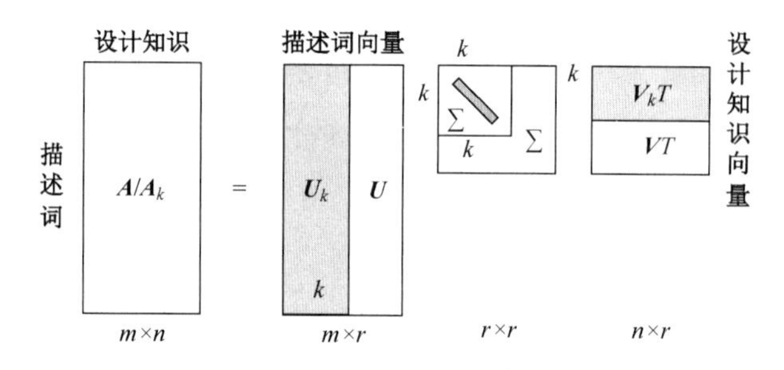

图 5-3　描述词-设计知识矩阵奇异值分解图示

原始的空间经过奇异值分解映射到一个新的潜在语义空间，如图 5-4 所示。

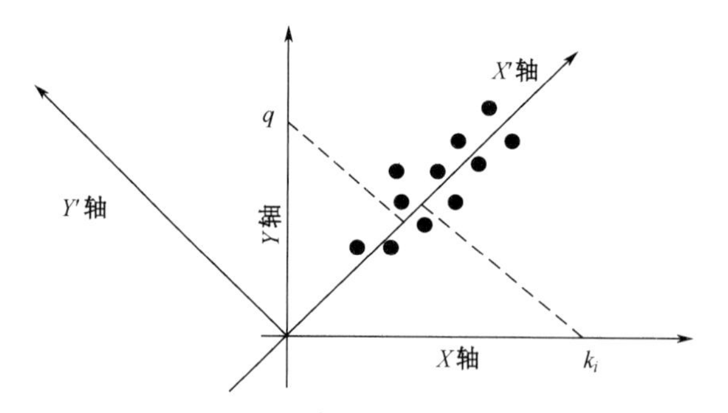

图 5-4　设计知识潜在语义空间图形化表示

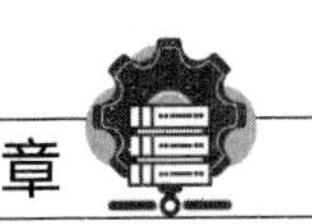

图 5-4 中每一个点代表一条设计知识，每一条原始空间中的轴代表一个描述词，在 SVD 中，$\boldsymbol{X}'$ 的方向代表 $\boldsymbol{U}$ 中第一列向量，$\boldsymbol{Y}'$ 的方向代表 $\boldsymbol{U}$ 中第二列向量，奇异值表征缩放比例。$\boldsymbol{Y}'$ 的方向无关紧要，可能表征噪音，所以删除它，将每一个点投影至 $\boldsymbol{X}'$ 上，可以发现设计知识 k_i 包含描述词 $\boldsymbol{X}$ 却不包含 $\boldsymbol{Y}$，但是当投影至 $\boldsymbol{X}'$ 上之后，与数据点变近。此时如果有一个设计知识需求 q，用传统的关键词语义匹配方式，是无法匹配推送设计知识 k_i 的，但是在投影到新的空间之后，可以匹配到设计知识 k_i。

5.3 产品设计知识主动匹配及推送

5.3.1 设计知识检索匹配规则建立

检索条件（search condition）是实施设计知识推送时对知识库中设计知识进行检索匹配的条件，由方案设计过程中的设计任务上下文产生，属于设计知识需求，可定义为：

$$\mathrm{Sc}=\begin{bmatrix}\mathrm{Sc}_1(\mathrm{sc}_{11},\mathrm{sc}_{12},\cdots,\mathrm{sc}_{1m})\\ \mathrm{Sc}_2(\mathrm{sc}_{21},\mathrm{sc}_{22},\cdots,\mathrm{sc}_{2m})\\ \cdots\\ \cdots\\ \mathrm{Sc}_n(\mathrm{sc}_{n1},\mathrm{sc}_{n2},\cdots,\mathrm{sc}_{nm})\end{bmatrix}，\text{其中}m>0\text{且}n>0$$

此处将其中的一个检索条件 Sc_i 向量用 q 来表示（用如同矩阵 $\boldsymbol{A}$ 中的列向量表示），由于通过奇异值分解已经将原始的设计知识转换到新的概念空间并保存于 V_k 中，所以首先需要将 q 投影到设计知识潜在语义空间，将 q 视为原空间中的设计知识，用 $\boldsymbol{A}$ 的列向量表示，通过映射到 V_k^T，形成一列 q_k，显然有：

$$q=U_k\sum_k q_k^T \tag{5-15}$$

得出：

$$U_k^T q=\sum_k q_k^T \tag{5-16}$$

然后可得：

$$\sum_k^{-1} U_k^T q=q_k^T \tag{5-17}$$

最后得到：

$$q_k=q^T U_k \sum_k^{-1} \tag{5-18}$$

此时的检索条件在潜在语义空间产生了语义扩展，如图 5-5 所示。

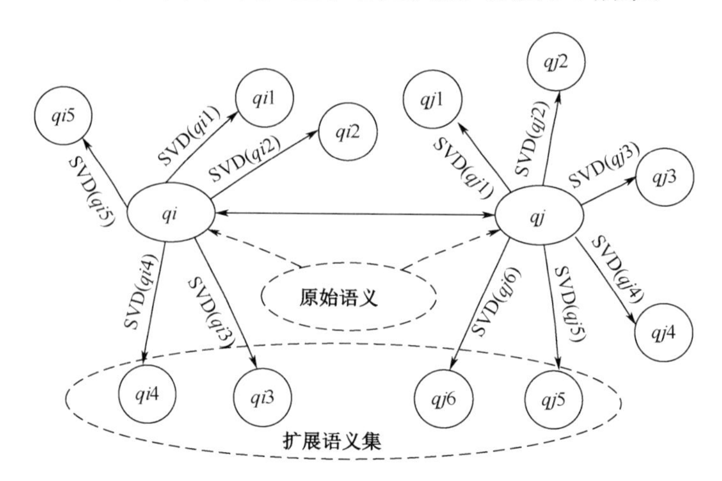

图 5-5　潜在语义空间语义扩展后的检索条件模型

然后即可在潜在语义空间中计算设计知识需求与知识库中设计知识的相似度。计算相似度时，选择余弦公式进行计算：

$$\mathrm{Sim}(q^k, k_j) = \frac{\sum_{m=1}^{k}(k_{jm} \cdot q_m^k)}{\sqrt{\sum_{m=1}^{k} k_{jm}^2 \cdot \sum_{m=1}^{k}(q_m^k)^2}} \tag{5-19}$$

式中 q_m^k 表示的是在新的语义空间中，知识需求向量中的第 m 个描述词之权重值，k_{jm} 为知识库中第 j 条设计知识的第 m 个描述词之权重值。将一个检索条件矩阵中的所有 Sc_i 按照上述过程计算，即可完成匹配度计算。

5.3.2　关键设计知识多重过滤

在经过检索条件与设计知识的匹配度计算之后，需要对各检索分量匹配出的结果进行排序，通过设定推送阈值 $R_i = \{R_1, R_2, R_3, \cdots, R_n\}$，将低于阈值的相关度较低的设计知识去除，进行首次过滤。

假设将推送阈值设置为：

$$R_i = \{0.80, 0.80, 0.80, \cdots, 0.80\}$$

即将检索条件与设计知识相似度高于 0.80 的结果保留，将低于 0.80 的结果去除。

检索结果首次排序过滤的结果为检索分量过滤结果的并集，以 K_Req(Sf)表示排序过滤结果，如下所示：

$$K\_Req(Sf)=\bigcup_{i=1}^{n}(K_{Reqsf_i}),\quad sf_i\geqslant 0.80, n>0$$

设计知识经过匹配度计算及首次过滤排序后，保留的设计知识符合方案设计过程任务需要，但是尚未考虑设计人员的个性化需求，需要根据设计人员的个人情况，对设计知识进行二次过滤。

首先需要分析用户的知识行为。这里的用户指的是参与方案设计过程的设计人员，所谓知识行为即设计人员阅读、评价或创建设计知识所产生的一系列相关活动，通过用户日志中记录的数据可以提取用户知识行为信息。

本文将用户的行为分为显式行为与隐式行为，其中用户评价或创建设计知识的行为属于显式行为，而用户阅读知识的行为属于隐式行为。显式行为可以通过布尔值或枚举来确定，可通过确定的值来构造用户知识行为模型，但是隐式行为无法直接用于构造用户知识行为模型。

针对用户知识行为中的隐式行为，本文通过用户对设计知识的熟悉度来构造用户知识行为模型。根据德国心理学家 Ebbinghaus 提出的人类记忆遗忘规律来表征设计人员对其所阅读的设计知识的熟悉程度，如（式 5-20）所示。

$$\Omega_{ki}\begin{cases}\dfrac{1.2\sin(\varphi\beta_{ki})}{\sqrt[3]{x+1}} & 0\leqslant x\leqslant\eta\\[2ex]\dfrac{\delta}{1+\dfrac{\ln(x-\eta+1)}{10}} & x>\eta\end{cases}\tag{5-20}$$

式中 Ω_{ki} 表示用户对某知识的熟悉度，x 表示当前时间与用户最近阅读知识的时间差换算天数，φ 表示记忆曲线的特征参数，表示随知识内聚升高，用户的熟悉度随时间变化而下降速率降低，$0<\varphi<1$，β_{ki} 表示知识重要度，η 表示知识遗忘临界点，通常情况 $\eta=10$，δ 表示遗忘稳定熟悉度参数，有：

$$\delta=\frac{1.2\sin(\varphi\beta_{ki})}{\sqrt[3]{\eta+1}}\tag{5-21}$$

此时可设计用户知识行为信息提取算法，该算法通过对用户日志进行轮询，动态读取用户知识行为，并进行统计，从而构造用户知识行为模型。本文设计的用户知识行为信息提取算法流程如图 5-6 所示：

由用户知识行为信息提取算法所生成的用户知识行为模型 Beh_model 为进行设计知识二次过滤的依据，对首次排序过滤后的设计知识列表进行遍历，与用户知识行为模型 Beh_model 进行比对，当满足以下三种情况之一时，将该条知识从推送列表中删除。

（1）设计知识由该用户创建时；

（2）用户对设计知识的知识优度评价为差时；

（3）计算得出的知识熟悉度大于阈值θ时，本文取$\theta=0.9$。

这三类知识定义为非兴趣知识。

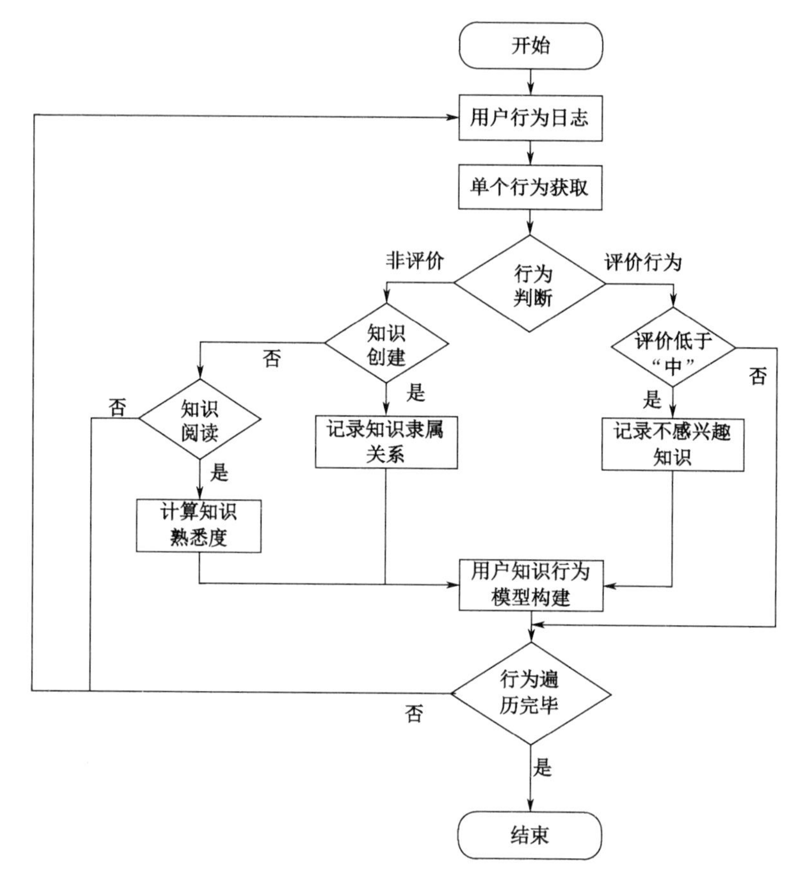

图 5-6　用户知识行为信息提取算法流程图

5.3.3　面向设计师的设计知识推荐

进行方案设计时，根据设计过程上下文产生的设计知识需求，首先通过需求中的查询条件对设计知识库中的设计知识进行检索匹配，匹配之后进行初次排序过滤，保留符合设计情景的设计知识，然后通过该用户知识行为模型对设计知识进行第二次过滤，将第二次过滤之后的设计知识推送给设计人员，实现方案设计知识的匹配优选，该过程表达如图 5-7 所示。

在图 5-7 中，首先过滤掉α轴下方的与方案设计知识相关度低的设计知识，然后将α轴上方的设计知识根据用户兴趣程度重新排序，过滤掉位于β轴左侧的设计知识，剩余β轴右侧部分为设计知识最优解集合，给出方案设计知识匹配优选算法如下：

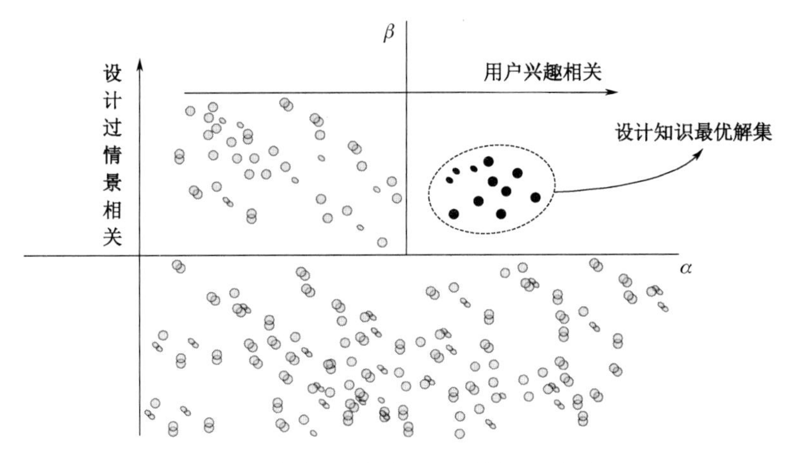

图 5-7 方案设计知识匹配优选图形化表达

步骤 1：对设计知识进行分词处理，选择对设计知识描述意义比较大的实词作为设计知识描述词；

步骤 2：根据 $a_{ij}=\dfrac{\left(\sum_{m=1}^{3}\mu_m tf_{ijm}\right)\times idf_i}{2+\left(\sum_{m=1}^{3}\mu_m tf_{ijm}\right)\times idf_i}$ 计算描述词权重，生成描述词-设计知识矩阵 $\boldsymbol{A}$；

步骤 3：对描述词-设计知识矩阵进行 SVD，$A=U\begin{bmatrix}\Sigma & 0\\ 0 & 0\end{bmatrix}V^T$，选取一个 k 值，产生潜在语义空间，$A_k=U_k\Sigma_k V_k^T$；

步骤 4：提取方案设计知识需求中的检索条件集 $Sc=\left[Sc_1,Sc_2,\cdots,Sc_n\right]$，$n$ 为检索条件个数，令 $i=1$ 开始将检索条件 $q=Sc_i$ 投影到 k 秩描述词-设计知识概念空间 $q_k=q^TU_k\Sigma_k^{-1}$，$i\epsilon\left[1,n\right]$，$i$ 加 1，若 $i<n+1$，则重复**步骤 4**，否则进入**步骤 5**；

步骤 5：通过投影之后的查询向量 q_k 与潜在语义空间设计知识集 V_k 中的向量进行相似度计算 $\text{Sim}(q^k,\text{k}_j)=\dfrac{\sum_{m=1}^{k}(k_{jm}\cdot q_m^k)}{\sqrt{\sum_{m=1}^{k}k_{jm}^2\cdot\sum_{m=1}^{k}(q_m^k)^2}}$，得出检索条件与设计知识的匹配度，重复**步骤 5**，直到完成所有的共 n 个 q_k 的相似度计算，则转入**步骤 6**；

步骤 6：对 n 个 q_k 匹配结果进行排序，根据过滤阈值 $R=0.8$，去除各 q_k 相似度低于 R 的设计知识，保留高于 R 的设计知识，完成初次排序过滤，结果为各 q_k 匹配过滤结果之并集，以 K_Req(Sf)表示排序过滤结果，有 $\text{K\_Req(Sf)}=\cup_{i=1}^{n}(\text{K}_{\text{Reqsf}_i})$，$\text{sf}_i\geqslant 0.80, n>0$；

步骤 7：根据用户知识行为模型，对设计知识进行二次过滤。以 K_Req(Uf)表示用户过滤结果，若 Sf_i 不是由该设计人员创建的设计知识且评价等级在“中”以上且熟悉度小于阈值，则$\mathrm{Sf}_i \in \mathrm{K_Req(Uf)}$，否则$\mathrm{Sf}_i \notin \mathrm{K_Req(Uf)}$；

步骤 8：推送最终结果列表，以KL_i表示推送的设计知识，则m个推送知识组成的推送集为$KL = (KL_1, KL_2, \cdots, KL_m)$。

算法流程如图 5-8 所示：

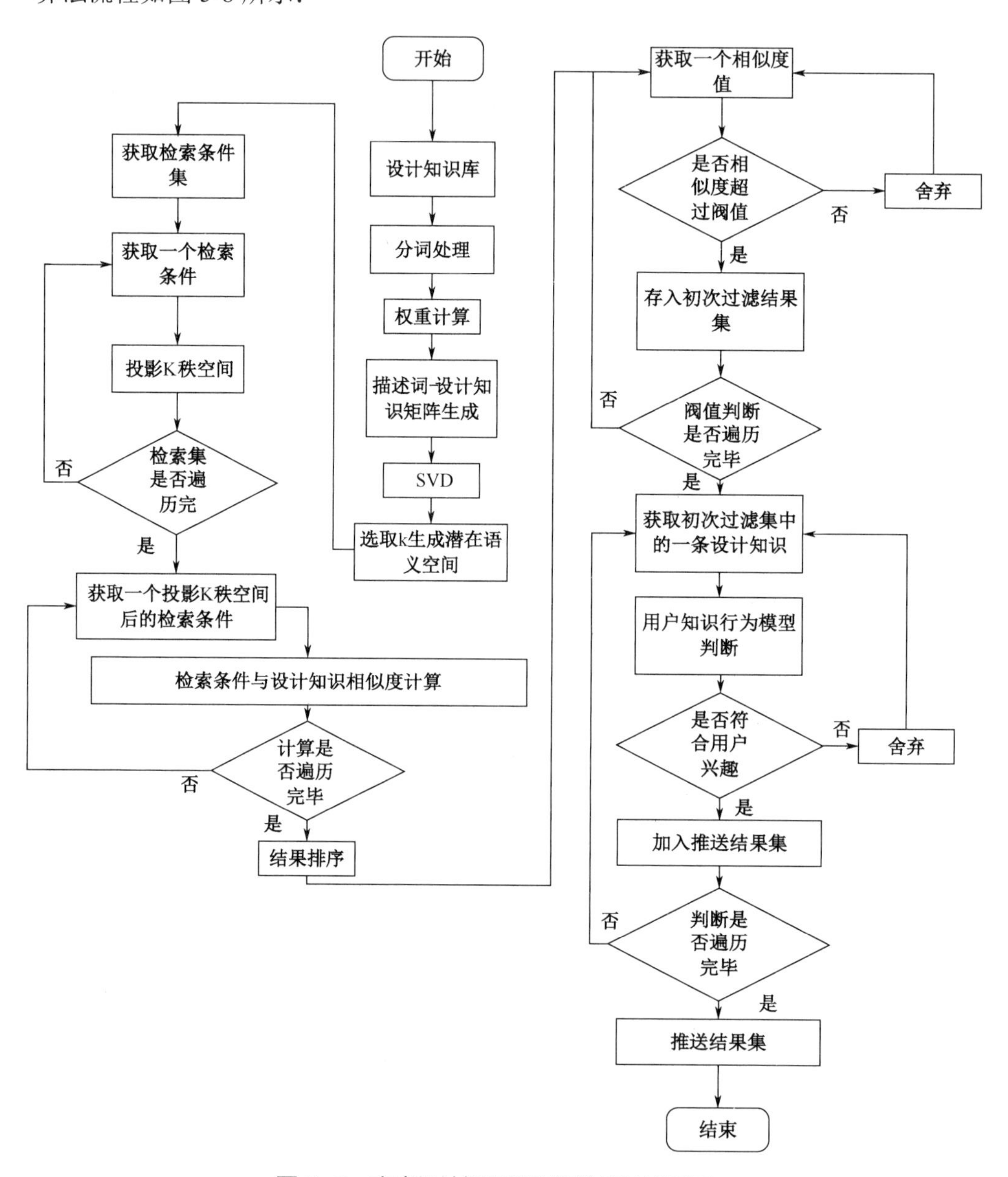

图 5-8　方案设计知识匹配优选算法流程图

习题

1. 定义什么是物元理论，并解释其在产品设计知识描述中的作用。
2. 解释 TF-IDF 公式，并描述其在计算描述词-设计知识矩阵中元素的权重值中的应用。
3. 描述如何通过非线性改进 TF-IDF 进行矩阵权重值计算，并解释其优点。
4. 解释如何考虑设计知识模型中描述词位置的矩阵权重值计算。
5. 解释什么是奇异值分解，并描述其在描述词-设计知识矩阵降维中的应用。
6. 解释如何计算检索条件与设计知识的匹配度，并给出一个实际例子。
7. 描述设计知识二阶段排序过滤的过程，并解释其重要性。
8. 思考并讨论如何在实际的产品设计中应用本章所学的理论和方法。

参考文献

[1] 李雪瑞．协同创新模式下的产品创意设计网络构建方法研究[D]．西安：西北工业大学，2018.

[2] 米昌辉．基于设计结构矩阵的研发项目团队知识网络研究[D]．长春：吉林大学，2021.

[3] 阚欢迎．产品绿色设计知识资源网络构建与联动更新方法研究[D]．合肥工业大学，2019.

[4] 李雪瑞，余隋怀，初建杰．云制造模式下采用 Rough-ANP 的机械设计知识优选推送策略[J]．机械科学与技术，2018，37(09): 1387-1395.

[5] 刘高，黄沈权，龙安，等．基于超图网络的产品设计知识智能推荐方法研究[J]．计算机应用研究，2022，39(10): 2962-2967.

[6] 黄振峰，刘皓天，吴振勇，等．基于重构向量空间模型的知识匹配算法研究[J]．机械设计与制造，2020(02): 203-206.

[7] 宋昆泽，王树志，李冰，等．基于知识图谱科技创新资源智能推荐模型的设计与实现[J]．应用化学，2023，40(09): 1330-1333.

[8] ZHANG S Y, GU Y, YI G D, et al. A knowledge matching approach based on multi-classification radial basis function neural network for knowledge push system[J]. Frontiers of Information Technology & Electronic Engineering, 2020, 21: 981-994.

[9] Wang R, Nellippallil A B, Wang G, et al. A process knowledge representation approach for decision support in design of complex engineered systems[J]. Advanced Engineering Informatics, 2021, 48: 101257.

[10] DONG M, ZENG X, KOEHL L, et al. An interactive knowledge-based recommender system for fashion product design in the big data environment[J]. Information Sciences., 2020, 540: 469-488.

[11] Huet A, Pinquié R, Véron P, et al. CACDA: A knowledge graph for a context-aware cognitive design assistant[J]. Computers in Industry, 2021, 125: 103377.

[12] Kent R B, Pattichis M S. Design, implementation, and analysis of high-speed single-stage N-sorters and N-filters[J]. IEEE Access, 2020, 9: 2576-2591.

[13] WU Z, LIU H, GOH M. Knowledge recommender system for complex product development using ontology and vector space model[J]. Concurrent Engineering, 2019, 27: 347-360.

[14] WANG H, CHEN K, ZHENG H, et al. Knowledge transfer methods for expressing product design information and organization[J]. Journal of Manufacturing Systems, 2021, 58: 1-15.

[15] WU Z, LI L, LIU H. Process Knowledge Recommendation System for Mechanical Product Design[J]. IEEE Access, 2020, 8: 112795-112804.

[16] Wang Z, Wu H, Jiang Z, et al. Singular value decomposition - based load indexes for load profiles clustering[J]. IET Generation, Transmission & Distribution, 2020, 14(19): 4164-4172.

[17] ROTONDO D. Weighted Linearization of Nonlinear Systems[J]. IEEE Transactions on Circuits and Systems Ⅱ: Express Briefs, 2022, 69: 3239-3243.

第6章

基于几何同伦的产品结构多参数关联性能反演技术

在现代工业生产中，机电产品的复杂性日益增加，尤其是那些应用广泛的大型机电设备，如注塑机、农业机械等。这些设备的设计不仅涉及机械、电子、控制、液压和气动等多个学科领域，而且其设计参数众多，相互之间存在复杂的关联性。然而，这些性能驱动的复杂机电产品设计面临着一个普遍问题：设计参数数据难以直接准确获取或预测，理论计算与实际测试之间存在较大的误差。这一问题严重影响了设计的准确性和效率，进而影响产品的性能和市场竞争力。为了解决这一难题，文章提出了基于几何同伦的产品结构多参数关联性能反演技术。该技术结合了数值求解与多维几何分析，通过建立多参数关联行为性能反演分析模型，实现了理论计算数据与实际测试数据之间的有效拟合。通过应用几何同伦分析方法，该技术能够在目标函数最大时准确求解出反演变量，从而为复杂机电产品的关键性能参数提供更为准确的定量分析。这种技术的应用不仅能够明确多技术参数变化时机电产品行为性能的整体趋势，而且还能够将性能驱动的复杂机电产品设计从基于经验的设计提升至基于理性的设计。这意味着，通过该技术，设计师能够更加精确地掌握各项设计参数对产品性能的具体影响，进而优化设计方案，提升产品性能，加速产品的市场推广。

6.1 产品结构多变量耦合性能反演问题描述

采用数值和多维几何相结合的方法进行机电产品行为性能多参数关联反演，需要建立一个适合的坐标系。机电产品多参数关联行为性能反演分析模型可以采用一个多维空间星形坐标系模型进行表述和支持。

应用多维空间星形坐标系建立复杂机电产品多参数关联行为性能反演模型涉及以下两个重要概念。

（1）事实（facts）。事实是多维空间星型坐标系模型中需要进行反演分析的目标数据，它是反演的输出结果或趋势。多维空间星型坐标系中的事实往往受多个参数或属性关联影响。

（2）维度（dimensions）。维度是进行反演过程中，多维空间星形坐标系模型中影响事实数据信息的相关参数或属性。它们之间有一定的关联关系，这种关联关系可以在多维空间星形坐标系中方便地表示。

6.1.1 多维几何空间行为性能反演坐标系构建

复杂机电产品多参数关联行为性能反演模型的多维空间星形坐标系由一个反演目标事实和一组具有关联关系的维度共同组成。多维空间星形坐标系模型中的事实与所有相关维度关联。但是，由于多维空间星形坐标系维度较多，为了避免维度上的层次混乱给反演带来的不便，多维空间星形坐标系需要满足以下 4 条基本原则。

（1）以反演事实为中心，多维空间星形坐标系中的维度与事实仅支持一对一或多对一的关系。

（2）多维空间星形坐标系各个相关维度，要根据反演事实建立清晰的层次与结构。

（3）多维空间星形坐标系中的事实与具有关联关系的维度中的特定维度构成的二维坐标系能够支持正确的数据操作、数据映射与几何变换。

（4）多维空间星形坐标系中各个相关维度上建立的层次与结构，能处理不同维度、不同层次的不同粒度关系。

反演理论对于相关数据的完整性和精确性没有做任何假设和约定，导致实际的反演问题分类主要依赖于已知数据的数量和未知模型参数数据的数量。

（1）适定反演问题。如果给定反演问题的相关参数数据，且需要进行反演问题的解存在并且是唯一的，那么这个反演问题就被称为适定反演问题。在复杂机电产品行为性能反演问题中，相关数据常常是带有观测噪音的，适定反演问题在复杂机电产品行为性能反演问题中通常是很少见的。

（2）超定反演问题。如果观测获得的数据比未知模型参数数据多，那么这个反演问题就成为一个超定反演问题。在这种情况下，反演问题不存在一个精确解。因此反演理论只是寻求一个最好的解。

（3）欠定反演问题。欠定反演问题由于信息数据量不足，因此这种欠定反演问题可以有无限多个使预测误差为零的解。所以，为求得反演问题的唯一解，保证给出的先验条件的正确性是非常重要的。

在反演理论中，若模型参数向量的维数大于观测向量的维数，则反演的解不唯一。这一结论对复杂机电产品行为性能反演同样适用，甚至更为严格。有些实际行为性能反演问题本身是离散的，而其模型参数向量的维数固定不变，试验数据和产品运行记录过少会造成解不唯一，这可以通过增加机电产品试验数据和产品运行记录来解决。对反演理论而言，无论怎样增加试验数据和产品运行记录，它们也只能记录有限个试验数据和产品运行，而连续函数具有无限个值，用有限个数据反演无数个性能参数值是非唯一的。当然，通过离散化采样，模型参数个数变成有限的，反演可能求出“唯一”解。但这个解并不一定能充分反映真实物理系统的性状。因此，在实际工作中，反演的非唯一性问题常常存在，是多参数关联机电产品行为性能反演过程中需要密切关注的一个重要问题。

复杂机电产品行为性能反演在遵循多维空间星形坐标系模型的概念和基本原则的基础上，在复杂机电产品多参数关联行为性能反演模型中，选定需要进行反演的复杂机电产品的行为性能作为多维空间星形坐标系的事实，影响这一性能的多个具有关联关系的参数或属性可作为多维空间星形坐标系的维度。

设复杂机电产品某一行为性能P由n个具有关联关系的参数共同影响，可以表示为参数空间向量$\{X\}=[x_1,x_2,x_3,\cdots,x_n]^{\mathrm{T}}$

则复杂机电产品多参数关联行为性能反演模型如图6-1所示。

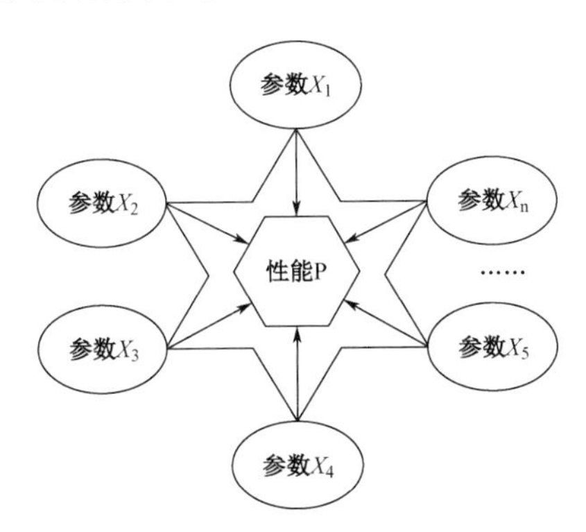

图6-1 复杂机电产品多参数关联行为性能反演模型

塑化能力性能是大型注塑装备的重要行为性能之一，影响塑化能力性能的参数有螺杆直径、压力差、螺杆长径比和螺杆转速。建立塑化能力性能反演的多维空间星形坐标系，以大型注塑装备的塑化能力性能为反演事实，以螺杆直径、压力差、螺杆长径比和螺杆转速为维度。

塑化能力性能理论计算公式为：

$$Q=\frac{\pi^2 D_s^2 h_3 n \sin\theta\cos\theta}{2}-\frac{\pi D_s h_3^3 \sin^2\theta}{12\eta_1}\frac{\Delta p}{L_3}-\frac{\pi^2 D_s^2 \delta^3 \tan\theta}{12\eta_2 e}\frac{\Delta p}{L_3} \tag{6-1}$$

其中，

Q 表示大型注塑装备塑化能力性能；

D_s 表示螺杆直径；

Δp 表示压力差；

δ 表示螺杆长径比。

其他参数在特定大型注塑装备中为常数。

大型注塑装备塑化能力性能试验数据和产品运行记录采样数据见表 6-1。

表 6-1　大型注塑装备塑化能力性能试验数据和产品运行记录采样数据

机　型	螺杆直径	压力差	螺杆长径比	螺杆转速	塑化能力
HTF60X	1.2	0.2	40	50	99.0
HTF80X	1.1	0.4	45	45	99.5
HTD60X	0.8	1.2	50	30	98.7
HTD80X	0.9	0.6	50	48	98.1
HTW60X	0.7	1.4	45	45	96.3
HTW70Y	1.2	0.8	60	42	98.2
……	……	……	……	……	……

根据大型注塑装备塑化能力性能的理论计算值和试验数据及产品运行记录采样数据建立的塑化能力性能反演多维空间星形坐标系模型如图 6-2 所示。

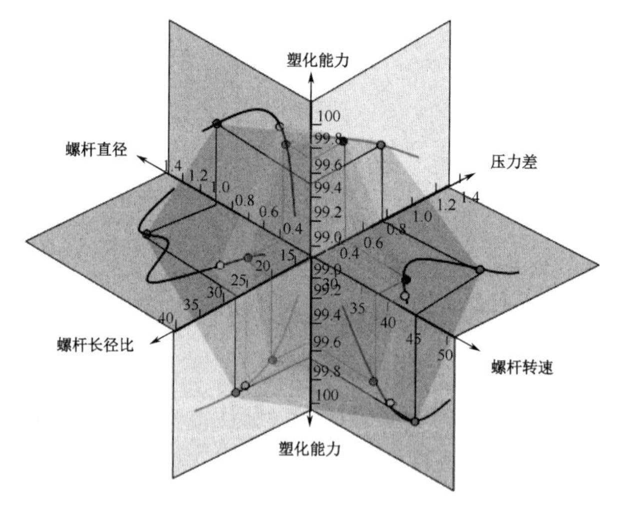

图 6-2　大型注塑装备塑化能力性能反演多维空间星形坐标系模型

6.1.2 多变量耦合行为性能反演目标分析

复杂机电产品行为性能是由多个相互关联的参数所决定的，对行为性能进行反演处理就是为了获得更准确的性能知识，能更加准确地驱动机电产品设计。理论计算参数数据与通过复杂机电产品开发试验和产品样机运行记录得到的离散设计参数数据之间往往存在很大误差。为了给复杂机电产品多参数关联的产品设计提供相对准确的连续设计参数数据，减少误差给产品设计带来的不便，可将依据理论的计算结果与在复杂机电产品开发试验和产品样机运行记录获得的数据结果进行分析。根据多参数关联的多维空间星形坐标系模型，可以将复杂机电产品行为性能反演分析的目标函数设为：

$$F(x)=\sum_{i=1}^{m} r_i^2(x) \tag{6-2}$$

其中，m 表示性能参数值数据的实际试制或样机测试数据及样机运行记录数据的采样个数；$r_i(x)$ 表示第 i 个际测试数据值 $\overline{u_i}$ 与理论计算值 $u_i(x)$ 之差，$r_i(x)=u_i(x)-\overline{u_i}$，称为基差。

性能驱动的复杂机电产品设计在产品设计初期的性能知识获取和整理中是极其重要的。由于机电产品的复杂性，难以建立完整的性能理论计算模型，导致其性能的理论计算数据与实际测试数据有较大误差，减弱了理论计算数据对产品进一步设计的指导意义。而实际测试数据又是离散的，不足以完成性能驱动的复杂机电产品设计。因此，依据离散的测试数据与连续的理论数据，建立多参数关联行为性能反演分析目标。

由式（6-2）可以看出，机电产品多参数关联行为性能反演的过程就是寻找一组连续的性能参数 $\{X^*\}$，使得 $F(x^*)=\min F(x)$。

多参数关联行为性能反演分析的目标是致力于寻找理论计算结果和实际测试结果之间误差最小的，具有连续性的性能参数集合，形成性能知识，以便驱动机电产品的设计。为方便阐述，以参数 x_1 与性能 P 建立的最简单行为反演分析模型如图 6-3 所示。

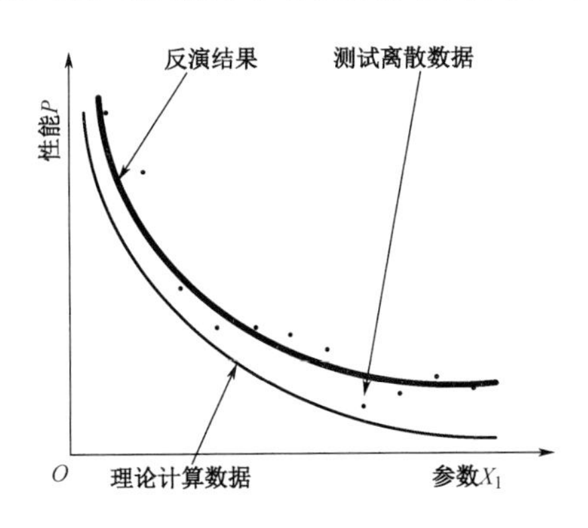

图 6-3 参数 x_1 与性能 P 的反演分析示意图

在复杂机电产品多参数关联行为性能反演分析目标实现过程中，在具有关联关系的参数多于 3 个的条件下，反演分析目标可在每一个参数可能的变化范围内找到一组使理论计算结果和实际测试结果之间误差最小的最佳连续参数集合。

当反演分析参数维度较高时，为方便性能分析，往往要对相关参数维度进行映射和变换。在映射和变换过程中，要保证参数在多维空间星形坐标系下映射的严格性与变换的同素性，即从属关系不变、顺序关系不变、关联关系不变及简比关系不变。这样才能够保证在反演分析过程中，在实现反演分析目标的前提下获得正确的反演结果。

6.2 多参数关联行为性能同伦反演算法

进行复杂机电产品行为性能反演是一个系统的工程。在这个系统中，影响行为性能反演过程和结果的因素是多种多样的。因此，需要建立一个统一的反演分析系统，对影响行为性能反演过程和结果的因素进行归纳分析，这也有利于多反演相关数据的处理和总结。

6.2.1 多变量耦合混合反演系统的建立

基于同伦理论，一种新的解析方法 PE-HAM 被广泛应用于实际反演问题，该方法不依赖于反演系统内含有的参数，并且克服了传统反演方法摄动法的缺点，在反演系统内含有小参数或不含有小参数时都可以用来对线性和非线性混合系统进行精确的反演分析。而且 PE-HAM 反演方法具有坚实的理论基础（微分拓扑中的同伦理论），从理论上保证了该方法的合理性。

从数学的角度看，复杂机电产品多参数关联行为性能反演问题往往是线性问题和非线性问题组合的混合系统，而不是由线性问题或者非线性问题单独影响的单一系统。可以归纳为：

$$L(x)+N(x)=P(t)+\sigma(t) \tag{6-3}$$

其中，$L(x)$ 是复杂机电产品多参数关联行为性能反演系统中的一类线性微分算子的表示形式；$N(x)$ 是复杂机电产品多参数关联行为性能反演系统中的一类非线性微分算子的表示形式；$P(t)$ 表示复杂机电产品多参数关联行为性能反演系统中机电产品性能的真实响应；$\sigma(t)$ 表示复杂机电产品多参数关联行为性能反演系统中机电产品性能的测试或系统误差。

6.2.2 几何同伦行为性能反演实现

机电产品行为性能反演是一个由线性问题和非线性问题组合的混合系统。在行为性能反演问题中，实际并不要求这个混合系统中的相关参数为小参数，这一混合系统的多参数关联行为性能同伦反演算法的实现步骤如下。

步骤 1：构造同伦映射关系。构造复杂机电产品开发试验和产品样机运行记录得到的离散设计参数数据与理论计算参数数据之间的同伦映射。

设第 i 个参数的第 j 个实际测试数据为 $\bar{u}_{ij}$，理论计算为 $u_i(x)$，那么构造同伦映射为：

$$H:\bar{u}_{ij}\to u_i(x,p,r)$$

应当满足：

$$H_i(x,p,r)=(1-rp)[L(x)-L(x_0)]+rp[L(x)+N(x)-P_i(t)]-r^q p^q \partial_i(t) \tag{6-4}$$

其中，p 和 r 为嵌入的参数，$p\in[0,1/r]$，$r\in \mathrm{R}$，$q\in \mathrm{Z}$。那么，当 $r\gg 1$ 时，$q\ll 1$。

令 $H_i(x,p,r)=0$，则式（6-4）可化为：

$$(1-rp)[L(x)-L(x_0)]+rp[L(x)+N(x)-P_i(t)]-r^q p^q \partial_i(t)=0 \tag{6-5}$$

其中，x_0 是性能方程 $L(x)=0$ 在 $p=0$ 时的解。那么，由此容易得出当 $p=0$ 时，式（6-5）可退化为一个线性微分方程，当 $p=1/r$ 时，式（6-5）就是混合系统。

分析可以得出，当嵌入参数 p 从 0 连续变化到 $1/r$ 时，式（6-5）的解 $u_i(x,p,r)$ 从 $u_0(x)$ 连续变化到混合系统的解 $u(x)$，即：

$$\lim_{p\to 1/r} u_i(x,p,r)=u(x) \tag{6-6}$$

步骤 2：将同伦反演频率 Ω 展开为嵌入参数 p 的级数。

在混合系统中，Ω 是 $P(t)$ 的频率，假设 $P(t)=0$，$\sigma(t)=0$，则可将 Ω_1 展开为 p 的级数。

$$\Omega_1(p)=\Omega_{10}^2+\Omega_{11}p+\Omega_{12}p^2+\Omega_{13}p^3+\cdots \tag{6-7}$$

步骤 3：引入同伦变换 τ。

设变换：

$$\tau=\Omega t \tag{6-8}$$

将式（6-7），式（6-8）代入式（6-5），得到：

$$(1-rp)[L(x)-L_0(x_0)]+rp[L(x)+N(x)-P_i(\tau)]-r^q p^q \partial_i(\tau)=0 \tag{6-9}$$

其中，$L(x)=L[x(\tau,p)]$ 是在机电产品行为性能反演系统中的一类线性微分算子的表示形式；$N(x)=N[x(\tau,p)]$ 是机电产品行为性能反演系统中的一类非线性微分算子的表示形式。

同时还要满足：

$$P_i(\tau)=P_i(t)|_{\tau=\Omega t} \tag{6-10}$$

$$\sigma_i(\tau)=\sigma_i(t)|_{\tau=\Omega t} \tag{6-11}$$

所以，很容易证明式（6-9）和式（6-5）是等价同解的，完全符合复杂机电产品多参数关联行为性能反演分析模型映射的严格性与变换的同素性。

步骤 4：确定同伦反演中的测试或系统误差$\sigma(\tau)$。

为了方便对式（6-9）进行求解操作，对嵌入参数p计算k阶偏导数，并令$p=0$，可以得到：

$$\begin{cases} L_i(x_0)=0 \\ -r(k+1)L_i(x_0)^{(k)}+L_i(x_0)^{(k+1)}=-r(k+1) \\ \qquad [L_i(x_0)^{(k)}+N_i(x_0)^{(k+1)}-P(\tau)],k=0 \\ -r(k+1)L_i(x_0)^{(k)}+L_i(x_0)^{(k+1)}=-r(k+1) \\ \qquad [L_i(x_0)^{(k)}+N_i(x_0)^{(k)}],0<k\neq q-1 \\ -r(k+1)L_i(x_0)^{(k)}+L_i(x_0)^{(k+1)}=-r(k+1) \\ \qquad [L_i(x_0)^{(k)}+N_i(x_0)^{(k)}]+q!r^q\sigma(\tau),k=q-1 \end{cases} \tag{6-12}$$

其中，

$$L_i(x_0)^{(k)}=\frac{\partial^k L_i(x)}{\partial p^k} \tag{6-13}$$

$$N_i(x_0)^{(k)}=\frac{\partial^k N_i(x)}{\partial p^k} \tag{6-14}$$

式（6-12）是k阶同伦变换方程。$L_i(x_0)^{(k)}$和$N_i(x_0)^{(k)}$为影响复杂机电产品行为性能的第i个参数的k阶导数。

从式（6-12）可以看出，式（6-12）为一组线性随机微分方程。$\sigma(\tau)$出现在第$q+1$个方程中。如果令$q=1$，则$\sigma(\tau)$在式（6-12）的第 2 个方程中最先出现。所以，可以通过选择q的值来决定$\sigma(\tau)$在式（6-12）中最先出现的位置。

步骤 5：求同伦反演近似解。将嵌入参数在$p=0$处展开成泰勒（taylor）展开式。令$p\to 1/r$，可以得到反演结果：

$$x^*=\lim_{p\to 1/r}(x_0+\sum_{k=1}^{\infty}\frac{x_0{}^{(k)}}{k!}p^k)=x_0+\sum_{k=1}^{\infty}\frac{x_0{}^{(k)}}{k!}\frac{1}{r^k} \tag{6-15}$$

将$x_0{}^{(k)}$和$\tau=\Omega t$代入式（6-15），很据路径定理，则可以获得复杂机电产品多参数关联行为性能反演问题的混合系统的k阶反演近似解，并且可以证明式（6-15）满足正则性要求，同伦路径是存在的。

6.3 同伦两段分步的行为性能参数修正

对于复杂机电产品开发试验和产品样机运行记录数据而言，实际测试数据不可避免地会有测试误差。正则化方法可以在一定程度上减少或抑制测试误差。通过分析多参数同伦的正则化效应，给出计算残差相关的多参数同伦反演修正方法，并结合连续化多参数同伦反演修正方法，提出更加适合复杂机电产品性能修正的多参数同伦两段修正方法。

设复杂机电产品行为性能实际测试数据 $P(x_i)$ 带有测试误差，即

$$P(x_i)=P^*(x_i)+\sigma \tag{6-16}$$

其中，σ 表示复杂机电产品行为性能实际测试数据的测试误差；$P^*(x_i)$ 表示复杂机电产品行为性能不含误差的真值。

同伦反演的正则化修正公式为：

$$(1-\lambda)\{G^{\mathrm{T}}\boldsymbol{G}\Delta p+\boldsymbol{G}^{\mathrm{T}}[P(p^n,x_i)-P^*(x_i)]\}+\lambda\Delta p=0 \tag{6-17}$$

将式（6-16）代入式（9-17），整理可得：

$$[(1-\lambda)\boldsymbol{G}^{\mathrm{T}}\boldsymbol{G}+\lambda I]\Delta p+(1-\lambda)\boldsymbol{G}^{\mathrm{T}}\{[P(p^n,x_i)-P^*(x_i)]-\sigma\}=0 \tag{6-18}$$

矩阵 $\boldsymbol{G}$ 是一长方形矩阵，和机电产品行为性能同伦反演的参数数量有关，对其做奇异值分解：

$$\boldsymbol{G}=\boldsymbol{U}\mathrm{diag}(s_i)\boldsymbol{V}^{\mathrm{T}} \tag{6-19}$$

其中，$\boldsymbol{U}$ 表示左奇异向量构成的矩阵，$\boldsymbol{V}$ 表示右奇异向量构成的矩阵，s_i 表示按下降顺序排列的奇异值。

并且满足以下条件：

$$\boldsymbol{U}^{\mathrm{T}}\boldsymbol{U}=I$$

$$\boldsymbol{V}^{\mathrm{T}}\boldsymbol{V}=I$$

$$\boldsymbol{G}v_i=s_iu_i$$

$$\boldsymbol{G}^{\mathrm{T}}u_i=s_iv_i$$

其中，$\boldsymbol{v}_i$ 和 $\boldsymbol{u}_i$ 分别为第 i 个右、左奇异向量。

将式（6-9）代入式（6-18），并令 $\Delta C=P(p^n,x_i)-P^*(x_i)$，整理可得：

$$\sum_{i=1}^{m}[(1-\lambda)s_i^2+\lambda]\Delta p+\sum_{i=1}^{m}(1-\lambda)s_iu_i^{\mathrm{T}}(\Delta C-\sigma)v_i=0 \tag{6-20}$$

即：

$$\Delta p=\sum_{i=1}^{m}\frac{(1-\lambda)s_i u_i^{\mathrm{T}}\Delta C}{(1-\lambda)s_i^2+\lambda}v_i-\sum_{i=1}^{m}\frac{(1-\lambda)s_i u_i^{\mathrm{T}}\sigma}{(1-\lambda)s_i^2+\lambda}v_i \tag{6-21}$$

从式（6-21）可以看出，当不考虑实际测试数据的测试误差，即 $\sigma=0$ 时，逐步减小 λ 的取值，当值逼近于 0 时，$\|\Delta C\|\to 0$。从而保证复杂机电产品多参数关联行为性能反演的修正结果是准确的。

但是，当奇异值 s_i 的某些分量非常小时，并且考虑实际测试数据的测试误差，式（6-21）中的 $\sum_{i=1}^{m}\frac{(1-\lambda)s_i u_i^{\mathrm{T}}\sigma}{(1-\lambda)s_i^2+\lambda}v_i$ 在方程的右端占有绝对优势，从而造成修正误差的放大，导致修正结果不准确，甚至导致求解过程的发散。

正则化方法就是通过选取合适的正则化参数达到抑制或降低测试误差给行为性能反演带来的影响。从式（6-21）可以看出，当迭代结束时，选取一个合适的非 0 值，可以达到抑制或降低测试误差的目的，即多参数同伦的正则化效应。

在求解复杂机电产品多参数关联行为性能反演问题的迭代过程中，计算结果应该不断地向实际测试结果 $P(x_i)$ 靠近。定义第 n 个迭代步骤中反演计算结果与观测结果之间残差 η 的归一化强度为：

$$\|\eta^n\|=\frac{(\|P(p^n,x_i)\|-\|P^*(x_i)\|)^2}{\max\{\|P(p^n,x_i)\|^2,\|P^*(x_i)\|^2\}} \tag{6-22}$$

由式（6-22）可知：$\|\eta^n\|\in[0,1]$。

伴随迭代次数的不断增加，反演结果不能与实际测试结果 $P(p^n,x_i)$ 完全重合，而且与实际测试的误差越大，两个结果之间的计算残差也越大，说明计算残差 $\|\eta^n\|$ 与实际测试的误差相关。在此意义上，选择修正参数如下：

$$\lambda^n=\|\eta^n\| \tag{6-23}$$

连续化多参数同伦反演修正方法和式（6-22）和式（6-23）提出的计算残差相关的多参数同伦反演修正方法各有优点和不足。对于连续化多参数同伦反演修正方法，参数是稳定而连续的，可以保证稳定的跟踪同伦反演路径及迭代的稳定进行。但在修正迭代的后期，参数的变化也将变得十分缓慢，会降低计算效率。在存在实际测试误差的情况下，计算残差相关的多参数同伦反演修正方法虽然可以保证同伦反演结果的准确性及较好的计算效率，但是参数同伦反演的修正与计算残差相关，其变化是一种跳跃型的间断变化过程，不能保证计算的稳定性。

因此，综合考虑连续化多参数同伦反演修正方法和本章提出的计算残差相关的多参数同伦反演修正方法，提出了更适合复杂机电产品多参数关联行为性能反演修正的二段同伦

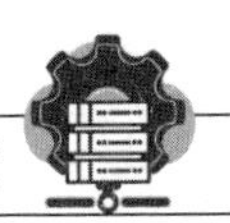

修正方法。在行为性能反演修正迭代的初始阶段，反演结果与实际测试结果之间的残差远远大于测试误差，此阶段多参数同伦反演修正的主要目的是追踪同伦路径，采用连续化多参数同伦反演修正方法，保证修正迭代的稳定性和高效性。当修正迭代参数的变化变得十分缓慢，计算效率明显降低时，即参数 λ^n 下降到门限值 $\bar{\lambda}$ 后，依据式（6-22）和式（6-23），采用计算残差相关的多参数同伦反演修正方法，保证修正迭代结束时行为性能反演结果的准确性，并提高修正算法的效率。

习题

1. 解释什么是多参数关联行为性能反演技术，并且讨论其在复杂机电产品设计中的应用。
2. 解释事实（facts）和维度（dimensions）在多维空间星形坐标系模型中的作用。
3. 解释为什么在反演理论中，若模型参数向量的维数大于观测向量的维数，则反演的解不唯一。
4. 解释多参数关联行为性能反演分析的目标，并且讨论如何实现这个目标。
5. 解释同伦反演的正则化修正公式，并且讨论它的作用。
6. 解释什么是连续化多参数同伦反演修正方法，并且讨论它的优点和不足。
7. 设计一个复杂机电产品多参数关联行为性能反演模型。
8. 解释什么是正则化方法，并且讨论它在复杂机电产品行为性能反演中的作用。

参考文献

[1] 胡鑫．求解非线性反问题的同伦摄动正则化方法[D]．哈尔滨：哈尔滨工业大学，2020.
[2] 宋述芳，王卓群．概率不确定性条件下复合材料的反演设计[J]．玻璃钢/复合材料，2019(7): 11-15.
[3] 刘晓，卜凡，林娉婷，等．基于传动链仿真的发电机智能反演优化设计[J]．湖南大学学报（自然科学版），2023，50(4): 114-124.
[4] 苏飞，张希，段艳宾，等．基于反演终端滑模算法的目标定位转台伺服系统控制器设计[J]．制造技术与机床，2023(7): 94-99.
[5] 胡德芳，张冠豪，江琦，等. 考虑荷载安全裕度的海上风电筒型基础优化反演设计[J]. 可

再生能源，2024，42(4): 499-505.

[6] YANG W, LIU B, XIAO R. Three-Dimensional Inverse Design Method for Hydraulic Machinery[J]. Energies, 2019.

[7] LIANG Y, GAO Z, GAO J, et al. A new method for multivariable nonlinear coupling relations analysis in complex electromechanical system[J]. Appl. Soft Comput., 2020, 94.

[8] CHEN J C, GUO G, WANG W. Artificial neural network-based online defect detection system with in-mold temperature and pressure sensors for high precision injection molding[J]. The International Journal of Advanced Manufacturing Technology, 2020, 110: 2023-2033.

[9] KUO C, ZHU Y J, WU Y, et.al. Development and application of a large injection mold with conformal cooling channels[J]. The International Journal of Advanced Manufacturing Technology, 2019: 1-13.

[10] TSAI M H, FAN-JIANG J C, LIOU G Y, et al. Development of an Online Quality Control System for Injection Molding Process[J]. Polymers, 2022, 14.

[11] BELLOUFI A, MEZOUDJ M, ABDELKRIM M, et al. Experimental and predictive study by multi-output fuzzy model of electrical discharge machining performances[J]. The International Journal of Advanced Manufacturing Technology, 2020, 109: 2065-2093.

[12] ZHENG K, YANG K, SHI J, et.al. Innovative methods for random field establishment and statistical parameter inversion exemplified with 6082-T6 aluminum alloy[J]. Scientific Reports, 2019, 9.

[13] GAO H, ZHANG Y, ZHOU X, et al. Intelligent methods for the process parameter determination of plastic injection molding[J]. Frontiers of Mechanical Engineering, 2018, 13: 85-95.

[14] PALACÍ-LÓPEZ D, FACCO P, BAROLO M, et al. New tools for the design and manufacturing of new products based on Latent Variable Model Inversion[J]. Chemometrics and Intelligent Laboratory Systems, 2019.

[15] LEGUIZAMÓN S, AVELLAN F. Open-source implementation and validation of a 3D inverse design method for francis Turbine Runners[J]. Energies, 2020, 13.

第7章

基于模糊评价的产品个性化配置寻优技术

随着消费者对产品个性化需求的日益增长，个性化定制已经成为现代制造业的一大趋势。消费者追求的不仅仅是产品的基本功能，更是产品是否能够满足其个性化的需求和喜好。但个性化生产往往与生产规模的扩大相冲突，前者导致生产成本升高，而后者则是生产成本降低的有效手段。如何在保持生产效益的同时迎合个性化需求，成为制造业面临的重大挑战。本章节将探讨大批量个性化定制的策略和技术，旨在实现个性化生产与规模经济之间的平衡。我们将深入讨论如何在大规模生产的基础上满足消费者的个性化需求，分析模块化设计和参数化变型设计如何为客户提供个性化的定制产品，同时提升生产效率和效益。在本书的结构中，此章是对大批量定制理念及实施策略的深入拓展，它为理论与实践的结合提供了具体路径，并指导企业如何在竞争激烈的市场中占据优势。进一步地，本章将介绍产品个性化配置作为实现大批量定制的关键方法。在个性化配置的实施过程中，配置方案的数量可能非常庞大，如何从中选取最优方案，成为一个复杂而关键的问题。为了解决这一问题，本章提出了基于模糊评价的产品个性化配置寻优技术。通过应用模糊数学评价理论与最小二乘法，我们建立了一个定制产品个性化配置的优化模型，并利用基于改进的非支配排序遗传算法（NSGA-Ⅱ），对多个配置方案进行并行优化，以找到最佳的产品配置方案，满足客户的个性化需求。通过本章的学习，读者将掌握大批量个性化定制的关键理论与技术，了解如何运用模糊评价理论和进化算法优化产品配置，以及如何在实际应用中将这些理论转化为行动。这不仅有助于提升企业的创新能力和市场竞争力，也能够加深对现代制造业挑战的理解，并提供解决方案。

7.1 定制产品个性化单元配置基础

目前定制产品的个性化配置优化方法考虑的优化目标多为单一静态的，而在面向大规模定制的产品个性化设计过程中，产品个性化配置方案的优化目标应该随着客户需求侧重点的不同而动态变化。如何针对客户的需求侧重点求取最佳的定制产品个性化配置方案，已成为企业亟待解决的瓶颈问题。为此，在建立基于事务特性表的模块族模型基础上，以影响企业订单的三个主要参数（产品性能、成本及出货期）为出发点，构建了以产品性能、成本及出货期为目标函数的多目标个性化配置优化模型。并提出基于 NSGA-Ⅱ的多目标个性化配置优化方法对三者进行并行优化，进而获得一系列个性化配置优化方案 Pareto 集来满足不同客户对产品性能、成本及出货期的个性化需求，解决客户个性化需求侧重点对定制产品设计结果的适应性处理。

7.1.1 基于事物特性表的定制产品个性化配置

利用模块化技术进行定制产品个性化配置优化是大批量个性化定制设计过程中所涉及的基础问题和热点问题。在个性化定制产品模块单元的多尺度智能规划过程中，个性化定制产品单元通过合理智能规划形成了大量的模块。然后需要对这些模块进行有效的管理，通过引入定量和定性的特征参数来更详细、准确地描述划分后的模块，使得设计人员在产品个性化配置设计过程中，能够快速、有效地从模块库中找到满足不同的个性化客户配置需求的模块单元，提高产品个性化配置设计效率，优化定制产品的个性化配置结构，实现定制产品的个性化单元配置寻优。

通常来说，模块单元是由一个或多个零部件按照不同的方式组合而成的，因此，模块单元和零部件一样也具有一些识别特征，比如功能特征、结构特征、性能特征、成本特征、工期特征、形状特征、材料特征、装配特征、技术特征等，可以利用这些特征来描述和识别模块单元，建立基于事物特性表的模块族。对于基于事物特性表的模块族进行如下定义：

基于事物特性表的模块族，是指具有一定识别特征，并且主体特征相同，特征参数值不同的模块集合。模块族的事物特性表一般可以描述模块单元的分类特性、属性特性、事物特性、功能特性、几何特性和补充特性等模块特征信息，同时通过规定这些特征的表达形式，使模块单元的特性数据能够方便地在不同的系统之间交换，实现模块单元的分类、检索和重复利用及产品设计过程的变型响应。

设有模块族 M^Z，该模块族包含模块实例 $M^Z{}_1,M^Z{}_2,M^Z{}_3,\cdots,M^Z{}_n$，建立模块族 M^Z 的事物特性表 L_Z，如图 7-1。

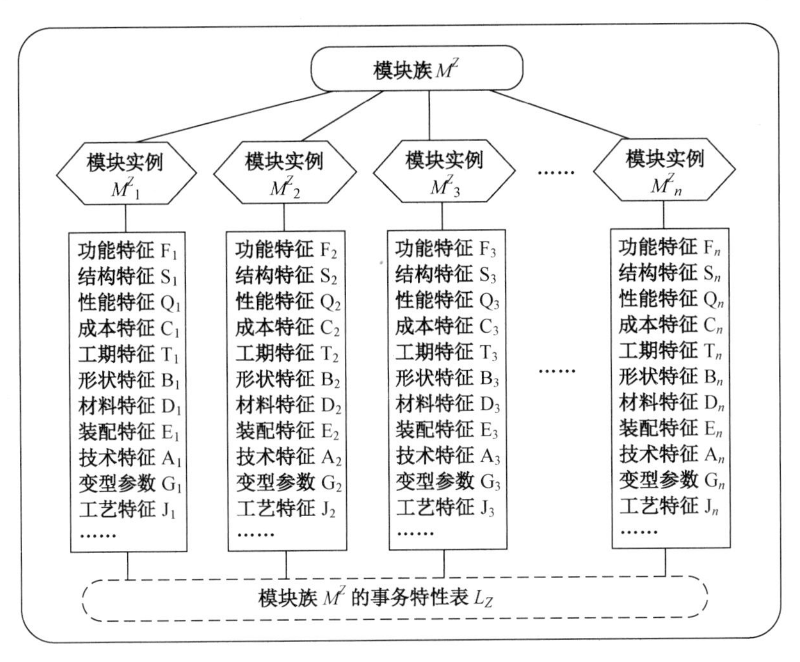

图 7-1 模块族的事物特性表

7.1.2 定制产品的个性化配置寻优结构模型

定制产品的个性化配置模型表示产品的组成结构，即产品的 BOM。定制产品的个性化配置模型构建是以模块族为基础的，产品个性化配置模型中的二级节点用基于事务特性表的模块族来表示，定制产品个性化配置结构模型代表了一系列可以完成产品个性化配置功能需求的模块族集合。图 7-2 所示为定制产品个性化配置结构模型，在定制产品个性化配置优化设计过程中，对于模型中产品的功能特性 A，可以用模块族 M_A 来表示这个功能需求，模块族 M_A 中包含实现产品功能特性 A 的所有可用模块实例($M_A{}^1$，$M_A{}^2$，…，$M_A{}^K$)。模块族 M_A 中的每个模块实例由一系列零件组成。

定制产品个性化配置结构模型是产品个性化配置优化设计的基础，一个有效的个性化配置结构模型包含了多种可行的产品个性化配置方案。定制产品个性化配置结构模型可以在开发时建立，也可以通过对企业现有产品进行系列化、标准化处理，归纳出来。定制产品的个性化配置结构模型并不是一成不变的，在企业实际设计及生产过程中可以不断对模型进行改正，使之更加适应企业产品发展的需要。

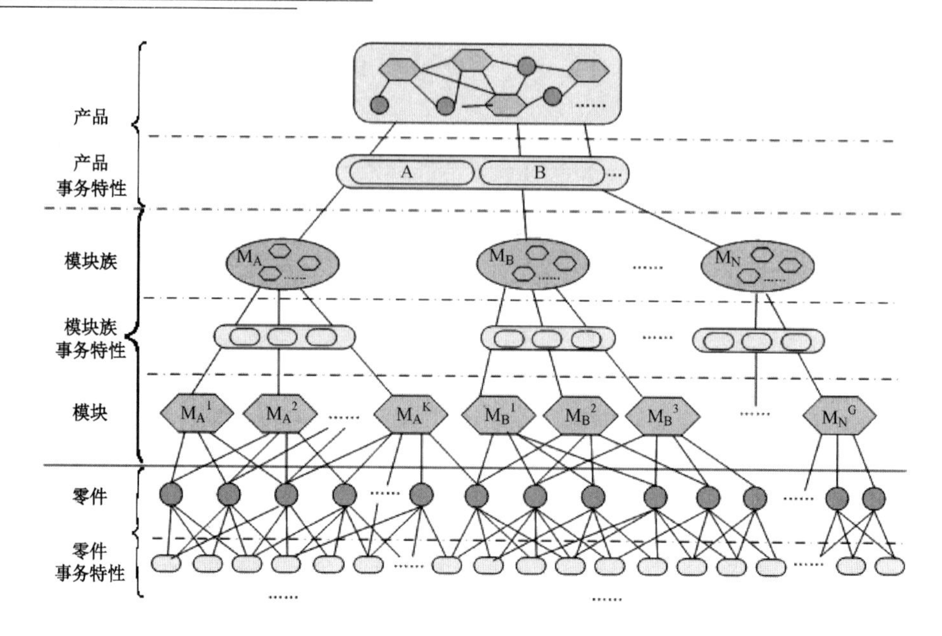

图 7-2 定制产品个性化配置结构模型

7.1.3 定制产品的个性化配置结构

定制产品的个性化配置优化是建立在基于事物特性表的定制产品模型构建基础之上的，因此根据定制产品的物质流、能量流和信号流进行定制产品功能分解，并按照模块单元多尺度规划重组方法进行模块划分，确定出个性化定制产品所包含的功能模块族及各个功能模块间的接口。对功能模块进行再次分类，可以得到核心模块（一个产品实现其功能的主要模块）、附属模块（按照一定的规则，从定制产品主结构的指定模块中选择的辅助模块）及选配模块（根据客户的需要进行选择添加的模块）。如图 7-3 所示，各个功能模块族包含若干能够行使相同功能但不同性能、成本、工期等特征参数的模块实例。

令构成个性化定制产品的模块总数为 S，则有：

$$S=\sum_{j=1}^{M_1}N_{1j}+\sum_{j=1}^{M_2}N_{2j}+\sum_{j=1}^{M_3}N_{3j} \tag{7-1}$$

式中：M_i 为第 i 类功能模块（核心模块、附属模块、选配模块）的模块系列数；N_{ij} 为第 i 类功能模块的第 j 个模块系列的实例数。

定制产品的个性化配置过程可以描述为：在 M_1 个核心模块系列中各优选一个实例，在 M_2 个附属模块系列中各优选一个实例，在 M_3 个选配模块系列中优选 Z 个模块，在 Z 个模块中各选一个实例。在最终配置出的产品中，包含核心模块数量 M_1 个，包含附属模块数量 M_2 个，包含选配模块数量 Z 个，产品包含模块总数为：

$$N=M_1+M_2+Z\ (Z\leqslant M_3) \tag{7-2}$$

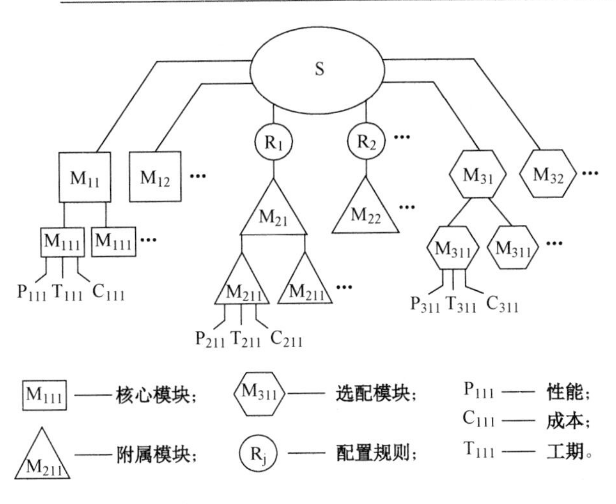

图 7-3 个性化定制产品模块实例

可以看出，对不同的模块实例进行组合会配置出不同性能、成本及出货期等特征参数的个性化定制产品，定制产品个性化配置优化所要解决的问题就是如何合理的选取模块族中的模块实例并对它们进行组合，配置出最能满足客户需求的个性化产品实例。因此，以影响企业订单的三个主要参数（产品性能、成本及出货期）为出发点，对个性化定制产品的性能、成本及出货期三方面进行多目标优化，求取满足不同客户需求的产品最佳个性化配置方案。如图 7-4 建立了定制产品的多目标个性化配置优化过程模型。

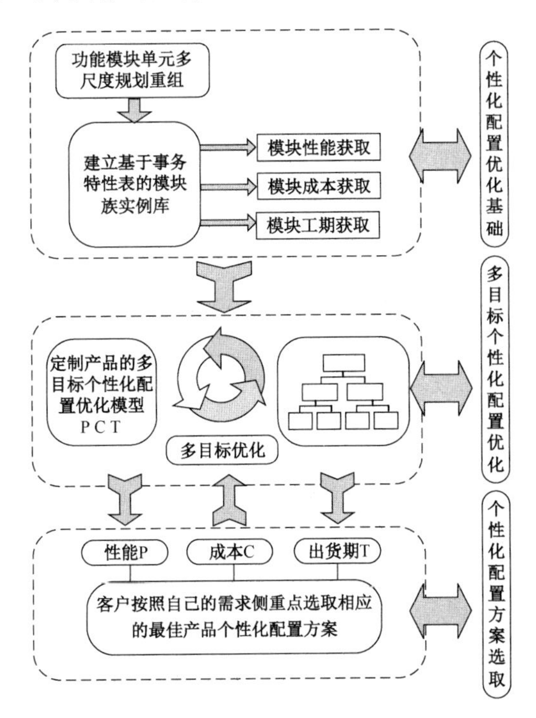

图 7-4 定制产品的多目标个性化配置优化过程模型

7.2 定制产品的个性化多目标配置寻优建模

在分析定制产品的个性化单元配置结构的基础上，考虑影响企业订单的三个主要参数性（产品性能、成本及出货期），对定制产品的性能、成本及出货期三方面进行多目标优化，兼顾价格、时间、配置和权值等多种约束条件，建立完整的满足不同客户需求定制产品的个性化多目标配置模型。

7.2.1 定制产品性能驱动的个性化配置寻优

产品的性能包括产品的功能和质量两个方面，功能是实现某种行为的能力，质量是指功能的程度，包括功率、安全性、时间连续性、环境等多方面。令产品的性能矢量为 $P=(P_1, P_2, \cdots, P_D)^{\mathrm{T}}$。$P_d$ 为产品的第 d 个性能，d=1, 2, ⋯D，D 为产品性能项总数，对应的权重矢量为 $W_P=(w_1, w_2, \cdots, w_D)^{\mathrm{T}}$。

（1）构建模块实例和产品性能的关联度矩阵：

$$[P]=\begin{pmatrix} \gamma_{111,1} & \gamma_{111,2} & \cdots & \gamma_{111,d} & \cdots & \gamma_{111,D} \\ \vdots & \vdots & \vdots & \vdots & \vdots & \vdots \\ \gamma_{1M_1N_{1M_1},1} & \gamma_{1M_1N_{1M_1},2} & \cdots & \gamma_{1M_1N_{1M_1},d} & \cdots & \gamma_{1M_1N_{1M_1},D} \\ \vdots & \vdots & \vdots & \vdots & \vdots & \vdots \\ \gamma_{ijk,1} & \gamma_{ijk,2} & \cdots & \gamma_{ijk,d} & \cdots & \gamma_{ijk,D} \\ \vdots & \vdots & \vdots & \vdots & \vdots & \vdots \\ \gamma_{3M_3N_{3M_3},1} & \gamma_{3M_3N_{3M_3},2} & \cdots & \gamma_{3M_3N_{3M_3},d} & \cdots & \gamma_{3M_3N_{3M_3},D} \end{pmatrix} \quad (7\text{-}3)$$

$\gamma_{ijk,d}$——第 i 类功能模块（核心模块、附属模块、选配模块）的第 j 个核心模块系列的第 k 个实例和产品的第 d 个性能的相关度。其量化值可用模糊数学评价理论中的强、较强、中、弱或无关系表示，相对值衡量度分别为：9，7，4，1，0。

（2）构建产品性能的个性化优化模型：

$$\max PZ=\sum_{i=1}^{3}\sum_{j=1}^{M_i}\sum_{k=1}^{N_{ij}}\varepsilon_{ijk}\sum_{d=1}^{D}w_d\gamma_{ijk,d} \quad (7\text{-}4)$$

式中：PZ 为产品性能的评价指数，表示产品的综合性能，其值越高，说明产品的性能越好；ε_{ijk} 为二元决策变量，表示第 i 类模块中的第 j 个模块系列的第 k 个实例在产品中是否被配置（0 为未配置，1 为配置）；W_d 为产品性能集的权重向量。

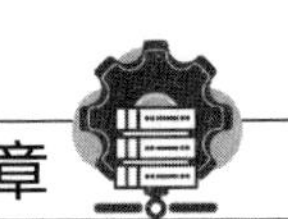

7.2.2　定制产品成本驱动的个性化配置寻优

（1）构建模块实例的成本矩阵：

$$[\boldsymbol{C}]=\left(c_{111}\cdots c_{1M_1N_{1M_1}}\cdots c_{ijk}\cdots c_{3M_3N_{3M_3}}\right)^{\mathrm{T}} \tag{7-5}$$

式中：C_{ijk}为第 i 种功能模块中第 j 个模块系列的第 k 个实例的成本。

（2）构建产品成本的优化重组模型：

$$\min C_Z=\sum_{i=1}^{3}\sum_{j=1}^{M_i}\sum_{k=1}^{N_{ij}}\varepsilon_{ijk}c_{ijk}+C_A\left(\sum_{i=1}^{3}\sum_{j=1}^{M_i}\sum_{k=1}^{N_{ij}}\varepsilon_{ijk}-1\right),\ \ ((1+\alpha)C_Z\leqslant C_{\mathrm{MAX}}) \tag{7-6}$$

式中：C_Z为配置产品的总成本，C_A为模块之间的平均装配成本，α 为企业利润率，C_{MAX}为客户能承受的最高价格。

7.2.3　定制产品出货期驱动的个性化配置寻优

（1）构建模块实例的工期矩阵：

$$[T]=\left(t_{111}\cdots t_{1M_1N_{1M_1}}\cdots t_{ijk}\cdots t_{3M_3N_{3M_3}}\right)^{\mathrm{T}} \tag{7-7}$$

t_{ijk}——第 i 类功能模块（i=1，2，3 时分别为核心模块、附属模块和选配模块）的第 j 个核心模块系列的第 k 个实例的工期。

（2）构建产品出货期的优化重组模型：

$$\min TZ=\eta(x)\left[\sum_{i=1}^{3}\sum_{j=1}^{M_i}\sum_{k=1}^{N_{ij}}\varepsilon_{ijk}t_{ijk}+T_A\left(\sum_{i=1}^{3}\sum_{j=1}^{M_i}\sum_{k=1}^{N_{ij}}\varepsilon_{ijk}-1\right)\right],\ \ (T_Z\leqslant T_{\mathrm{MAX}}) \tag{7-8}$$

式中：T_Z 为产品的出货期，$\eta(x)$为产品出货期和模块累计生产装配工期的函数关系，T_A为模块之间的平均装配工期，T_{MAX}为客户允许的产品最大出货期。

7.2.4　定制产品多目标配置寻优的约束条件

（1）价格约束：

$$(1+\alpha)C_Z\leqslant C_{\mathrm{MAX}} \tag{7-9}$$

（2）时间约束：

$$T_Z\leqslant T_{\mathrm{MAX}} \tag{7-10}$$

（3）配置约束：

$$M_1=\sum_{j=1}^{M_1}\sum_{k=1}^{N_{1j}}\varepsilon_{1jk}, M_2=\sum_{j=1}^{M_2}\sum_{k=1}^{N_{2j}}\varepsilon_{2jk}, M_3\geqslant\sum_{j=1}^{M_3}\sum_{k=1}^{N_{3j}}\varepsilon_{3jk}$$
$$\sum_{k=1}^{N_{ij}}\varepsilon_{ijk}=1(i=1,2), \sum_{k=1}^{N_{ij}}\varepsilon_{ijk}\leqslant 1(i=3) \tag{7-11}$$

（4）权值约束：

$$\sum_{d=1}^{D}w_d=1 \tag{7-12}$$

7.3 定制产品的个性化配置寻优求解

针对定制产品的个性化多目标配置寻优模型，采用非支配排序遗传算法（NSGA-Ⅱ）算法对三者进行并行优化，获得一系列基于 Pareto 集的配置重组方案来满足不同客户对产品性能、成本及出货期的个性化要求，实现了产品动态个性化设计模式，实现定制产品的个性化配置寻优求解，为在概念设计阶段进行产品性能、成本与出货期的权衡提供了依据。

7.3.1 定制产品的个性化多目标配置寻优

对上述产品个性化配置优化模型的求解属于有约束多目标优化问题。其数学描述为：

$$\begin{aligned}&F(X)=[P_Z(X), C_Z(X), T_Z(X)]\\&S.T: g_a(X)\geqslant 0, a=1,2,\cdots,m\\&S.T: h_b(X)=0, b=1,2,\cdots,n\\&X=(\varepsilon_{111},\varepsilon_{112},\cdots,\varepsilon_{ijk})\end{aligned} \tag{7-13}$$

式中：$P_Z(X)$为极大化目标函数，$C_Z(X)$, $T_Z(X)$为极小化目标函数，$g_a(X)$为优化问题的不等式约束，$h_b(X)$为优化问题的等式约束，m 与 n 分别为不等式和等式约束的个数，ε_{ijk} 为二维决策变量（其值为 0 或 1）。

近年来，越来越多的多目标智能优化算法被提出，多目标进化算法（MOEA）、多目标基因算法（MOGA）、多目标粒子群优化算法（MOPSO）、多目标蚁群算法（MOACA）等多目标优化方法已被成功的应用到求解复杂的带有约束条件的多目标优化问题求解中。

在众多智能优化算法中，基于改进的 NSGA-Ⅱ具有运算速度快、稳健性强、解集分散等特点，已成功应用于许多工程优化设计问题。NSGA-Ⅱ算法使用 $O(MN^2)$复杂性的快速非支配排序机制（其中，M 为优化目标个数，N 为种群规模）、优势点保持方法和无外部参数的拥挤距离计算方法来求解多目标多约束问题的 Pareto 最优集，该方法对于组合优化等问题的求解，能得到比较理想的优化方案。因此，采用基于改进的 NSGA-Ⅱ对上述定制产品的配置优化重组模型进行优化求解。NSGA-Ⅱ算法的优化求解流程如图 7-5 所示。

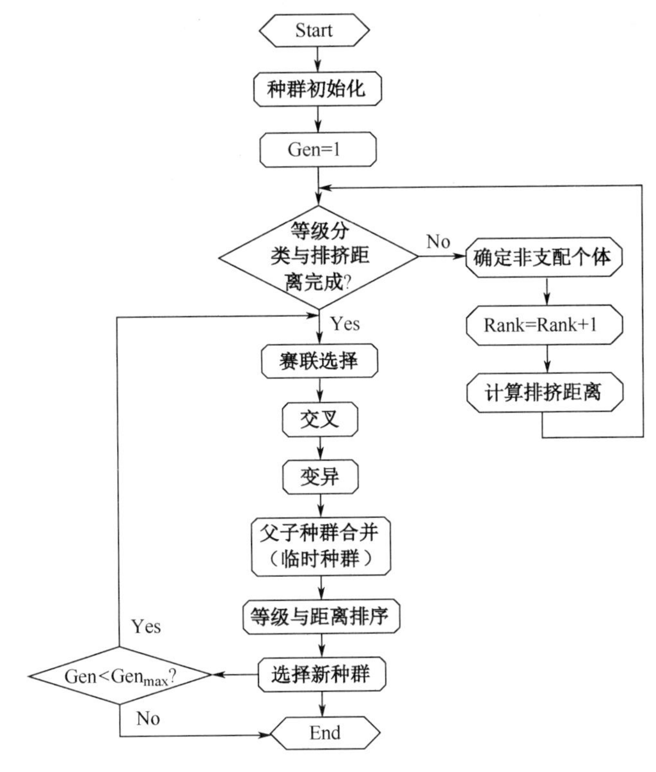

图 7-5 NSGA-Ⅱ算法的优化求解流程示意图

非支配排序遗传算法（nondominated sorting genetic algorithm，NSGA）对多目标解群体进行逐层分类，每代种群配对之前先按解个体的支配关系进行排序，并引入基于决策向量空间的共享函数法。NSGA 在群体中采用共享机制来保持进化的多样性，共享机制采用一种可认为是退化的适应度值，其计算方式是将该个体的原始适应度值除以该个体周围的其他个体数目。NSGA 算法的优化目标数目不限，且允许存在多个不同的 Pareto 最优解，但该算法的主要缺点是计算效率较低，计算复杂度为 $O(MN^3)$（其中，M 为优化目标数量，N 为种群大小)，且算法收敛性对共享参数 δ 的取值较敏感，算法的稳定性较差。

Deb 等在 2002 年对原始的 NSGA 进行改进，提出了改进型非支配排序遗传算法（nondominated sorting genetic algorithm Ⅱ，NSGA-Ⅱ），基于快速非支配排序、优势点保持和无外部参数的拥挤距离计算求解多目标优化问题的 Pareto 最优集。密度估计算子用于估计某个个体周围所处的群体密度，方法是计算两个解点之间的距离值。拥挤距离比较算子是为了形成均匀分布的 Pareto 前端，这与原始 NSGA 中共享机制的效果类似，但不再采用小生境参数，提高了算法的稳健性。拥挤比较算子需要计算每个个体的非劣级别和拥挤距离值，产生非支配排序结果。拥挤距离排序结果表明，如果两个个体具有不同的非劣级别，则选择级别低的个体；如果两个个体具有相同的非劣级别，则选择具有较大矩形体的个体，因为该个体的邻居距其较远，引导个体向 Pareto 前沿中分散区域进化，增强算法的全局寻优能力。NSGA-Ⅱ算法的计算复杂度为 $O(MN^2)$（其中，M 为优化目标数量，N 为种群大小），具有比 NSGA 更高的运算效率与稳定性，已成功应用于许多工程优化问题设计。

7.3.2 基于 NSGA-Ⅱ的定制产品个性化配置寻优实现

（1）NSGA-Ⅱ中约束条件的处理

NSGA-Ⅱ算法通过改变支配规则来体现设计约束条件，采用不可行度来衡量每个解违反约束的程度，避免了罚函数处理方法中罚系数取值的不稳定因素。

定义解 x_i 的不可行度为：

$$\delta(x_i)=\sum_{k=1}^{m}\{\min[0,g_k(x_i)]\}^2+\sum_{j=1}^{p}[h_j(x_i)]^2 \tag{7-14}$$

定义不可行度阈值：

$$\varepsilon=\frac{1}{\tau}\frac{\sum_{i=1}^{N}g(x_i)}{N} \tag{7-15}$$

式中：N 为群体大小；τ 为可变惩罚因子。

在进化过程中，根据每一个候选解的不可行度与阈值的比较来决定这个解是否被接受。被接受的可行解进入下一代遗传算法操作，而被拒绝的解由当前代中不可行度最小的解等量取代。

（2）NSGA-Ⅱ中适应度的计算

Pareto 遗传算法根据点的适应度值来判断其位置的好坏。NSGA-Ⅱ算法采用不受支配机制进行排序，首先按照个体的可支配性进行等级分类，然后计算目标空间上的每一点与同等级相邻两点之间的排挤距离，最后根据个体等级和排挤距离计算个体的适应度值，不再采用小生境参数，提高了算法的稳健性，能够形成均匀分布的 Pareto 前端。

（3）NSGA-Ⅱ中的最优保留策略

设初始种群包括 N 个个体，在变量范围内随机取值。依据优化目标与约束条件进行种群排序并计算排挤距离，然后通过联赛选择、交叉与变异生成中间种群。中间种群与父代种群合并成规模为 $2N$ 的临时群体，再按其适应度（等级高低和排挤距离）对临时群体进行排序，如果两个个体具有不一样的非劣级别，则级别低的个体被保留；如果两个个体具

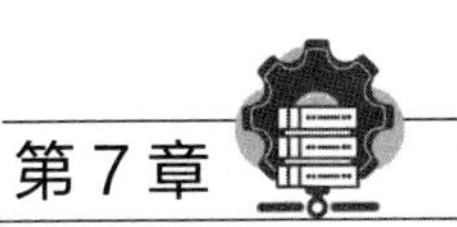

有一样的非劣级别，则具有较大排挤距离的个体被保留，因为该个体距邻近个体较远，能够引导个体向 Pareto 前沿中种群密度低的分散区域进化，增强了算法的全局寻优能力。最后，通过排序优选 N 个个体组成新一代种群，完成一次进化运算。

习题

1. 解释大批量个性化定制在制造业中的重要性，并讨论它如何解决个性化需求与生产规模经济之间的矛盾。

2. 描述模块化设计和参数化变型设计的基本原理，并讨论它们是如何促进个性化产品的生产效率和成本效益的。

3. 以一个实际产品为例，阐述如何通过模块化设计为不同客户提供个性化的定制选项。

4. 给出一个产品配置优化的案例，并说明如何应用模糊评价理论与最小二乘法来建立配置优化模型。

5. 解释非支配排序遗传算法（NSGA-Ⅱ）的工作原理，并讨论它在产品个性化配置优化中的应用及优势。

6. 设计一个实验来验证基于模糊评价和 NSGA-Ⅱ的产品个性化配置寻优技术的有效性。

7. 从理论和实际操作的角度分析，模糊评价在处理个性化配置问题中可能遇到的挑战和限制，并提出可能的解决办法。

8. 根据本章所学，讨论如何评估和选择最适合企业资源和市场需求的个性化配置策略。

参考文献

[1] 潘子茜，郗欣甫，李硕，等. 改进多目标模糊粒子群的经编机优化调度研究[J/OL]. 机械设计与制造，1-6[2024-06-25].

[2] 赵培臣，乐琦，胡文. 基于不完全直觉模糊信息的双边匹配决策方法[J/OL]. 系统科学与数学，1-15[2024-06-25].

[3] 段晓伟，叶小晖. 基于模糊 WMR 优化 PID 方法的电机转速控制优化分析[J]. 机械制造与自动化，2024，53(02): 239-242.

[4] 齐俊平，张昭晗，李峰，等．微织构密度刀具切削性能分析及模糊综合评价[J]．机械设计与研究，2024，40(02): 117-119+131.

[5] 徐标，吕修豪，李文姬，等．基于多场景建模的动态鲁棒多目标进化优化算法[J/OL]．控制与决策，1-9[2024-06-25].

[6] 王韧，王嘉睿，陈明．模糊环境下基于一致性的供应商韧性决策优化模型研究[J/OL]．系统科学与数学，1-21[2024-06-25].

[7] 张宇豪，关昕．基于强化学习算法的神经网络模糊测试技术优化研究[J]．计算机测量与控制，2024，32(03): 131-137.

[8] 李爱生．基于模糊 PID 控制的刮板输送机自动张紧系统的优化仿真分析[J]．自动化应用，2024，65(04): 84-85+89.

[9] Lu S, Zhu L, Wang Y, et al. Integrated forward and reverse logistics network design for a hybrid assembly-recycling system under uncertain return and waste flows: A fuzzy multi-objective programming[J]. Journal of Cleaner Production, 2020, 243:118591.

[10] Lyu H L, Wang W, Liu X P, et al. Modeling of multivariable fuzzy systems by semitensor product. IEEE Transactions on Fuzzy Systems, 2020, 28(2):228-235.

[11] Qiu J, Li G, Yang X. Bilevel optimization problem with random-term-absent max-product fuzzy relation inequalities constraint. IEEE Transactions on Fuzzy Systems, 2021, 29(11): 3374-3388.

[12] Qiu J, Yang X. Optimization problems subject to addition-lukasiewicz-product fuzzy relational inequalities with applications in urban sewage treatment systems[J]. Information Sciences, 2022, 591: 49-67.

[13] Rehman A U, Salabun W, Faizi S, et al. On graph structures in fuzzy environment using optimization parameter. IEEE Access, 2021, 9:75699-75711.

[14] Xiao J Z, Lu Y, Zhu F Q. Examples, properties and applications of fuzzy inner product spaces[J]. Soft Computing, 2023, 27(1): 239-256.

[15] Yang X. Deviation analysis for the max-product fuzzy relation inequalities[J]. IEEE Transactions on Fuzzy Systems, 2021, 29(12): 3782-3793.

第8章

基于混合协同优化的产品型谱性能重构技术

在过去的产品设计过程中，设计师们往往高度依赖自己的经验和直觉，这种方式往往无法保证最优的设计结果，因为设计师本身的认知与经验是有限度的，过度的依赖两者会在产品设计过程中发生设计思维固化，不利于产品设计的创新与增效。另外，依赖本身的经验会在处理大规模产品型谱时，面临效率低下、难以找到全局最优解等问题。设计师在产品设计时，面对的产品型谱往往是新旧夹杂的，数量庞大的，单靠个人经验无法顾全大局，给不出统筹全局的最优设计决策，这些问题严重阻碍了产品设计的效率和质量。而产品型谱性能重构是解决这一问题的方法之一，通过使用数理模型对产品型谱进行重构，这将有助于设计师在产品设计时做出更有利的设计决策。为此，本章提出了一种基于混合协同优化的产品型谱性能重构方法。介绍了多平台产品型谱重构设计问题，包括设计空间表达、平台通用性目标函数、以及产品型谱优化重构的数学模型。提出了产品型谱模糊聚类平台规划方法，包括设计变量敏感度分析和平台常量的模糊聚类。研究了实例产品重构与平台性能检验的过程，并详细阐述了混合协同进化的产品型谱性能权衡重构，包括非支配排序遗传算法概述以及产品型谱性能混合协同优化重构原理，这将有助于更有效地进行产品设计。

8.1 多平台产品型谱重构设计问题解析

8.1.1 多平台产品型谱设计空间的建模

使用进化算法求解产品型谱优化问题，首先要建立合理的设计空间染色体表达。基于结构化遗传算法原理的染色体表达方法，用控制位“1”或“0”表示变量在所有产品中共享或独立，仅能表达单平台设计。在多平台染色体表达方法中，设产品型谱包括 p 个实例产品，每个产品包括 n 个设计变量，则通用性染色体和设计变量染色体分别构成两个 $p\times n$ 阶矩阵，如图 8-1（a），（b）所示。通用性染色体的每个基因取 1 到 p 之间的任意整数，列向量中两个相同的整数值表示该变量在这两个实例产品中共享；设计变量染色体中每个变量在其约束范围内取值，并与通用性染色体规定的变量共享情况保持一致。在产品型谱方案进化过程中，通用性染色体对设计变量染色体施加约束，保证两者变量共享的一致性。

	x_1	x_2	x_3	x_4	x_5	x_6
实例产品 1	1	2	3	1	2	1
实例产品 2	2	2	3	2	3	3
实例产品 3	3	1	3	1	1	3

（a）平台通用性染色体

	x_1	x_2	x_3	x_4	x_5	x_6
实例产品 1	x_{11}	c_2	c_3	c_4	x_{15}	x_{16}
实例产品 2	x_{12}	c_2	c_3	x_{24}	x_{25}	c_6
实例产品 3	x_{13}	x_{32}	c_3	c_4	x_{35}	c_6

（b）设计变量染色体

图 8-1　平台通用性与设计变量染色体表达方法

扩展二进制染色体的单点交叉算子和变异算子，分别得到二维通用性染色体的象限交叉算子和列向量变异算子。象限交叉算子首先在 $p\times n$ 阶矩阵内部随机选择一个点，将矩阵划分为 4 个象限。然后随机选择一个象限，交换两父个体中该象限的基因值，完成通用性染色体的交叉，其交叉过程如图 8-2 所示。对于包括 p 个实例产品和 n 个设计变量的产品型谱，分别在区间$(1, p)$和$(1, n)$内产生两个随机整数，则这两个数将通用性染色体分为 4 个象限。在 4 个象限中随机选择一个象限，交换父个体 1 和父个体 2 中该象限的基因值，生成具有不同通用性等级的子个体 1 和子个体 2。

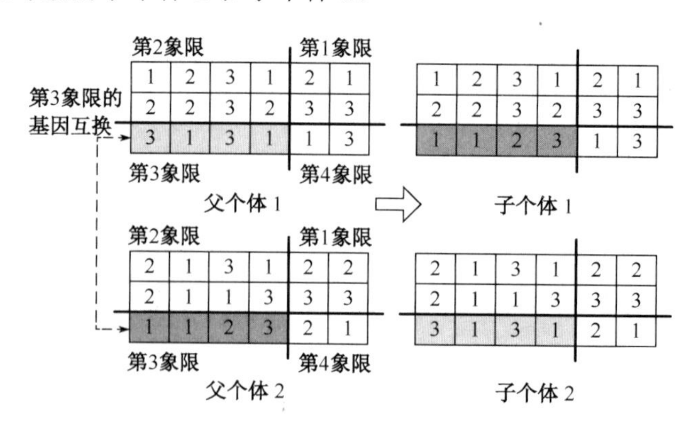

图 8-2　二维染色体交叉算子

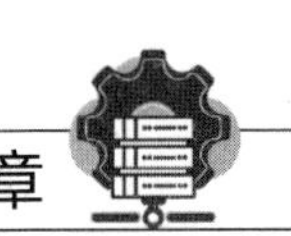

通用性染色体的变异算子用来增加进化过程中平台组合方式的多样性，以增强进化算法对多平台产品型谱设计方案的搜索能力。设 p_m 为用户设定的变异概率，$c(i,j)$ $(i=1,2,\cdots,p; j=1,2,\cdots,n)$为染色体基因位变量，则通用性染色体变异算子伪代码可描述如下：

```
for i = 1 to n
{  temp1 = random(0,1);
   if (temp1 ≤ pm)
   {  temp2 = random(0,1);
      if (temp2 ≤ 0.5)
      {  for i = 1 to p
            c(i, j) = i;  }
      else
      {  for i = 1 to n
            c(i, j) = 1.  }
      }}
```
（8-1）

该变异程序对每个设计变量生成[0,1]之间的一个随机数，如果该值小于预先设定的变异概率 p_m，则改变变量在实例产品中的共享情况，即随机将该变量的通用性变为全部独立或全部共享；否则，不改变变量的通用性。

8.1.2 平台通用性目标函数的定义

根据产品型谱设计空间的染色体表达方式，需建立合适的目标函数以描述平台通用性等级。产品型谱罚函数法（product family penalty function，PFPF）衡量各实例产品间设计变量的偏差程度，*PFPF* 越小，则平台的通用性越高。但仅考虑变量的差异无法准确描述平台的共享程度，因为即使某变量在各实例产品中取值偏差较小，也可能存在各产品间相互独立，而无共享的情况。

Martin 等提出了通用性指数（commonality index，CI）来衡量产品型谱中组件的通用等级，一个包含 p 个产品和 n 个组件的产品型谱 CI 值可表示为：

$$CI = 1 - \frac{u-n}{n(p-1)} \tag{8-2}$$

式中，u 为产品型谱中独立组件的数目。CI 在[0,1]区间变化，CI 越大，表明产品型谱中独立组件的数量越少，则产品型谱的通用性越高。

CI 指数适用于模块化产品型谱中平台通用性的衡量，而对于变量共享的参数化产品型谱，可借鉴 CI 指数的构建方法，建立类似的平台通用性指数。基于多平台通用性的二维染色体表达方法，定义 N_i 为通用性染色体第 i 个变量中独立整数的个数，建立参数化产品型谱非通用性指数（none commonality index，NCI），记为 C_{N}：

$$C_{\mathrm{N}} = \frac{\sum_{i=1}^{n}(N_i - 1)}{n(p-1)} \tag{8-3}$$

式中，p 为实例产品个数，n 为单个产品设计变量个数。C_N 在[0,1]区间变化，C_N 越小，表明产品平台中独立变量的数量越少，公共变量的数量越多，平台通用性越高。

8.1.3 产品型谱优化重构的数学表达

优化方法是近年来应用于产品设计的一个重要方法，通过合适的优化算法，例如遗传算法、模拟退火、粒子群算法等，来确定产品设计变量的合理取值，在满足设计约束的前提下，达到最优或者较优的设计目标。实例产品的单目标优化模型可描述为：

$$\begin{aligned} &\text{Minimize:} && f(x); \\ &\text{Subject to:} && g_k(x) \geqslant 0, \quad k = 1, 2, \cdots, a; \\ & && h_l(x) = 0, \quad l = 1, 2, \cdots, b. \end{aligned} \tag{8-4}$$

式中，$x=[x_1, x_2,\cdots, x_n]$为 n 维设计变量，每个变量 x_i 在其最大值 $x_i^{\max}$ 与最小值 $x_i^{\min}$ 范围内变化，满足 a 个不等式约束和 b 个等式约束。

而产品型谱优化时，设计问题模型需要包括每个产品的设计变量值，以达到设计目标且满足约束条件。产品型谱优化重构问题的目标函数中还需要包含一个通用性评价指标，在优化过程中以性能指标最优且产品型谱通用性最大来确定产品平台。这样，产品型谱优化的难题在于解决产品型谱通用性与单个产品性能的平衡，企业总是希望获得尽可能大的通用性而又不削弱产品间的个性特征。因此，设 x_c 为平台常量集合，x_v 为可调节变量集合，建立多平台产品型谱通用性与性能的优化重构模型为：

$$\begin{aligned} &\text{Minimize:} && C_N(x_c, x_v), \quad \sum_{i=1}^{p} f_i(x_c, x_v) \Big/ p; \\ &\text{Subject to:} && g_k(x_c, x_v) \geqslant 0, \quad k = 1, 2, \cdots, pa; \\ & && h_l(x_c, x_v) = 0, \quad l = 1, 2, \cdots, pb. \end{aligned} \tag{8-5}$$

式中，p 为实例产品的个数。以平台非通用性指数 C_N 和实例产品平均性能为优化目标。由于产品型谱设计中要满足每个实例产品的约束条件，因此约束条件的数量比单个产品扩大了 p 倍，增加了产品型谱优化设计的计算复杂度。

8.2 产品型谱模糊聚类与平台规划

8.2.1 设计变量敏感度的评估

敏感度分析（sensitivity analysis）就是计算设计变量变化对于产品总体性能的影响程度，

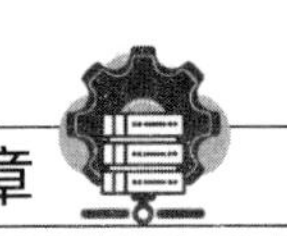

进而划分可能的平台常量和可调节变量集合，是下一步通过模糊聚类设置多平台常量共享策略的初始步骤。

参数化产品型谱包括一系列性能指标差异的实例产品，变量对于单个产品综合性能的敏感度叫做局部敏感度（local sensitivity）；产品型谱中该变量各局部敏感度的加权平均，叫做全局敏感度（global sensitivity）。全局敏感度较小的变量，在各实例产品间通用所带来的性能损失较小，而全局敏感度大的变量则相反。敏感度分析的目标是求解各变量的全局敏感度，作为平台常量和可调节变量集合划分的依据。

通常，一阶偏导是敏感度分析的一种可行方法，但不适用于非线性优化模型。基于产品独立优化设计结果，使用微分敏感度分析法，设某产品的独立优化在 $x^* = \{x_1^*, x_2^*, \cdots, x_k^*\}$ 处获得最优的偏好聚合目标值 f^*，k 为设计变量的数目，则变量 x_1 的局部敏感度为：

$$SL_{x_1} = \frac{(f^* - f_{1+}^*) + (f^* - f_{1-}^*)}{2\Delta x_1} \tag{8-6}$$

式中，Δx_1 为变量 x_1 的微小变化，即 $\Delta x_1 = \left|\beta x_1^*\right|$，$0 < \beta < \varepsilon$，$\varepsilon$ 为一较小的正数，$0 < \varepsilon \leqslant 0.1$。$f_{1+}^*$ 和 f_{1-}^* 分别为 $x_1^* + \Delta x_1$ 和 $x_1^* - \Delta x_1$ 处的偏好聚合值。由于偏好聚合函数是求最大值，因此 f_{1+}^* 和 f_{1-}^* 都小于 f^*，$SL_{x_1} > 0$。

敏感度分析完成之后，需指定阈值 λ，将敏感度小于 λ 的变量作为可能的平台常量，进而分析多平台常量的共享策略，其余作为可调节变量。所依据的原理是低敏感度的变量通用所引起的产品性能损失相对较小，且能够提高平台通用性以降低产品成本；而高敏感度的可调节变量用于实现系列产品的性能差异，满足多样化的客户需求。但是，划分阈值 λ 的指定存在主观因素，需从产品型谱整体性能角度决定最优的集合划分。

8.2.2 平台常量的模糊聚类分析

参数化产品型谱分为单平台与多平台两种设计情况。对于单平台（single platform）产品型谱设计来说，每个平台常量或通用部件在整族产品中具有唯一公共值，而对于多平台（multiple platform）产品型谱设计来说，允许某些产品在特定的设计变量上取公共值，其他产品则可不受限制而取个性化的变量值。多平台产品型谱比单平台产品型谱具有更好的设计灵活性与柔性，但也增加了产品型谱设计的复杂度。本节对于敏感度分析划分出的平台常量集合，使用模糊聚类规划平台常量在各实例产品间的最优多值共享方案，在提高平台通用性的同时增加产品型谱设计的柔性。

对于每一个实例产品，建立其性能偏好函数、方差偏好函数和约束满足偏好函数，对平台常量通用所带来的性能、方差和约束满足偏好变化进行模糊 C 均值聚类，寻求平台常量的最优共享策略，以最小的设计损失获得最高的平台通用性。其中，性能偏好函数既可包括效率、功能等功能指标，也可包括重量、尺寸等成本指标；方差偏好函数是性能指标方差的偏好聚合，方差函数通过性能函数的一阶泰勒展开获得；约束满足偏好函数包括等式约束和不等式约束的满足情况，等式约束可用三角模糊数衡量，而不等式约束可用 0-1 函数衡量。

模糊 C 均值聚类（FCM）方法，要求每个个体对每个聚类的隶属度之和为 1，并通过迭代划分使聚类损失函数趋于最小，能够快速获得指定数目的聚类中心，具有较高的聚类效率。FCM 能够处理多维聚类问题，不同于层次聚类（HC）仅能处理单维聚类的限制。设平台常量 x 在各实例产品中独立优化的结果为$\{x_1^*, x_2^*,\cdots, x_n^*\}^{\mathrm{T}}$，以 x 的均值取代各产品的独立优化值，获得性能、方差和约束满足指标的 $n\times3$ 阶矩阵 Y_x（n 为实例产品数目）；而独立优化设计中各产品形成的偏好矩阵为 Y_o，则由变量 x 通用所带来的性能、方差和约束满足度变化可记为：$Y = Y_o - Y_x$。对矩阵 Y 的 n 个行向量在 3 维空间中进行模糊 C 均值聚类，得到各元素对于每个聚类中心的模糊隶属度，其运算步骤描述如下：

步骤 1　指定聚类数目 c、隶属参数 m 和误差限 ε，迭代次数 $t = 1$，通常 $m = 2$。

步骤 2　随机生成初始聚类划分 $U_{c\times n}$，满足模糊隶属度矩阵的取值要求。

步骤 3　计算模糊聚类的 c 中心值。

$$w_i^{(t)} = \frac{\sum_{j=1}^{n}(\mu_{ij})^m x_j}{\sum_{j=1}^{n}(\mu_{ij})^m},\ i=1,2,\cdots,c \tag{8-7}$$

式中，μ_{ij} 为第 j 个元素属于第 i 个聚类的程度，$\sum_{i=1}^{c}\mu_{ij}=1$，x_j 为第 j 个聚类元素的值，w_i 为第 i 个聚类中心的值。

步骤 4　以如下两式更新隶属度矩阵。

$$\mu_{ij}^{(t)} = \frac{1}{\sum_{l=1}^{c}\left(\frac{d_{ij}}{d_{lj}}\right)^{\frac{2}{(m-1)}}},\ i=1,\cdots,c;\ j=1,\cdots,n \tag{8-8}$$

$$\text{If } d_{ij} = 0 \text{ then } \mu_{ij} = 1 \text{ and } \mu_{lj} = 0 \text{ for } l \neq i \tag{8-9}$$

式中，$d_{ij} = \|x_j - w_i\|$，表示第 j 个元素与第 i 个聚类中心的欧氏距离。

步骤 5　若$|\max U(t) - \max U(t-1)| < \varepsilon$（$\varepsilon$ 为很小的正数），则算法结束；否则，$t = t + 1$，转步骤 3 继续。

在 FCM 算法中，由于在运算前必须指定聚类数目 c，因此，使用模糊覆盖指数（fuzzy

percentage index，FPI）决定最优聚类数目的设置。*FPI* 的定义如下：

$$FPI = 1 - \frac{c}{c-1}\left[1 - \frac{\sum_{i=1}^{c}\sum_{j=1}^{n}(\mu_{ij})^2}{n}\right] \tag{8-10}$$

通常，$2 \leqslant c \leqslant n-1$，$0 < FPI < 1$。*FPI* 衡量各模糊聚类相互覆盖的程度，*FPI* 值越小，说明聚类划分相互覆盖越小，聚类越精确。*FPI* 取最小值时，获得最优的模糊聚类数目 c。

某平台常量的 FCM 聚类划分如图 8-3 所示，坐标轴 X、Y、Z 分别表示该变量通用所引起的性能、方差和约束满足偏好函数变化。10 个元素经聚类划分为 3 个集合，并获得最小的 *FPI* 值，得到了该变量在各实例产品中的最优共享划分。

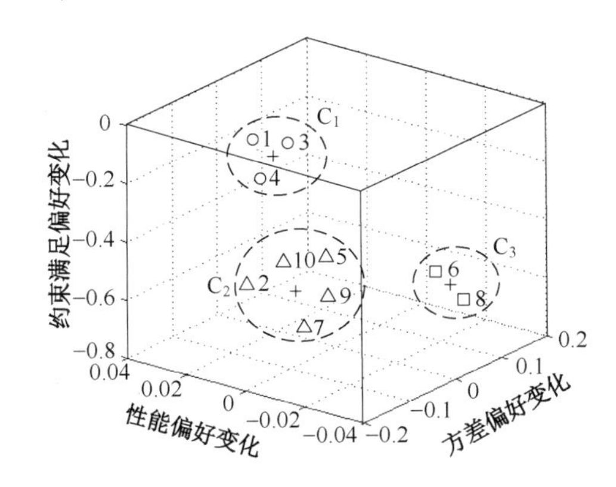

图 8-3 平台常量的 FCM 聚类示意图

8.2.3 实例产品重构与平台性能评测

平台设定后，所有变量分为平台常量和可调节变量两类。平台常量的值已在前面设定，下面的任务是确定每个产品可调节变量的个性值，从而基于平台完成实例产品的设计。同样应用第一步中偏好函数与优化算法，以平台常量的公共值作为优化模型的输入，求解可调节变量的最佳取值。产品型谱中每个产品的最优设计方案的求解模型如下：

对于产品变量 $i = 1,2,\cdots,n$ 及确定的平台常量 $A^c(x_i) = \{\alpha_1{}^c(x_i), \alpha_2{}^c(x_i),\cdots, \alpha_{mc}{}^c(x_i)\}$；

$$\begin{aligned}
&求解：A^v(x_i) = \{\alpha_1^v(x_i), \alpha_2^v(x_i), \cdots, \alpha_{n-mc}^v(x_i)\};\\
&目标：\max\{P_s(\alpha_1, \alpha_2, s, \omega_1, \omega_2)\};\\
&约束：\begin{array}{l} g[A^c(x_i), A^v(x_i)] \leqslant 0,\ h[A^c(x_i), A^v(x_i)] = 0;\\ A^v(x_i)^l \leqslant A^v(x_i) \leqslant A^v(x_i)^u. \end{array}
\end{aligned} \tag{8-11}$$

其中，A^c 表示平台常量集，A^v 表示可调节变量集，mc 是平台常量的数量。

产品型谱性能检验步骤分析重构方法所获得产品型谱的合理性与有效性。综合衡量产品平台的非通用性指数 C_N 和由于平台通用所造成的性能损失（相对于独立优化设计），若重构方案的性能损失过大，则返回敏感度分析步骤进行新的平台常量和可调节变量集合的划分。

值得一提的是，参数化产品型谱稳健重构方法也属于分阶段的产品型谱优化设计方法，即先设定多值产品平台，然后求解每个实例产品，最终得到整个产品型谱的设计方案。本章方法能够实现产品平台的多值共享，提高了产品型谱设计的柔性，同时，该方法考虑了平台共享的稳健特征，能够以自底向上的方式支持参数化产品型谱的重构过程。

8.3 混合协同进化的产品型谱优化

针对通用性与设计变量染色体同步进化带来的数据扰动和罚函数约束处理法中罚系数取值的不稳定问题，根据产品型谱数学模型中 C_N 指数与产品性能目标计算相互独立的特点，提出混合协同进化的产品型谱优化重构方法。将通用性与设计变量染色体的进化分别放入主、附两个相关过程。主过程基于多目标进化算法求解平台通用性与产品性能的 Pareto 前沿，附过程基于单目标进化算法并行搜索每个通用性等级下产品型谱的最优规划方案。

8.3.1 非支配排序遗传算法简介

Srinivas 和 Deb 在 1995 年提出了非支配排序遗传算法（nondominated sorting genetic algorithm，NSGA），NSGA 算法对多目标解群体进行逐层分类，每代种群配对之前先按解个体的支配关系进行排序，并引入基于决策向量空间的共享函数法。NSGA 在群体中采用共享机制来保持进化的多样性，共享机制采用一种可认为是退化的适应度值，其计算方式是将该个体的原始适应度值除以该个体周围包围的其他个体数目。NSGA 算法的优化目标数目不限，且允许存在多个不同的 Pareto 最优解，但该算法的主要缺点是计算效率较低，计算复杂度为 $O(MN^3)$（其中，M 为优化目标数量，N 为种群大小），且算法收敛性对共享参数 δ 的取值较敏感，算法的稳定性较差。

Deb 等在 2002 年对原始的 NSGA 进行改进，提出了改进型非支配排序遗传算法（nondominated sorting genetic algorithm Ⅱ，NSGA-Ⅱ），基于快速非支配排序、优势点保持和无外部参数的拥挤距离计算求解多目标优化问题的 Pareto 最优集。密度估计算子用于估计某个个体周围所处的群体密度，方法是计算两个解点之间的距离远近程度。拥挤距离比较算子是为了形成均匀分布的 Pareto 前端，这与原始 NSGA 中共享机制的效果类似，但不再采用小生境参数，提高了算法的鲁棒性。拥挤比较算子需要计算每个个体的非劣级别和拥挤距离值，产生非支配排序结果。拥挤距离排序结果表明，如果两个个体具有不同的非劣级别，则选择级别低的个体；如果两个个体具有相同的非劣级别，则选择具有较大矩形体的个体，因为该个体的邻居距其较远，引导个体向 Pareto 前沿中分散区域进化，增强算法的全局寻优能力。NSGA-Ⅱ算法的计算复杂度为 $O(MN^2)$（其中，M 为优化目标数量，N 为种群大小），具有比 NSGA 更高的运算效率与稳定性，已成功应用于许多工程优化设计问题。

NSGA-Ⅱ算法的流程简述如下：初始种群 P 包括 N 个个体，在变量范围内随机取值。首先依据优化目标与约束条件进行种群排序并计算拥挤距离，然后通过联赛选择、交叉与变异生成中间种群。中间种群与原始种群结合，进行排序计算并选择 N 个个体组成新一代种群，完成一次进化运算。当循环达到预先设定的最大代数时，运算停止并得到该多目标优化问题的 Pareto 最优集。

8.3.2 产品型谱性能混合协同优化的原理

NSGA-Ⅱ算法基于快速非支配排序、优势点保持和无外部参数的拥挤距离计算求解多目标问题的 Pareto 最优集，是一种可靠的多目标进化算法。此外，Kennedy 等提出的 PSO 算法是一种群体智能算法，来源于对鸟群或鱼群觅食行为的模拟，具有高速收敛和易于实现的特点，适合于求解单目标连续变量的优化设计问题，且能够加入有效的多约束处理机制。因此，混合协同进化算法的主过程使用 NSGA-Ⅱ算法，附过程使用 PSO 算法。

混合协同进化的产品型谱重构原理如图 8-4 所示。进化过程中存在两类种群，分别是通用性种群和设计变量种群。通用性种群 Pop_1 包含 M 个个体，每个个体表示不同的平台通用性，记为 $C_1, C_2,\cdots,C_M$。用 NSGA-Ⅱ对 Pop_1 进行运算，以相互冲突的 C_N 指数和产品性能为优化目标，求得多个通用性等级下产品型谱设计的 Pareto 前沿；设计变量种群包括 M 个并列的粒子群，记为 $Swarm_1$, $Swarm_2$, …, $Swarm_M$。每个粒子群 $Swarm_i$ 包括 N 个粒子，对应设计变量染色体。用 PSO 算法并行搜索通用性等级 C_i 下，各实例产品满足约束条件的最优设计变量值。

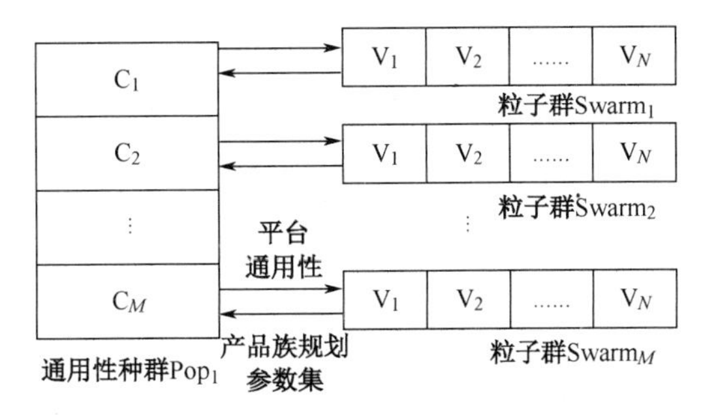

图 8-4 混合协同进化原理示意图

在协同进化过程中，NSGA-Ⅱ首先进行一代通用性染色体的象限交叉、列向量变异运算，生成新的通用性种群。然后，多个粒子群并行进化，其中，每个粒子群进行 G_2 代飞行，返回对应通用性等级下最优的设计变量、性能参数和总约束冲突。若约束冲突量不为 0，说明变量在各实例产品中的该共享方案不合理，NSGA-Ⅱ继续下一代进化。混合协同进化连续运行，直到满足停止条件，如 NSGA-Ⅱ达到指定的最大迭代次数 G_1。

8.3.3 设计变量种群的进化机制

用 PSO 算法求解已知通用性等级下产品型谱的优化重构问题，需满足各实例产品的多个约束条件。使用“可行解优先”的多约束处理方法，对于所有的设计约束，每个解要么是可行的，要么是不可行的。对于两个不同解存在 3 种情况：都可行；都不可行；一个可行，另一个不可行。定义解 i 优于解 j，当且仅当以下条件中的任意一个满足：

（1）解 i 可行而解 j 不可行；

（2）解 i 与解 j 都不可行，但解 i 的约束违反量较小；

（3）解 i 与解 j 均可行且解 i 优于解 j。

将该约束处理原则用于粒子群局部最优值和全局最优值的更新，PSO 算法可将粒子群由初始的不可行区域逐步趋向可行区域，最终将搜索范围限制在可行区域之内，无需额外运算即可对大量设计约束进行有效的处理。

单个粒子群中，PSO 算法在已知通用性等级下求解产品型谱规划方案的运算流程描述如下：

步骤 1 在变量范围$[x_i^{\min}, x_i^{\max}]$和速度范围$[-v_i^{\max}, v_i^{\max}]$（$v_i^{\max} = \alpha(x_i^{\max} - x_i^{\min}), \alpha = 0.2$）内随机生成每个粒子的位置和速度。统一粒子的位置与通用性等级，即根据通用性染色体中列向量的变量共享情况，随机将设计变量的一个值赋给另一个值，生成初始粒子群。

步骤 2 计算每个粒子的目标函数和约束冲突。设粒子局部最优位置与粒子初始位置相同，根据目标函数和约束冲突选择一个粒子作为全局最优位置。

步骤 3 以如下公式更新每个粒子的速度和位置：

$$V_{id} = wV_{id} + c_1 r_1 \left(P_{id} - X_{id}\right) + c_2 r_2 \left(P_{gd} - X_{id}\right) \tag{8-12}$$

$$X_{id} = X_{id} + V_{id} \tag{8-13}$$

式中，c_1, c_2 为常数，称为学习因子；w 为惯性权重；r_1, r_2 为两个[0,1]区间内相互独立的随机数；P_{id} 为单个粒子的局部最优位置，P_{gd} 为粒子群全局最优位置。惯性权重 w 以如下公式随迭代次数线性下降：

$$w = w^{\max} - \frac{w^{\max} - w^{\min}}{Iter^{\max}} \times Iter. \tag{8-14}$$

式中，$w^{\max}$, $w^{\min}$ 分别为惯性权重的最大值和最小值，$Iter^{\max}$ 为最大迭代次数。若粒子速度越界则等于边界值；若粒子位置越界则等于边界值，且速度方向变反。统一粒子的位置与通用性等级。

步骤 4 计算每个粒子的目标函数与约束冲突量。

步骤 5 根据“可行解优先”原则，更新每个粒子的局部最优位置和粒子群全局最优位置。

步骤 6 如果达到指定的迭代次数 G_2，则将全局最优位置的变量值、目标函数和约束冲突返回通用性染色体；否则，迭代次数加 1，返回步骤 3 继续运行。

在主过程通用性染色体生成多个平台通用性等级之后，寻找每个通用性等级下各实例产品的设计参数成为附过程的求解任务。在混合协同进化的产品型谱重构设计中，各设计变量种群 Swarm_1, Swarm_2, …, Swarm_M 的进化相互独立，因此，可采用多线程并行机制加快多个通用性方案的设计寻优过程。

设计变量种群的并行进化流程如图 8-5 所示。对每个设计变量种群，用 CreatThread 函数生成一个 PSO 进化线程，各线程通过消息通信接口（message passing interface，MPI）与通用性染色体传递信息。运算前 MPI 将通用性控制矩阵 $C_{i,p\times n}$ 传入 PSO 线程；PSO 线程以产品平均性能为优化目标，在通用性矩阵、系列产品的设计变量取值范围和设计约束条件的控制之下，实行进化运算；进化完成后 MPI 将设计变量、性能参数和约束冲突量返回通用性染色体，作为该通用性等级下产品型谱的最优规划方案。多个 PSO 线程的结果相组合，得到各通用性等级下产品型谱的最优设计方案。

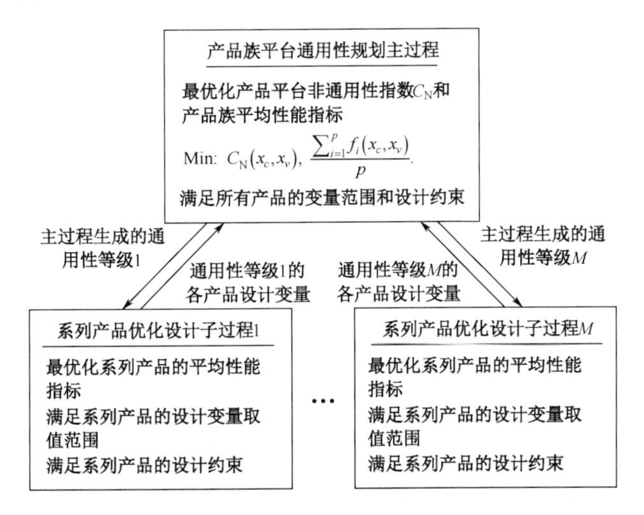

图 8-5 多粒子群的并行进化过程示意图

多线程并行进化机制的优点是，运算时间不会随通用性种群规模的扩大而显著增大，仅与 PSO 算法中使用的种群规模 N 和迭代次数 G_2 有关，相比多粒子群串行进化大幅提高了运算速度，缩短了运算时间。

8.3.4 产品型谱性能混合协同优化的算法实现

基于混合协同进化原理，建立 NSGA-Ⅱ与 PSO 协同进化的产品型谱优化重构流程如图 8-6 所示，其运算步骤描述如下：

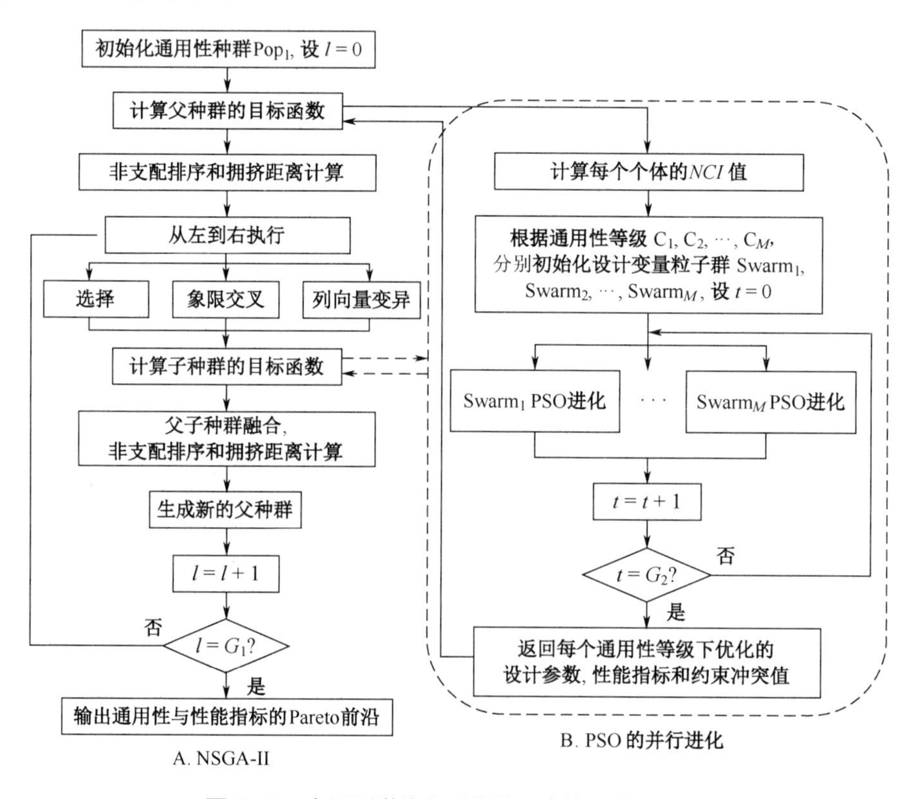

图 8-6　产品型谱优化重构的混合协同进化流程

步骤 1　根据多平台产品型谱的染色体表达方法，随机生成个体数为 M 的种群 Pop_1，初始化通用性种群。

步骤 2　计算父种群中个体的目标函数。首先，根据式（式 8-3）计算每个个体的非通用性指标 C_N；然后，根据 PSO 的并行进化机制，求得每个通用性等级下产品型谱的最优规划方案，包括各实例产品的设计变量值、性能目标值和总约束冲突量。

步骤 3　对种群 Pop_1 进行非支配排序，计算每个个体的拥挤距离。

步骤 4　根据个体支配关系和拥挤距离，进行通用性种群的选择、象限交叉和列向量变异，生成包含 M 个个体的子种群。

步骤 5 采用与步骤 2 相同的方法，计算子种群中个体的目标函数。

步骤 6 父子种群融合，生成包含 $2M$ 个个体的临时种群。对临时种群进行非支配排序和拥挤距离计算，选择优势个体生成包含 M 个个体的新父种群。

习题

1．解释什么是多平台产品型谱设计空间表达，并简述其与单平台设计空间表达的区别。

2．描述二维通用性染色体的象限交叉算子和列向量变异算子的工作原理。

3．解释产品型谱罚函数法（PFPF）如何衡量各实例产品间设计变量的偏差程度。

4．解释通用性指数（CI）如何衡量产品型谱中组件的通用等级，并给出公式。

5．解释参数化产品型谱非通用性指数（NCI）的计算方法，并给出公式。

6．请解释什么是敏感度分析，并说明其在产品型谱设计中的作用。

7．请解释混合协同进化的产品型谱优化重构方法的基本原理。

8．请根据混合协同进化的产品型谱优化重构原理，设计一个简单的产品型谱优化重构算法。

参考文献

[1] 李中凯，谭建荣，冯毅雄，等．基于混合协同进化算法的可调节产品族优化设计[J].计算机集成制造系统，2008，(08): 1457-1465.

[2] 李扬．基于遗传算法的复杂产品优化设计[J]．自动化与仪器仪表，2023，(07): 91-95.

[3] 李阁强，袁畅，王帅，等．基于协同进化多目标遗传算法的复式液压摆动缸结构设计[J]．船舶力学，2022，26(11): 1694-1704.

[4] 周桢尧，许新华，周林．多段圆弧机身剖面设计及参数敏感性分析[C]//中国航空学会．第十届中国航空学会青年科技论坛论文集．航空工业一飞院，2022: 10.

[5] 章培，唐友刚，李焱，等．基于多目标遗传算法的海上铰接式风力机塔架结构参数优化[J]．太阳能学报，2023，44(08): 460-466.

[6] 于文吉，石昌玉，魏明，等. 基于响应面法与 NSGA-Ⅱ的重组竹翻转夹爪优化设计[J]. 包装工程，2023，44(19): 187-195.

[7] 袁霞. 知识驱动的多目标天线拓扑优化设计方法[D]. 长沙：中南大学，2023.

[8] Zheng J, Wang L, Wang J. A cooperative coevolution algorithm for multi-objective fuzzy distributed hybrid flow shop[J]. Knowledge-Based Systems, 2020, 194: 105536.

[9] GUNPINAR E, KHAN S. A multi-criteria based selection method using non-dominated sorting for genetic algorithm based design[J]. Optimization and Engineering, 2019, 21: 1319-1357.

[10] Huo Y L, Hu X B, Chen B Y, et al. A product conceptual design method based on evolutionary game[J]. Machines, 2019, 7(1): 18.

[11] JONGERIUS R, ANGHEL A, DITTMANN G, et al. Analytic multi-core processor model for fast design-space exploration[J]. IEEE Transactions on Computers, 2018, 67: 755-770.

[12] Shieh M D, Li Y, Yang C C. Comparison of multi-objective evolutionary algorithms in hybrid Kansei engineering system for product form design[J]. Advanced Engineering Informatics, 2018, 36: 31-42.

[13] MARINI D, CORNEY J. Concurrent optimization of process parameters and product design variables for near net shape manufacturing processes[J]. Journal of Intelligent Manufacturing, 2020, 32: 611-631.

[14] Askari S. Fuzzy C-means clustering algorithm for data with unequal cluster sizes and contaminated with noise and outliers: Review and development[J]. Expert Systems with Applications, 2021, 165: 113856.

[15] Kala Z. Sensitivity analysis in probabilistic structural design: A comparison of selected techniques[J]. Sustainability, 2020, 12(11): 4788.

[16] GUO J, LIANG J, SHI K, et al. SMTIBEA: a hybrid multi-objective optimization algorithm for configuring large constrained software product lines[J]. Software & Systems Modeling, 2019, 18: 1447-1466.

第9章

基于组件接口的产品多领域异构设计数据集成技术

在当今这个信息技术高速发展的时代，复杂机电产品设计面临着前所未有的挑战和机遇。随着企业生产经营活动和产品全生命周期各环节的不断扩展，使能性能知识的类型、获取渠道以及数据结构变得越来越复杂。这种情况要求设计人员不仅需要处理来自企业不同部门和数据系统的知识，而且还需要跨越企业的边界限制，实现知识的有效集成和应用。因此，开发一种开放、可靠、标准化和可重用的集成工具与技术，对于提高设计效率和设计的准确性，具有至关重要的意义。本章节深入探讨了性能驱动复杂机电产品设计过程中，面向使能性能知识的产品设计需求辨识。通过分析现代信息社会下机电产品设计的复杂性，揭示了使能性能知识集成的重要性。随后，本章介绍了一种新的数据集成组件接口技术，即性能数据应用程序接口（PDAPI），旨在解决面向使能性能知识数据集成的问题。PDAPI 通过定义统一的集成系统模型，提供了一套适应性能驱动产品设计过程的集成解决方案，包括访问层、通道层、完整性层和内核层的设计实现，以及详细的访问方法。产品多领域异构设计数据集成技术对于提升企业的产品设计能力具有重要意义，也为未来机电产品设计的发展方向提供了新的思路和方法。

9.1 面向使能性能知识的产品设计需求辨识

驱动复杂机电产品设计的使能性能知识不再是单一的、独特的，而是一个混合体，如图 9-1 所示。因此，如何将这些种类多样、来源广泛、结构复杂的使能性能知识集成在一起，共同驱动机电产品设计，是完成性能驱动复杂机电产品设计必须解决的重要问题之一。

在企业生产经营的所有活动过程中和产品全生命周期的各个环节，都积累了大量的驱动复杂机电产品设计的使能性能知识数据。性能驱动复杂机电产品设计过程中涉及的各个系统或数据来源，不仅使能性能知识数据的格式和存储方式不尽相同（从简单的文件系统到复杂的网络数据库），而且使能性能知识数据的管理和使用系统也不尽相同（从各种计算机辅助系统，产品数据管理系统到企业资源计划系统），于是在性能驱动复杂机电产品设计过程中形成了众多数据系统，图 9-2 所示为性能驱动复杂机电产品设计过程涉及的多数据系统及相关使能性能知识来源的集成视图。

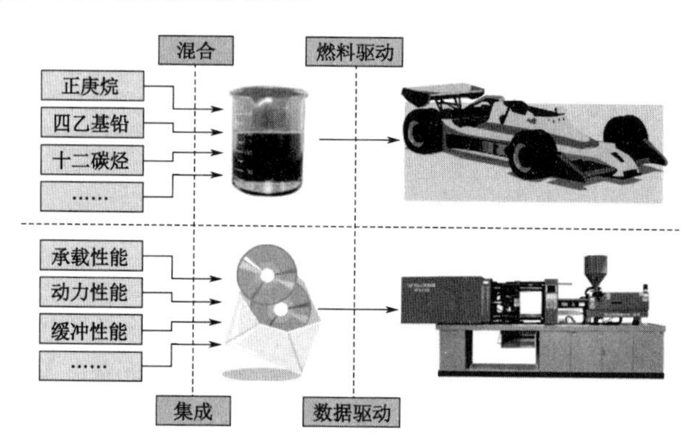

图 9-1 使能性能知识集成示意图

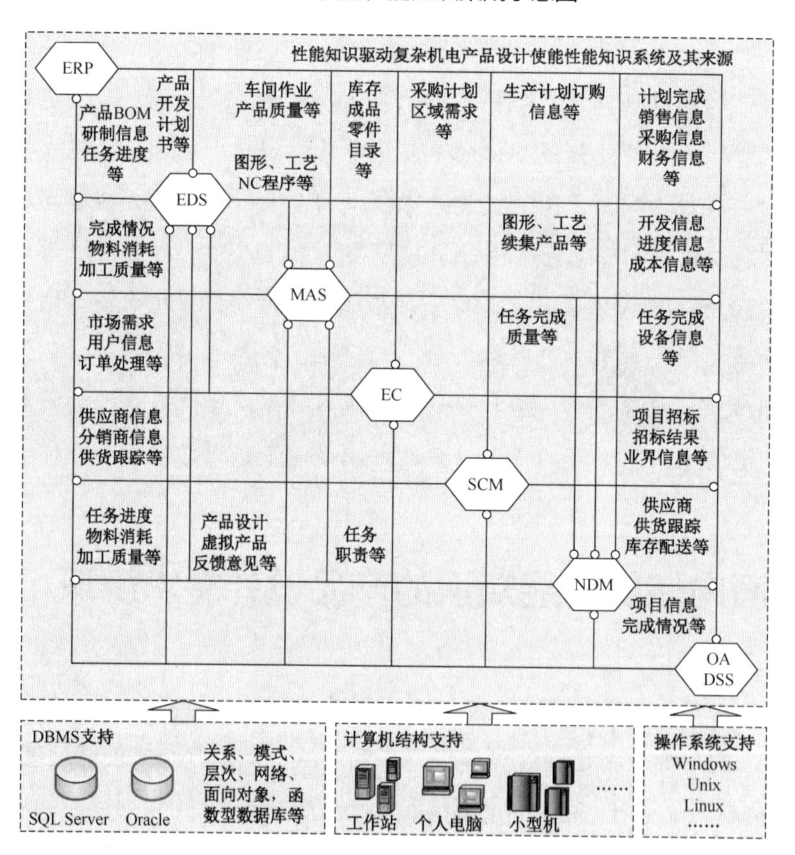

图 9-2 使能性能知识多数据系统及来源集成视图

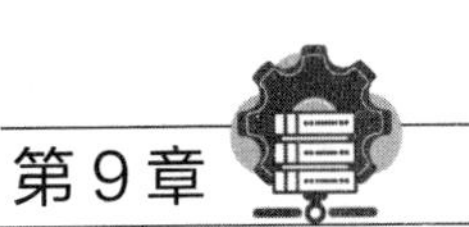

9.1.1 使能性能知识跨领域数据表征形式

性能驱动复杂机电产品设计过程中涉及的各种数据系统或数据来源在各自领域都能正常的工作，但这些多领域数据信息相对独立，不能够实现数据交换与传递，这成为有效驱动复杂机电产品设计进一步发展的瓶颈。因此多领域数据集成已经成为实现性能驱动复杂机电产品设计方法的先决条件之一。性能驱动复杂机电产品设计方法和理论的特点决定了使能性能知识多领域数据集成应满足可靠性、开放性、标准化及可重用的需求。

性能驱动复杂机电产品设计过程中数据的多领域性是由使能性能知识的多学科、多来源和多系统的特点决定的，使能性能知识的多领域主要表现在以下几个方面。

（1）性能驱动复杂机电产品设计过程中使能性能知识所在计算机体系结构呈现多样性。计算机辅助设计实现是现代设计的流行趋势，性能驱动复杂机电产品设计由于需要处理的数据量较大，同样需要计算机的辅助实现，因此在产品设计过程中涉及的各系统需求的计算机体系结构不同，环境中可能存在大型机、小型机、工作站、个人电脑或嵌入式系统等。

（2）性能驱动复杂机电产品设计过程中使能性能知识所在计算机操作系统的多样性。使能性能知识的获取渠道多种多样的，获取的手段也不尽相同，因此在使能性能知识获取的过程中所应用系统的基础操作系统不同，环境中可能同时存在 Unix、Windows NT、Linux 等操作系统。

（3）性能驱动复杂机电产品设计过程中使能性能知识所在系统 DMBS 的多样性。使能性能知识存储各系统的 DMBS 不同，环境中可能是同为关系型数据库系统的 Oracle、SQL Server 等，也可能是不同数据模型的数据库，如关系、模式、层次、网络、面向对象和函数型数据库等。

9.1.2 使能性能知识多学科数据约束表征

使能性能知识多领域数据的表现形式多种多样，为了更好地实现性能驱动复杂机电产品设计全过程，充分利用使能性能知识，提高性能驱动复杂机电产品设计的效率和准确性，在实现使能性能知识所在多领域数据集成的前提下，不影响独立系统的正常运行和操作，使能性能知识多领域数据集成的实现技术需要满足以下约束。

（1）自我包容。性能驱动复杂机电产品设计过程中，使能性能知识多领域数据所在系统的集成接口应当可独立进行接口的配置，以单元化、模块化的形式构建，各个集成接口相互分离，使能性能知识数据互不影响，不应当因为其中来源于某个系统，使能性能知识数据的错误导致整个使能性能知识集成数据出现错误，满足使能性能知识多领域数据集成的可靠性需求。

（2）沟通协作。性能驱动复杂机电产品设计过程中，使能性能知识多领域数据所在系统的集成接口应强调与环境的分离，尽量避免使能性能知识多领域数据集成接口的相互制约，但可以尽力集成接口间的协作条件，也可以根据机电产品设计为使能性能知识的需求提供良好的沟通协作方式，使能性能知识所在的多领域数据集成接口具有良好的开放性。

（3）复合使用。性能驱动复杂机电产品设计过程中，使能性能知识多领域数据所在系统的集成接口技术的体系结构应当在集成环境中便于在绝大部分系统集成时使用并实现，具有普遍适应性。因此，需要使能性能知识多领域数据集成接口在实现过程中满足并具有清楚的接口实现规范和机制，提高使能性能知识数据集成接口的适用性，满足集成接口的标准化需求。

（4）不可持续。性能驱动复杂机电产品设计过程中，使能性能知识多领域数据所在系统的集成接口不应当有个体特有的属性，还需要有接口使用的状态标识。使能性能知识集成接口的状态可以实时反馈，在使用完毕之后应及时中断对相关集成接口的占用，并且不应当与使能性能知识集成接口自身的副本有区别或不同，应满足集成接口的可重用需求。

9.2　面向使能性能知识的多学科数据接口

系统组件接口技术是软件系统内可标识的，符合一定标准要求的构成成分，它类似机械工业中的“键”。系统组件接口可以提供一组可靠的、开放的、标准的及可重用的系统集成接口模块。利用组件接口技术可以有效实现性能驱动复杂机电产品设计过程中使能性能知识多领域数据所在系统的集成。

9.2.1　使能性能知识多学科数据接口的语义解释

性能驱动复杂机电产品设计过程中，使能性能知识多领域数据所在系统的集成接口可以被看作一个基本的、独立的数据计算和数据处理单元，具有特定的内部状态，并且提供了一组操作对这个状态进行读写，以便达到使能性能知识多领域数据集成的目的。

为了满足性能驱动复杂机电产品设计过程中使能性能知识多领域数据所在系统集成接口的集成约束，需要对组件结构进行规范的语义描述。

性能驱动复杂机电产品设计过程中使能性能知识多领域数据所在系统集成接口的描述包括入口、解析和执行三个部分。采用“0 阶描述”突出组件接口的语义特征。

性能驱动复杂机电产品设计过程中，使能性能知识多领域数据所在系统集成接口的执行对技术人员通常是不可见的。由集成接口的入口和解析提供组件接口外部视图的抽象描述，组件集成接口的入口和解析是进行使能性能知识多领域数据集成的唯一依据。使能性能知识集成接口的具体语义描述如下。

（1）入口：描述在性能驱动复杂机电产品设计过程中使能性能知识多领域数据所在系统间调用某一个操作。

通过入口可获得使能性能知识集成操作的名字和类型。组件集成接口中所有的读写操作的名字，读写操作名字集合的交集必需为空。在性能驱动复杂机电产品设计过程中使能性能知识多领域数据所在系统集成接口之间应当建立“精炼”关系。抽象类型 ID 入口语义可被描述为：

```
TYPE
   ID,
   Interface*::
      R: Name-set
      W: Name-set,
   Interface={|n: Interface*⊙D(n)∩W(n)=Φ|}

VALUE
   MP: Interface Interface→Boolean
   MP(n1,n2)≡R(n1) R(n2)∧W(n1) W(n2)
```

（2）解析：描述性能驱动复杂机电产品设计过程中使能性能知识多领域数据所在系统间集成操作特性的确定。

通过解析可获得使能性能知识集成操作的特性。使能性能知识集成操作的特性有：

真值——realvalue；

原子名——atom(n)；

反属性——rev(p)；

合属性——con(p1,p2)；

暗指属性——allu(p1,p2)。

一个解析包含一个初始特性和一组对应每一个写操作的特性对，解析中的所有特性都建立在该使能性能知识集成组件接口的读操作的基础上。抽象类型 RESOLUTION 解析语义可被描述为：

```
TYPE
   RESOLUTION::
      Define: Character-set
      Exp: Name→Character Character,

VALUE
```

```
        {
            Characters: RESOLUTION→Character-set
            Interface: RESOLUTION→Interface
        }
            Interface(s) as n of W(n)=Exp(p)∧R(n)= {i|i:Name⊙ c:Character⊙c∈
Characters(p)∧i∈Name(c)}
```

（3）执行：描述性能驱动复杂机电产品设计过程中使能性能知识多领域数据所在系统集成的过程。

通过执行可以获得性能驱动复杂机电产品设计过程中使能性能知识多领域数据所在系统集成的结果。一个执行包括对使能性能知识集成读写操作的定义、操作结果反馈及对应组件集成接口的入口和解析。其中，组件接口、读操作和写操作的名字交集必须为空，读操作的实现建立在组件接口及其读操作名字的基础上，写操作的实现建立在组件接口及其写操作名字的基础上。抽象类型 PERFORM 执行语义可被描述为：

```
        TYPE
        PERFORM*::
        {
               R: Name→Character
               W: Name→Program
               S: Name→RESOLUTION,
               }
            PERFORM={|n: PERFORM*⊙isw(n)|}

        VALUE
            Isw: PERFORM*→Boolean
            Isw(n)≡S(n)∩R(n)∩W(n)=Φ
        And
        {
        s,s1,s2: Name⊙(s∈R(n)∧(s1,s2)∈Name(R(n)(s)  →s1∈S(n)∧s2∈
R(Interface(S(n)(s1)))
        }
        And
        {
        (n∈W(n)∧(s1,s2)∈Name(W(n)(s)→s1∈S(n)∧s2∈R(Interface(S(n)(s1)))
        }
        And
        s2∈Exp(S(n)( s1))))
```

9.2.2 使能性能知识多学科数据接口的系统架构

实现性能驱动复杂机电产品设计方法，需要一个庞大的使能性能知识数据系统群，这些系统必然需要进行系统间的集成和交互，这些使能性能知识多领域数据可通过组件接口技术进行集成。使能性能知识所在系统的集成操作请求通过相应系统软件的组件集成接口的入口接收指令和需求，通过组件集成接口的解析操作，分别唤醒对应的执行程序来满足性能驱动复杂机电产品设计过程中对使能性能知识集成操作的请求。

使能性能知识多领域数据组件接口可以实现性能驱动的复杂机电产品设计全过程对机电产品使能性能知识的需求，因为符合规范语义描述的组件集成接口技术满足使能性能知识集成的约束条件，主要体现在以下几方面。

（1）由于组件集成接口的入口和解析是进行使能性能知识多领域数据集成的唯一依据，因此组件集成接口应满足自我包容的约束条件。

（2）组件接口技术可以有多个入口，分别接受不同类型使能性能知识数据的集成请求，这样就避免了性能驱动复杂机电产品设计复杂的使能性能知识数据类型带来的集成困难，并且满足了沟通与协作的约束条件。

（3）组件集成接口入口的定义是有一定标准的，具有清楚的定义规范，可以满足复合使用的约束条件。

（4）通过组件接口的解析，可实现产品设计过程中使能性能知识在不同层次的集成，实现使能性能知识的集成变得更加灵活，并且可以满足不可持续的约束条件。

由此可以看出，组件集成接口技术完全可以满足性能驱动的复杂机电产品设计的集成需求。性能驱动复杂机电产品设计过程中，使能性能知识多领域数据所在系统集成组件接口模型如图 9-3 所示。

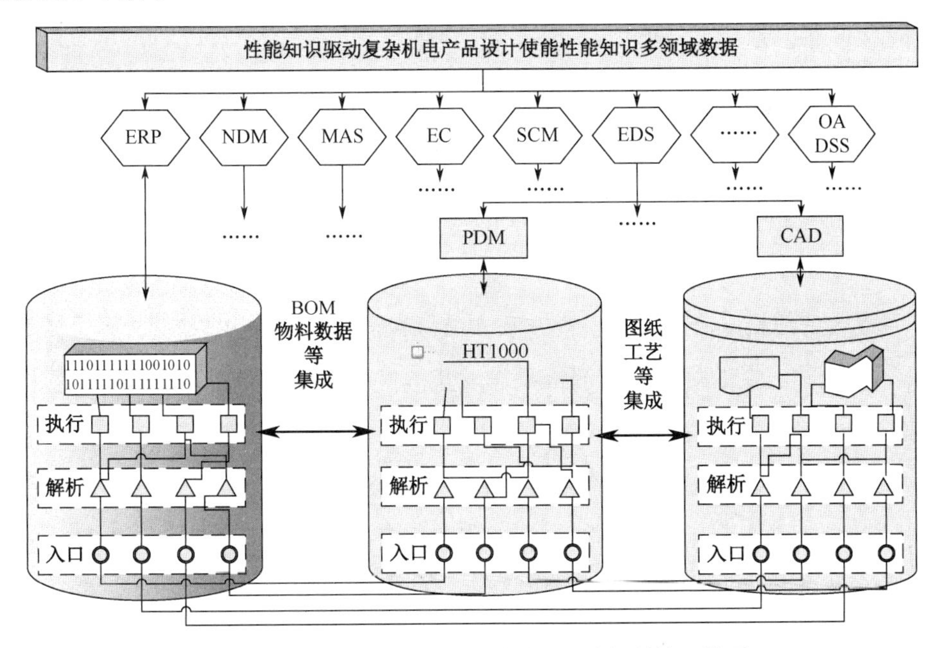

图 9-3 使能性能知识多领域数据集成组件接口模型

9.3 使能性能知识的多领域数据集成

组件 PDAPI 技术基于机电产品使能性能知识对象概念，如性能驱动的复杂机电产品设计过程中需要的来自产品数据管理系统中物料相关使能性能知识和客户关系管理系统中的销售订单对使能性能知识的需求就是代表一个或一组使能性能知识的对象。

9.3.1 使能性能知识多学科数据接口的执行

组件 PDAPI 技术封装了机电产品使能性能知识对象间的底层使能性能知识数据和多领域数据集成的实现过程。为了满足性能驱动复杂机电产品设计所需使能性能知识集成接口的自我包容、沟通协作、复合使用和不可持续的约束条件，机电产品使能性能知识多领域数据集成的组件 PDAPI 实现结构如图 9-4 所示。

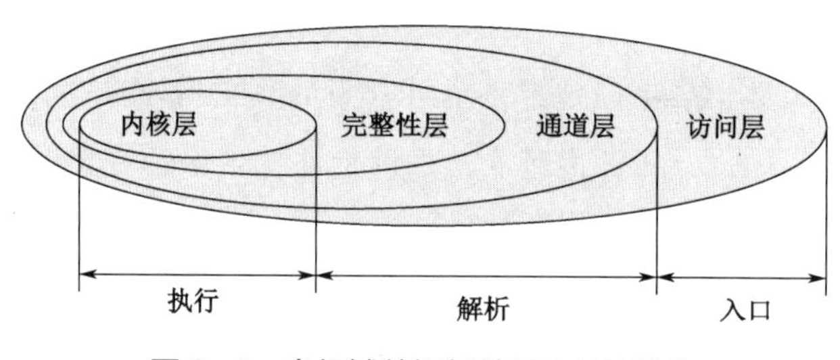

图 9-4 多领域数据组件 PDAPI 结构

（1）访问层。包含机电产品使能性能知识多领域数据集成组件 PDAPI 的一个或多个入口，必须符合标准的命名规范，并且定义允许外部访问使能性能知识对象数据的方式、方法和权限。

（2）通道层。对机电产品使能性能知识多领域数据集成组件 PDAPI 访问层接收的数据进行判断，并且按配置的规则进行解析操作，获得机电产品使能性能知识集成操作的特性或特性集合。

（3）完整性层。对机电产品使能性能知识多领域数据集成组件 PDAPI 解析获得的集成操作特性或特性集合进行正确性验证，判断获得的解析数据是否完备。保持机电产品使能性能知识对象集成操作关于使能性能知识数据的值或值域的强制约束条件。保持数据的完整性，避免使能性能知识数据的丢失。

（4）内核层。通过机电产品使能性能知识多领域数据集成组件 PDAPI 解析获得的集成操作特性或特性集合，唤醒相应的集成操作执行程序，访问底层使能性能知识数据并进行处理，实现系统集成。

性能驱动复杂机电产品设计使能性能知识多领域数据集成组件 PDAPI 设计实现需要使用的主要工具有数据字典、系统功能模块库和使能性能知识对象库。组件 PDAPI 访问层由使能性能知识对象库支持并实现，通道层和完整性层由功能模块库来支撑并实现，内核层则直接面对系统底层数据结构，即数据字典。组件 PDAPI 通常被性能驱动复杂机电产品设计过程中涉及的多领域数据的远程调用模块所实现。

对于性能驱动复杂机电产品设计过程中多领域数据的组件 PDAPI 实现，必须满足如下条件。

（1）事务原则。性能驱动复杂机电产品设计过程中，多领域数据的组件 PDAPI 实现必须满足使能性能知识集成接口实现的约束条件，即自我包容、沟通协作、复合使用和不可持续。

（2）调用形式。性能驱动复杂机电产品设计过程中，在多领域数据的组件 PDAPI 实现过程中，从其他领域数据系统读取数据或交互操作界面时，组件 PDAPI 需同步调用。但是，在一个或多个使能性能知识所在多领域数据间交换数据时，组件 PDAPI 需异步调用。

（3）屏幕输出。性能驱动复杂机电产品设计过程中，多领域数据的组件 PDAPI 实现对组件 PDAPI 自身和所有被组件 PDAPI 调用的使能性能知识所在多领域数据相关系统的功能都必须不产生屏幕的输出。

（4）错误处理。性能驱动复杂机电产品设计过程中，多领域数据相关系统的组件 PDAPI 实现要具备完善的错误处理机制和错误信息反馈体系，出现使能性能知识多领域数据集成错误时不允许自动退出程序的现象发生。

（5）性能优化。性能驱动复杂机电产品设计过程中，多领域数据相关系统的组件 PDAPI 实现需要使用完全的 IF 条件最小化传输的数据，尽量减少对底层使能性能知识数据库的访问，锁的粒度要与使能性能知识对象保持一致。

9.3.2 使能性能知识多学科数据接口的应用

访问机电产品使能性能知识多领域数据组件 PDAPI 的途径有 3 种方式，分别是 IDOC 文档、SOAP 协议及 JAVA、C#、PowerBuilder 等程序控件，也可以是具体情况建立的程序模块。具体访问方法如图 9-5 所示。

在性能驱动复杂机电产品设计使能性能知识多领域数据相关系统集成采用组件 PDAPI 技术有如下优点。

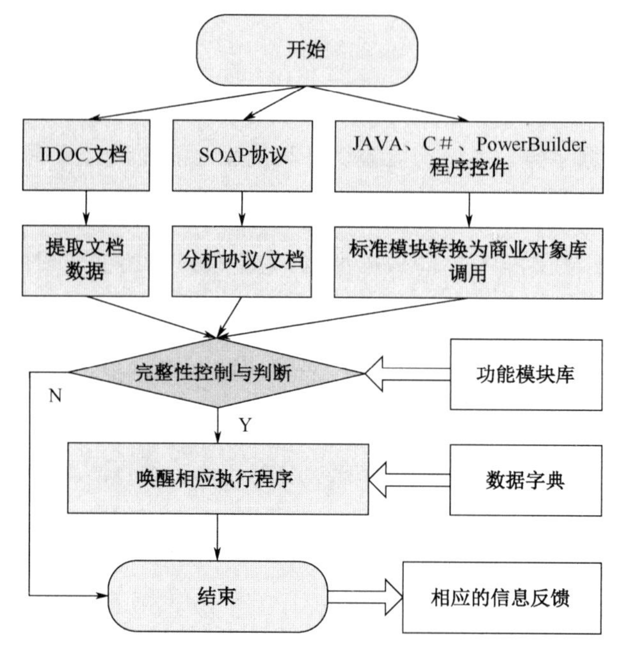

图 9-5　多领域数据集成组件 PDAPI 访问

（1）方便访问层设定集成标准，容易实现性能驱动复杂机电产品设计使能性能知识多领域数据相关系统集成的标准化。

（2）由于完整性层的存在，使能性能知识多领域数据相关系统集成组件 PDAPI 的稳定性和可靠性提高。

（3）使能性能知识对象库的设计使访问使能性能知识多领域数据相关系统集成组件 PDAPI 与具体的访问技术分离，不限制使用具体的编程技术与数据类型，具有较强的可重用性。

（4）可使用所有支持远程调用协议的开发平台访问，实现使能性能知识多领域数据相关系统的集成，体现了较好的开放性。

（5）内核层完全封装，保证系统底层使能性能知识数据的安全，并实现对底层使能性能知识数据结构的严格保密。

习题

1．解释什么是使能性能知识以及它在机电产品设计中的作用。

2．描述性能驱动复杂机电产品设计的三个主要特点。

3．解释电子数据接口技术（EDI）在数据集成中的应用及其局限性。

4．详述可扩展标记语言（XML）如何促进多领域数据的交换和集成。

5．产品数据交换标准技术（STEP）在机电产品设计中的应用是什么？

6．解释产品数据交换与集成标准（PDML）是如何在CAD系统间实现数据集成的。

7．描述性能数据应用程序接口（PDAPI）的体系结构及其在数据集成中的作用。

8．使能性能知识多领域数据集成需要满足哪些约束条件？

参考文献

[1] 冯毅雄，洪兆溪，李中凯，等．不确定视角下产品结构性能优化设计综述与展望[J]．包装工程，2021，42(24): 45-59.

[2] 胡昊文，陈灯红，王乾峰，等．基于比例边界有限元法计算应力强度因子的不确定量化分析[J]．振动与冲击，2024，43(5): 250-259.

[3] 黄文建，刘放，李晨晖，等．基于代理模型的柔性机械臂区间不确定性分析[J]．计算力学学报，2024: 1-7.

[4] 罗杰，康杰，孙嘉宝，等．基于随机子空间识别的模态参数不确定性量化方法[J]．振动与冲击，2024，43(8): 272-279.

[5] 郑智剑，钱婷婷，钱咪，等．液压快换接头压力降-流量特性试验台的设计及不确定度分析[J]．机床与液压，2024，52(6): 47-51.

[6] 杜鼎新，王栋．载荷方向不确定条件下结构动态稳健性拓扑优化设计[J]．力学学报，2023，55(11): 2588-2598.

[7] LI Y, CHEN H, ZHAO Z. An integrated identification approach of agile engineering characteristics considering sensitive customer requirements[J]. Cirp Journal of Manufacturing Science and Technology, 2021, 35: 13-24.

[8] LONG X, MAO D L, JIANG C, et a1. Unified uncertainty analysis under probabilistic, evidence, fuzzy and interval uncertainties[J]. Computer Methods in Applied Mechanics and Engineering, 2019.

[9] SHIMOMURA Y, NEMOTO Y, ISHⅡ T, et a1. A method for identifying customer orientations and requirements for product–service systems design[J]. International Journal of Production Research, 2018, 56: 2585-2595.

[10] MA H, CHU X, XUE D, et a1. Identification of to-be-improved components for redesign of complex products and systems based on fuzzy QFD and FMEA[J]. Journal of Intelligent Manufacturing, 2019, 30: 623-639.

[11] ZHAO S, ZHANG Q, PENG Z, et a1. Integrating customer requirements into customized product configuration design based on Kano's model[J]. Journal of Intelligent Manufacturing, 2020, 31: 597-613.

[12] PENG X, LIU Z YU, XU X, et a1. Nonparametric uncertainty representation method with different insufficient data from two sources[J]. Structural and Multidisciplinary Optimization, 2018, 58: 1947-1960.

[13] LIU C, JIA G, KONG J. Requirement-oriented engineering characteristic identification for a sustainable product–service system: A Multi-Method Approach[J]. Sustainability, 2020.

[14] ABRAHAM S, TSIRIKOGLOU P, MIRANDA J, et a1. Spectral representation of stochastic field data using sparse polynomial chaos expansions[J]. J. Comput. Phys., 2018, 367: 109-120.

[15] JOHNSON D B, BOGLE I. A quantitative risk analysis approach to a process sequence under uncertainty - A case study[J]. Comput. Chem. Eng., 2019, 126: 1-21.

第10章

基于组合优化的产品质量规划与供应链构建技术

在当前全球化经济的大背景下，企业面临着前所未有的市场竞争压力。产品的质量、成本和交货速度（Q&C&D）成为企业提升自身竞争力、扩大市场份额的关键。随着知识工程、稳健设计、数字化虚拟样机等先进技术和管理理念的推广应用，企业拥有了更多的手段来高效响应客户需求，并在激烈的市场竞争中脱颖而出。在大批量定制的生产模式中，供应商的角色愈发显著，他们不仅是外部资源的提供者，更是企业产品研发和制造过程中的重要合作伙伴。实际调研显示，在产品总成本中，与供应商相关的采购成本常常占据半壁江山，尤其是在大批量定制产品的生产中，零部件的供应商更是构成了产品成本和质量的决定性因素。因此，如何精选合适的供应商和供货方案，以提升产品品质，成为构建高效供应链的核心。本章针对大批量定制产品质量规划中存在的挑战，提出了一种结合产品质量规划与供应链构建的组合优化技术。这一技术的提出，不仅填补了传统方法在零部件质量、成本及交货期综合优化和供应商评价方面的不足，而且为大批量定制企业提供了一种新的策略框架。本章内容分为两个阶段：首先，通过多目标优化对大批量定制产品的零部件质量规划进行细致分析，旨在找到整体性能最优的零部件组合方案。这一过程采用 Epsilon—强度 Pareto 多目标进化算法进行优化，以获取有限且高效的解集。其次，进行供应链动态多属性决策评价，利用基于伯努利预测的模糊动态多属性决策模型对最优解集中的供应商进行全面评价，进而确定最佳的供应商与零部件规划方案。本章作为本书的重要组成部分，不仅连接了产品设计与供应链管理的实践，还为读者提供了一个理论与实际相结合的视角来理解大批量定制生产模式下的企业运营。通过本章的学习，读者将能够更深刻地认识到供应链优化在提升企业竞争力中的作用，并掌握实现这一目标的先进方法和策略。

10.1 定制产品零部件尺度质量规划及供应链构建的问题分析

为了实现大批量定制的产品质量规划与供应链构建目标，首先要深入分析零部件尺度质量规划与供应链关系的问题，明确从本质上而言，供应商参与下的大批量定制产品产品优化设计是一个不确定环境下多目标优化问题，在此过程中产品方案的规划涉及零部件优选和供应商评价两个层面。首先对大批量定制产品零部件尺度质量规划与供应链关系的基本问题进行系统描述，建立起对应 Pareto 思想的多目标优化数学模型。

10.1.1 零部件尺度质量规划与供应链关系的基本问题描述

生产商在确定产品的功能结构后，一般都会明确产品的质量、成本预算和最迟交货期等设计任务，进而甄选合理的供应商。假设在供应商参与下的空气压缩机规划过程中，M 表示组成空气压缩机的零部件个数，N_p 为可参与第 p 种零部件研发的供应商数量。对空气压缩机的零部件进行优化选择时，如果决策变量 $\psi_{p,q}=1$，表示零部件 p 由第 q 个供应商进行研发，否则 $\psi_{p,q}=0$。质量、成本、交货期是空气压缩机生产企业选择供应商普遍采用的最重要的定量标准，利用变量 $c_{p,q}$、$m_{p,q}$ 和 $d_{p,q}$ 分别表示第 q 个供应商提供的零部件 p 的成本、质量和交货期。其中，变量 p 和 q 满足：$1\leqslant p\leqslant M$，$1\leqslant q\leqslant N_p$。由于空气压缩机在质量控制方面，各零部件对系统整体质量可靠性的贡献程度不同，所以设定第 p 种零部件的权重为 w_p，且满足 $\sum_{p=1}^{M} w_p=1$，w_p 的取值可由层次分析法确定或采用焦明海等使用的质量功能展开法来确定。以 η_p 表示零部件 p 的失效概率密度函数，利用质量分布函数 $\partial(\eta_p)$ 表示零部件 p 的可靠性模型。以大批量定制的空气压缩机为例，以其总成本 C、质量 Q（为使表达具有统一性，取（10-2）式的相反数）、交货期 D 为目标函数，构建空气压缩机质量优化设计的多目标模型如下：

$$\min C(\psi_{p,q})=\sum_{p=1}^{M}\sum_{q\in N_p}\psi_{p,q}c_{p,q}[(1+\psi_{p,q})^3+2(1-\psi_{p,q})^2-1] \tag{10-1}$$

$$\min Q\left(\psi_{p,q}\right)=-\sum_{p=1}^{M}\sum_{q\in N_p}\partial(\eta_p)\int_{o_2}^{o_1}\eta_p dx w_p\psi_{p,q}m_{p,q}[(1+\psi_{p,q})^3+2(1-\psi_{p,q})^2-1] \tag{10-2}$$

$$\min D(\psi_{p,q})=\sum_{p=1}^{M}\sum_{q\in N_p}\psi_{p,q}d_{p,q}[(1+\psi_{p,q})^3+2(1-\psi_{p,q})^2-1] \tag{10-3}$$

并且满足以下约束条件：

$$\text{s.t.} \quad C(\psi_{p,q}) \leqslant C^* \leqslant \sum_{p=1}^{M}\sum_{q\in N_p} \max(c_{p,q}) \tag{10-4}$$

$$Q(\psi_{p,q}) \geqslant Q^* \geqslant \max_{p}(m_p^*) \tag{10-5}$$

$$m_{p,q} \geqslant m_p^* \partial(\eta_p)\int_{o_2}^{o_1}\eta_p dx \,,\quad \forall\, 1\leqslant p\leqslant M,\ 1\leqslant q\leqslant N_p \tag{10-6}$$

$$D(\psi_{p,q}) \leqslant D^* \leqslant \sum_{p=1}^{M}\sum_{q\in N_p} \max(d_{p,q}) \tag{10-7}$$

$$\sum_{q=1}^{N_p}\psi_{p,q} = 1 \,,\quad \forall\, 1\leqslant p\leqslant M,\ 1\leqslant q\leqslant N_p \tag{10-8}$$

式中：C^* 为空气压缩机的预算成本；Q^* 为空气压缩机的质量最低可靠值；D^* 为空气压缩机的交货期；O_1 为空气压缩机可靠性概率上限值；O_2 为空气压缩机可靠性概率下限值。

需要指出的是，除了满足空气压缩机的系统质量最低可靠值条件外，每种零部件的质量可靠值也必须保证不低于单个零部件的可靠性阀值 m_p^*。

10.1.2 零部件尺度质量控制多目标规划的 Pareto 优化思想

在上一节中，构建了以 $C(\psi_{p,q})$、$Q(\psi_{p,q})$、$D(\psi_{p,q})$等三个目标最小化的多目标优化模型。这三个优化目标是指导供应商供货的通用化和基本性要求。然而在实际应用时，企业对供应商的供货需求远非如此。例如，董景峰提出了交货提前期最小化的要求；焦明海还对供应商提出了供货重量最小化的要求等。企业对供应商的要求可谓林林总总，难以一言囊括。基于此，本文将供应商参与下的零部件组合优化模型进行拓展。这样一来，一方面使得拓展后的多目标优化模型具有通用性和普适性；另一方面，可以将支配、Pareto 前沿等概念和机理引入优化过程中。为不失一般性，供应商参与下的零部件组合优化模型可以表达为：

$$\min F(x) = [f_1(x),\cdots,f_k(x),\cdots,f_K(x)] \,,\quad k = 1,2,\cdots,K \tag{10-9}$$

$$\text{s.t.} \quad g_j(x) \leqslant 0 \,,\quad j = 1,2,\cdots,J \tag{10-10}$$

$$h_j(x) = 0 \,,\quad j = J+1, J+2,\cdots,L \tag{10-11}$$

式中：$f_k(x)$是第 k 个目标函数。接下来给出相关的基本概念。x 必须要满足定义 1 和法则 1。

定义 1：对于最小化问题，若决策状态空间 X 中的任意两个决策向量 x 和 z 满足法则 1，则称 x 支配 z，亦称 x 优于 z，记作 $x \prec z$；

法则 1：对于任意 $a \in \{1, 2, \cdots, K\}$，如果不等式 $f_a(x) \leqslant f_a(z)$都成立，那么至少存在一

个 $b \in \{1, 2, \cdots, K\}$，使得 $f_b(x) < f_b(z)$严格成立。

10.2 定制产品的零部件尺度质量优化控制

在构建供应商参与下的大批量定制产品的方案优化数学模型的基础上，将适应性约束处理机制引入 SPEA2 后用于求解该多目标优化模型，实现定制产品的零部件尺度质量优化控制。

10.2.1 基于 SPEA2 的定制产品零部件编码方式

算法领域的权威科学家 Zitzler 创新性地提出了著名的第二代强度帕累托进化算法（improved strength pareto evolutionary algorithm，SPEA2）。该算法需要人为设置的参数较少，具有高效的优化性能和计算速度，而且轻易地就能够获得分布均匀的 Pareto 前沿；SPEA2 与大量成熟的多目标优化算法如 NSGA Ⅱ、MOEA2、MOPSO 等相比具有诸多明显的优势，因此在自动控制、水资源调度、卫星云图、航空航天、产品族模块规划、流体力学、数据挖掘等众多科技领域中得到成功广泛的应用。

然而传统的 SPEA2 算法在维护目标函数空间的广阔性和算法收敛速度等方面仍然还存在不尽如人意的地方。针对这类问题，算法领域的另一位知名学者 Deb 引入了 Epsilon（简记为 ε）策略，并已将其用于改进 NSGA Ⅱ。Deb 提出的 ε 策略经过分析验证后得到同领域学者的赞同和推广。因此，本文将 ε 策略引入 SPEA2 后（简称 ε-SPEA2）求解供应商参与下的产品方案多目标优化设计问题。

在求解空气压缩机零部件组合方案的多目标优化模型过程中，如何将 $\wp_{p,q}$ 有效地表达成基因是 ε-SPEA2 编码工作的核心。以 $\wp_{p,q}$ 进化至第 Gen 代时直接表达为一个长度为 N_p 的二进制基因片段 $\wp_{p,q}(Gen)$。布尔编码方式可以清楚地表达空气压缩机零部件与供应商的供货关系。

10.2.2 定制产品零部件尺度质量优化的约束处理

处理优化算法中的约束问题一直是算法领域的一个难点和重点。比较常用的方法是通过构造惩罚函数来降低违背约束的不可行解的适应度或直接排除不可行解，从而将有约束优化问题转化为无约束优化问题。但如何解决惩罚函数中惩罚系数取值受摄动因素影响这一难点，却一直都是优化问题的瓶颈；另一方面，构建不合理、不恰当的惩罚函数将会对

算法的计算速度产生消极的影响。

Woldesenbet 针对这些问题，通过适应度主导原理来动态计算算法进化过程中各个解的原始适应度，并采用约束违反度来衡量每个不可行解违反约束的程度。基于此，借鉴这一约束处理的先进思想，将适应度主导原理和约束违反度引入 ε-SPEA2 算法。定义任意解 z 的约束违反度为：

$$Y(z)=(1-R_f)\frac{1}{L}\sum_{j=1}^{L}\frac{c_j(z)}{c_{\max}^j} \tag{10-12}$$

式中：
$$c_j(z)=\begin{cases}\max(0,g_j(z)) & j=1,\cdots,J\\ \max(0,|h_j(z)|-\delta) & j=J+1,\cdots,L\end{cases},$$

$$c_{\max}^j=\max_z c_j(z)$$

$c_j(z)$ 式中，δ 为等式约束容差值，可以按照动态约束可行比率 R_f 来取值，也可以按照实际情况进行取值。

下文将约束违反度 $Y(z)$ 包含在适应度的计算模型中。

10.2.3 基于 SPEA2 的定制产品质量控制优化模型求解

步骤 1：对 ε-SPEA2 的基本参数进行初始化。以 10.2.1 节的编码方式对“零部件—供应商”选择关系 $\wp_{p,q}$ 进行编码。设定算法初始进化代数 Gen=0，最大进化代数 Gen_max；交叉重组概率 P_{c}，变异概率 P_{m}。随机产生初始的内部群体 U_0，构造一个空的档案（archive）容器 V_0。算法运行至任意代数 Gen 时，内部种群 U_{Gen} 的最大容积为 E，档案容器 V_{Gen} 的最大容积为 Đ。Gen=0 时，保证 card(U_0)=E，card(V_0)=Φ。其中，card(•)表示集合的势函数，Φ 表示空。

步骤 2：计算内部种群 U_{Gen} 与档案容器 V_{Gen} 中各染色体在进化到第 *Gen* 代时的适应度。首先给 U_{Gen} 和 V_{Gen} 中的任意染色体 z^i 都分配一个压力值 $\Omega(z^i)$：

$$\Omega(z^i)=\mathrm{card}\left(\left\{j\mid z^j\in(U_{\mathrm{Gen}}\cup V_{\mathrm{Gen}})\wedge(z^i\prec z^j)\right\}\right) \tag{10-13}$$

式中：$\Omega(z^i)$ 代表 z^i 所支配的个体数。“$\wedge$”是数理逻辑中的合取符号。z^i 的基本适应度 $\nabla(z^i)$ 可以表达为：

$$\nabla(z^i)=\sum_j\left\{\Omega(z^j)\middle| z^j\in(U_{\mathrm{Gen}}\cup V_{\mathrm{Gen}})\wedge z^j\prec z^i\right\} \tag{10-14}$$

兼顾各个染色体的密集排斥作用，将密集度指标 $\Theta(z^i)$ 带入染色体的基本适应度 $\nabla(z^i)$ 中进行计算。$\Theta(z^i)$ 表示由“k-最近邻方法”所定义的 z^i 的密集度指标进行计算。考虑到约束违反度 $Y(z^i)$ 对算法的影响，定义全面的适应度函数 $\Gamma(z^i)$ 为：

$$\Gamma(z^i)=\frac{1-Y(z^i)}{\nabla(z^i)+\Theta(z^i)} \tag{10-15}$$

$\Gamma(z^i)$ 值越大说明综合性能 z^i 越优，反之亦然。

步骤 3：将 U_{Gen} 和 V_{Gen} 中所有非支配个体进行复制后归档到 $V_{\text{Gen}+1}$ 中。若 card($V_{\text{Gen}+1}$)<Đ，则从 U_{Gen} 和 V_{Gen} 中选择适应度最大的 Đ-card($V_{\text{Gen}+1}$)非支配性个体补充到 $V_{\text{Gen}+1}$ 中，即：

$$\left\{j \mid z^j \in (U_{\text{Gen}} \cup V_{\text{Gen}}) \wedge \max_{\text{Đ}-\text{card}(V_{\text{Gen}+1})}\left(\Gamma(z^j)\right)\right\} \Rightarrow V_{Gen+1}$$

若 card($V_{\text{Gen}+1}$)>Đ，为了防止种群退化利用基于网格向量的精英保留策略以便控制 $V_{\text{Gen}+1}$ 的规模直至 card($V_{\text{Gen}+1}$)= Đ 为止。

步骤 4：算法终止状态判断。检查算法计数器，若当前代数 Gen ⩾ Gen_max，则整个算法终止，并将 $V_{\text{Gen}+1}$ 中的 Opt_num 个 Pareto 最优解组成的 Pareto 前沿作为优化结果输出；否则，继续执行步骤 5。

步骤 5：对档案容器 $V_{\text{Gen}+1}$ 执行锦标赛算法来选择适应度最优的染色体添充到交配池中，从而更新 $V_{\text{Gen}+1}$ 并且保持新生代群体旺盛的生命力。

步骤 6：利用 ε 支配关系对 V_{Gen} 和 $V_{\text{Gen}+1}$ 中的染色体进行比较，选择较优者进入 $U_{\text{Gen}+1}$。如果互为不可支配，则随机选择一个较优者对交配池中个体实施重组和变异操作，产生的新个体进入 $U_{\text{Gen}+1}$。同时更新记录算法进化代数的计数器，即 Gen = Gen + 1。随后，算法执行**步骤 2**。

经过 ε-SPEA2 算法求解所产生的 Pareto 前沿中的每个 Pareto 最优解均代表了一个可行的空气压缩机零部件组合方案。这样一来，这些 Pareto 最优解不仅满足下游生产商规定的零部件质量、成本、交货期等要求，而且空气压缩机组合方案的数量也被缩小到了有限数量 Opt_num 个。下面利用模糊动态多属性决策方法对 Opt_num 个 Pareto 最优解所代表的空气压缩机零部件组合方案中的所有供应商进行评价，进而筛选出最优的零部件组合方案和相对应的供应商。

10.3 定制产品供应商的动态多属性评价与选择

针对供应商评价的现存问题，考虑供应商在大批量定制产品的供货过程中行为表现的不确定性和动态性（如供应商信誉度、售后服务、供货的合格率和交货的及时性等），利用伯努利拟合预测模型和傅里叶修正算法获得供应商供货表现的预测值，结合历史数据对供应商进行全面、客观的评价。

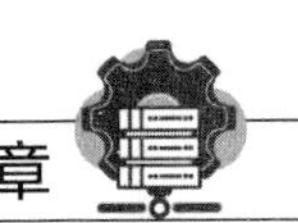

10.3.1　供应商评价的基本问题描述

评价供应商在供货过程中的行为表现可以描述为这样一个动态多属性决策过程：给定一组供应商集合 Providers={PR_1，PR_2，…，PR_m}由 m 个供应商组成。根据决策需要确定评价供应商的 n 个属性集合 A={a_1，a_2，…，a_n}及其权重集合 W={λ_1，λ_2，…，λ_n}。生产商的产品研发部门在每次每种型号的空气压缩机开发完成并交付最终客户后，都会对供应商进行全面的评价。这样的事后评价过程比较客观、准确，因为当产品经过装配、调整、试车及维护等一系列程序后，供应商供货行为的优劣表现便可以得到清楚、有效的检验。

为方便评价，研发人员利用模糊语义变量对每个供应商的各个属性进行判断。假设给定的模糊语义变量个数为 H，第 $h(1\leqslant h\leqslant \text{H})$个模糊语义变量的含义为诸如“好”“较好”“一般”“较差”“差”等此类。对于已有的 T 次供货评价记录来说，关于供应商 i 的第 j 个属性在第 $t(1\leqslant t\leqslant \text{T})$次供货后的评价结果可记为 $\beta_{i,j}(t)$。$\beta_{i,j}(t)$ 的取值可利用公式（10-16）进行计算后获得。

$$\beta_{i,j}(t)=\lambda_j\int\mu_{i,j}^{t}(x_h^L)\mathrm{d}x+(1-\lambda_j)\int\mu_{i,j}^{t}(x_h^R)\mathrm{d}x \tag{10-16}$$

式中：$\mu_{i,j}^{t}(x_h^L)$、$\mu_{i,j}^{t}(x_h^R)$ 分别表示第 h 个模糊语义变量的左、右边界隶属度，可以由模糊数学相关的知识确定，而整个积分的上下限可以由设计人员根据经验来确定。

于是每次评价后都可以形成一个评价矩阵。为了不失一般性，第 $t(1\leqslant t\leqslant T)$次供货后的供应商多属性决策评价矩阵可以表达为 B^t。

$$B^t=\begin{bmatrix}\beta_{1,1}(t) & \cdots & \beta_{1,j}(t) & \cdots & \beta_{1,n}(t)\\ \vdots & & \vdots & & \vdots\\ \beta_{i,1}(t) & & \beta_{i,j}(t) & & \beta_{i,n}(t)\\ \vdots & & \vdots & & \vdots\\ \beta_{m,1}(t) & \cdots & \beta_{m,j}(t) & \cdots & \beta_{m,n}(t)\end{bmatrix}$$

在得到 T 个评价矩阵后，下面利用数学拟合模型对其进行数据挖掘和预测进而得到当下第 T+1 时刻的供应商评价矩阵 B^{T+1}。

10.3.2　基于伯努利拟合的供应商评价属性值预测方法

统计学家 Cullen 首次提出的伯努利时间序列拟合预测模型（bernoulli times series fit predict model）通过傅里叶算法进行误差频谱多相修正，具有所需样本量小、人为输入参数少，预测精度高等特点。Hsu 通过实验分析证明了伯努利模型比灰色系统、神经网络、支持向量机、多元回归模型等通用预测模型具有明显优势。因此，该模型在失业率预测、集成电路性能预测、客户需求预测、股票市场分析等多种专家系统实施过程中所发挥的作用已初见端倪。受上述文献的启发，利用伯努利模型对供应商的评价属性进行预测从而获得当下 T+1 时刻的供应商评价矩阵 B^{T+1}。

下面以第 i 个供应商 PR_i 的第 j 个评价属性 a_j 为例来说明评价过程。根据邓聚龙、Hsu 的描述，具体评价过程如下：

步骤 1：以 $\beta_{i,j}(1),\beta_{i,j}(2),\cdots,\beta_{i,j}(T)$ 为原始训练数据进行拟合。表示方便起见，令 $\beta_{i,j}(t)=y^{(0)}(t)$ $(1\leqslant t\leqslant \mathrm{T})$。记 $y^{(0)}$为 T 元序列，$y^{(0)}=[y^{(0)}(1),y^{(0)}(2),\cdots,y^{(0)}(T)]$，$T$ 为已有的供货次数且 $T\geqslant 4$。对 $y^{(0)}$中的元素做累加操作，即：

$$y^{(1)}(t)=\sum_{i=1}^{t}y^{(0)}(t),\quad t=1,2,\cdots,T \tag{10-17}$$

经过累加操作后得到 $y^{(1)}=[y^{(1)}(1),y^{(1)}(2),\cdots,y^{(1)}(t),\cdots,y^{(1)}(T)]$，则 $y^{(1)}$ 就是 $y^{(0)}$ 的累加序列。构建伯努利微积分方程：

$$\int_{t-1}^{t}\frac{\partial y^{(1)}(t)}{\partial t}\mathrm{d}t+a\int_{t-1}^{t}y^{(1)}(t)\mathrm{d}t=b \tag{10-18}$$

式中：a、b 是待求解参数。

步骤 2：根据序列 $y^{(0)}$ 和 $y^{(1)}$ 求得 $u^{(1)}$，即：

$$u^{(1)}(t)=\frac{y^{(0)}(t)}{\ln\dfrac{y^{(0)}(t)}{y^{(0)}(t-1)}}+y^{(1)}(t)-\frac{\left(y^{(0)}(t)\right)^2}{y^{(0)}(t)-y^{(0)}(t-1)} \tag{10-19}$$

步骤 3：由龙格-库塔（Runge-Kutta）方法，求解参数 a、b 的数值。

$$\begin{bmatrix}a\\b\end{bmatrix}=(B^TB)^{-1}B^TY_N \tag{10-20}$$

式中：$B=\begin{bmatrix}-u^{(1)}(2) & 1\\ -u^{(1)}(3) & 1\\ \vdots & \vdots\\ -u^{(1)}(T) & 1\end{bmatrix}, Y_N=[y^{(0)}(2),y^{(0)}(3),\cdots,y^{(0)}(T)]$

步骤 4：构建伯努利模型的指数响应形式为：

$$\hat{y}^{(1)}(t+1)=\left[\left(y^{(0)}(1)-\frac{b}{a}\right)e^{-a(t-1)}+\frac{b}{a}\right] \tag{10-21}$$

对 $\hat{y}^{(1)}(t+1)$ 做累减生成 $\hat{y}^{(0)}(t+1)$，即：

$$\hat{y}^{(0)}(t+1)=\hat{y}^{(1)}(t+1)-\hat{y}^{(1)}(t),\quad t=1,2,\cdots,T \tag{10-22}$$

式中：$\hat{y}^{(0)}(t+1)$ 为原始数据序列 $y^{(0)}(t)$ 的下一个时刻 $t+1$ 的预测值。

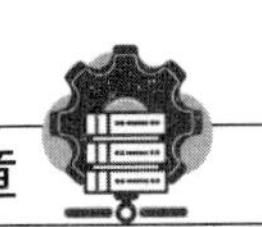

步骤 5：为提高数据拟合的精度，利用傅里叶（Fourier）修正法对任意 $t(t \geqslant 4)$时刻的预测值 $\hat{y}^{(0)}(t)$ 进行修正，修正后的预测值记为 $\hat{y}_*^{(0)}(t)$ 可以表达为：

$$\hat{y}_*^{(0)}(t) = \hat{y}^{(0)}(t) - \gamma^0(t) \tag{10-23}$$

式中：$\gamma^0(t)$ 是 t 时刻的误差项并且可以表达为傅里叶级数：

$$\gamma^{(0)}(t) = \frac{1}{2}a_0 + \sum_{i=1}^{k_a}\left[a_i \cos\left(\frac{i2\pi}{T}t\right) + b_i \sin\left(\frac{i2\pi}{T}t\right)\right] \tag{10-24}$$

式中：傅里叶系数矢量 $W=[a_0，a_1，b_1，a_2，b_2，\cdots，a_{k_a}，b_{k_a}]^{\mathrm{T}}$ 由公式（10-25）进行计算获得。

$$W = (F^T F)^{-1} F^T E^{(0)} \tag{10-25}$$

式中：$E^{(0)} = [E^{(0)}(2),\cdots,E^{(0)}(t),\cdots,E^{(0)}(n)]^T$ 是残差序列矢量，$E^{(0)}(t)$ 满足关系：

$$E^{(0)}(t) = y^{(1)}(t) - \hat{y}^{(1)}(t) \tag{10-26}$$

F 是傅里叶矩阵，可以表达为：

$$F = \begin{bmatrix} \frac{1}{2} & \cos\left(2\frac{2\pi\times 1}{T}\right) & \sin\left(2\frac{2\pi\times 1}{T}\right) & \cos\left(2\frac{2\pi\times 2}{T}\right) & \sin\left(2\frac{2\pi\times 2}{T}\right) & \cdots & \cos\left(2\frac{2\pi\times k_a}{T}\right) & \sin\left(2\frac{2\pi\times k_a}{T}\right) \\ \frac{1}{2} & \cos\left(3\frac{2\pi\times 1}{T}\right) & \sin\left(3\frac{2\pi\times 1}{T}\right) & \cos\left(3\frac{2\pi\times 2}{T}\right) & \sin\left(3\frac{2\pi\times 2}{T}\right) & \cdots & \cos\left(3\frac{2\pi\times k_a}{T}\right) & \sin\left(3\frac{2\pi\times k_a}{T}\right) \\ \vdots & \vdots & \vdots & \vdots & \vdots & \cdots & \vdots & \vdots \\ \frac{1}{2} & \cos\left(n\frac{2\pi\times 1}{T}\right) & \sin\left(n\frac{2\pi\times 1}{T}\right) & \cos\left(n\frac{2\pi\times 2}{T}\right) & \sin\left(n\frac{2\pi\times 2}{T}\right) & \cdots & \cos\left(n\frac{2\pi\times k_a}{T}\right) & \sin\left(n\frac{2\pi\times k_a}{T}\right) \end{bmatrix} \tag{10-27}$$

经过以上五个步骤的计算所得到的 $t+1$ 时刻的预测值 $\hat{y}_*^{(0)}(t+1)$ 就可以作为第 i 个供应商关于属性 j 的评价值 $\beta_{i,j}(t+1)$，即满足关系式：

$$\beta_{i,j}(t+1) = \hat{y}_*^{(0)}(t+1) \tag{10-28}$$

10.3.3　基于动态 VIKOR 的供应商综合评价方法

VIKOR（VlseKriterijumska Optimizacija I Kompromisno Resenje）决策方法是由南斯拉夫学者 Opricovic 和台湾学者 Tzeng 联合首次提出的一种多属性决策模型。与 TOPSIS 具有一定类似性，VIKOR 也是基于正负理想点的决策方法，但 VIKOR 兼顾到各属性之间可能具有相互冲突性而试图寻找一个妥协式的折中解（trade-off）。由于 VIKOR 用于决策时考虑问题更贴近实际而受到越来越广泛的关注，因此将 VIKOR 模型用于供应商的供货评价中。

利用 VIKOR 决策方法来评价和优选供应商的具体步骤如下：

步骤 1：确定正负理想解。对于零部件 p 而言，m 个供应商中关于第 j 个属性在第 t 次供货时期评价值的正理想解为：

$$\eta_j^+ = \left\{\max_t\left[\max_i\left(\beta_{i,j}(t)\right)\right]\middle| j=1,2,\cdots,n;t=1,2\cdots,T,T+1\right\} \tag{10-29}$$

负理想解为：

$$\eta_j^+ = \left\{\max_t \left[\max_i \left(\beta_{i,j}(t)\right)\right] \middle| j=1,2,\cdots,n; t=1,2\cdots,T,T+1\right\} \tag{10-30}$$

式中：$\beta_{i,j}(T+1)$ 的值由 10.3.2 节的伯努利预测方法得到，即 $\beta_{i,j}(t+1)=\hat{y}_*^{(0)}(t+1)$。

步骤 2：计算各供应商在各个供货时期的最大效用值 $\chi_i(t)$ 和最小遗憾值 $\psi_i(t)$

$$\chi_i(t) = \sum_{j=1}^{n} \frac{w_j(\eta_j^+ - \beta_{i,j}(t))}{(\eta_j^+ - \eta_j^-)} \tag{10-31}$$

$$\psi_i(t) = \max_j \left[\frac{w_j(\eta_j^+ - \beta_{i,j}(t))}{(\eta_j^+ - \eta_j^-)}\right] \tag{10-32}$$

式中：

$$\chi^+ = \max_t\left[\max_i(\chi_i(t))\right]; \quad \chi^- = \min_t\left[\min_i(\chi_i(t))\right];$$

$$\psi^- = \min_t\left[\min_i(\psi_i(t))\right]; \quad \psi^+ = \max_t\left[\max_i(\psi_i(t))\right]$$

步骤 3：计算各供应商 i 在第 t 次供货时期的 VIKOR 值 $\theta_i(t)$

$$\theta_i(t) = \sigma(t)\left[\frac{\chi_i - \chi^-}{\chi^+ - \chi_i}\right] + (1-\sigma(t))\left[\frac{\psi_i - \psi^-}{\psi^+ - \psi_i}\right] \tag{10-33}$$

式中：σ 表示决策机制系数，若 σ 大于 0.5，则表示根据最大化群体效益所占比例最大的方式来制定决策；若 σ 近似 0.5，则表示根据均衡折中的方式来制定决策；若 σ 小于 0.5 时，则表示根据最小化个别遗憾占比较大的方式来制定决策。在决策环境中，我们根据供货时期动态设定 σ 取值记为 $\sigma(t)$。综合而言，$\theta_i(t)$ 值越大说明供应商在同一时期与其他供应商相比，综合评价越高、供货质量越高。

步骤 4：计算各供应商 i 的综合评价值。参照历史数据并结合预测值对供应商进行全面的评价，得到供应商的综合评价值为：

$$\upsilon_i = \sum_{t=1}^{T+1} \theta_i(t) \tag{10-34}$$

υ_i 值越大说明供应商在整个供货历史及未来的发展趋势中所具有的竞争力和供货质量就越优。

10.3.4 从 Pareto 前沿中优选供应商的实施方法

本文的供应商评价涉及多个零部件，而每个零部件又对应多个供应商，因此需要对每种零部件进行供货的多个供应商进行评价。假设经 ε-SPEA2 优化并得到 Opt_num 个 Pareto 最优解所代表的产品零部件组合方案。此时，零部件 $p(1 \leqslant p \leqslant M$，$M$ 是产品的零部件数量) 对应的供应商数量被缩小到 $\mathbb{Z}_p$ 个，即 $\mathbb{Z}_p \leqslant N_p$（$N_p$ 是上文 10.2.1 节中未经 ε-SPEA2 优化的能提供零部件 p 的供应商数量）。对于任意零部件 p 而言，首先按照 10.3.1 节的评价方式对 $\mathbb{Z}_p$ 个供应商在不同供货时期的各评价属性进行评价。利用伯努利预测模型预测后结合历

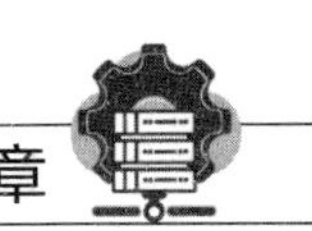

史供货评价数据，按照公式（10-33）计算得到 $\mathbb{Z}_p$ 个供应商的评价值，第 $I_p(1 \leqslant I_p \leqslant \mathbb{Z}_p)$ 个供应商的评价值记为 υ_{I_p} 。对 $\mathbb{Z}_p$ 个供应商进行优劣排序从而为零部件 p 选择最优的供应商 V_p^* 。如此循环 M 次，对 Opt_num 个 Pareto 解所涉及到的供应商进行优选，直到获得每个零部件最佳的供应商组成矢量[V_1^*，V_2^*，…，V_p^*…，V_M^*]为止。

习题

1．描述在大批量定制环境下，供应商选择对产品质量、成本和交货速度（Q&C&D）的影响，并讨论如何评估供应商在这三个方面的表现。

2．阐述多目标优化在大批量定制产品零部件质量规划中的作用，并说明为什么选择 Epsilon—强度 Pareto 多目标进化算法进行优化。

3．以一个实际案例为基础，设计一个供应链构建的模拟项目，包括供应商选择、成本估算和交货期规划，并分析其对产品最终 Q&C&D 的影响。

4．基于本章内容，讨论在供应链中实施动态多属性决策评价的必要性和优势。

5．设计并描述一个实验或案例研究，用以验证基于伯努利预测的模糊动态多属性决策模型的有效性和准确性。

6．解释如何结合产品质量规划与供应链构建的组合优化技术，以优化大批量定制产品的整体性能和成本效益。

7．讨论在实施供应链优化时可能遇到的挑战，包括数据收集、模型选择、算法应用的难点，并提出可能的解决方案。

8．假设你是一家企业的供应链经理，提出一个详细的方案，说明如何采用本章提出的技术来改进当前的供应链管理，并预期该方案可能带来的结果和潜在的风险。

参考文献

[1] 杨珍云．基于供应链的航天装备质量风险管理研究[J]．现代商贸工业，2024，45(12): 42-43.

[2] 苏志晶．质量管理体系在企业发展战略中的应用分析[J]．产品可靠性报告，2024(03): 59-61.

[3] 杨明明，石琦霞，罗海龙．供应商质量管理体系的优化与实施[J]．铁路采购与物流，2024，19(03): 32-35.

[4] 刘继云，叶柱棠，钟嘉薇，等．企业质量创新与技术创新的关系[J]．大众标准化，2024(03): 37-39.

[5] 张永平，左颖，刘博，等．数字孪生车间制造运营管理平台[J]．计算机集成制造系统，2024，30(01): 1-13.

[6] 王莹，刘捷，陈智．物流 4.0 背景下物流岗位数字化能力框架与提升路径研究[J]．物流工程与管理，2024，46(01): 16-20.

[7] 王磊，宋磊，刘宇骁，等．基于推动质量建设的库存管理体系构建[J]．中国市场，2023(30): 179-182.

[8] 王磊，宋磊，刘宇骁，等．基于物流管理的供应链质量管理研究[J]．中国市场，2023(29): 179-182.

[9] CHAU K Y, TANG Y M, LIU X, et al. Investigation of critical success factors for improving supply chain quality management in manufacturing[J]. Enterprise Information Systems, 2021, 15(10):1418-1437.

[10] KADLUBEK M. Supply chain in the strategic approach with the aspect of quality[J]. International Journal for Quality Research, 2022, 16(4):1255-1268.

[11] LE S, WU J, ZHONG J. Relationship quality and supply chain quality performance: The effect of supply chain integration in hotel industry[J]. Computational Intelligence, 2021, 37(3):1388-1404.

[12] SELEPE R L, MAKINDE O A. Analysis of factors and solutions to poor supply chain quality in a manufacturing organization[J]. Journal of Transport and Supply Chain Management, 2024, 18:a989.

[13] WANG Q, SHANG J. Analysis of the quality improvement path of supply chain management under the background of Industry 4.0[J]. International Journal of Technology Management, 2023, 91(1-2):1-18.

[14] XU G, LIU H, ZHOU K, et al. Cause-related marketing strategy in supply chain considering quality differentiation[J]. Journal of Systems Science and Systems Engineering, 2023, 32(2):152-174.

[15] ZHANG W, SU Q. Quality visibility improvement with effort alignment and cost-sharing policies in a food supply chain[J]. Mathematical Problems in Engineering, 2020:8918139.

第11章

数据驱动在产品设计中的应用案例

本章内容主要围绕数据驱动在产品设计中的应用案例展开，旨在向学生展示如何利用数据驱动技术提升产品设计的质量和效率。首先，章节11.1详细介绍了数控加工中心的细分需求建模。这部分内容帮助学生理解如何通过细化客户需求，提取和优化质量特性来提升数控加工中心的整体性能。接着，章节11.2探讨了数据驱动的大型注塑装备设计系统。这部分内容旨在展示如何通过数据驱动技术实现大型注塑装备设计的智能化与高效化。章节11.3则集中于复杂锻压装备性能的设计及工程应用。这些内容提供了复杂锻压装备在工程应用中的详细案例，有助于学生理解其设计过程和性能评估方法。章节11.4介绍了高速乘客电梯的模块置换设计。这部分内容将高速乘客电梯的设计过程与模块化设计理念结合起来，强调了定制化需求在设计中的重要性。最后，章节11.5论述了大型分设备质量控制系统的集成与实现，这部分内容展示了一个完整的质量控制系统的设计与实现过程，强调了系统集成的重要性及其在实际应用中的效果。通过这些案例的介绍，可以看出数据驱动设计不仅是书本上、论文中讨论的概念，而且已经切实存在于现实生活和工作中；实现数据驱动设计，既有技术方面的问题，也有管理方面的问题，需要将两者结合起来系统的加以考虑，才能真正体现数据驱动设计的优越性。总体而言，本章通过具体案例详细介绍了数据驱动技术在不同类型产品设计中的应用方法和效果，为学生提供了理论结合实践的学习素材，旨在提高其在产品设计中的数据分析与应用能力。

11.1 数控加工中心的细分需求建模

数控加工中心种类多，市场需求量大，客户需求的差异性较明显。研究客户群的需求特点并有针对性地提取数控加工中心的质量特性，是企业进行数控加工中心大批量定制的基础，可帮助企业更有效地面向特定细分市场提供满足客户需求的数控加工中心。

11.1.1 数控加工中心客户需求群划分

针对数控加工中心特点，首先由客户和企业技术人员分别给出各自选出的客户需求特征，然后分析各需求特征之间的关系，通过讨论对初选的需求特征进行筛选，最后选定客户需求选取价格、结构类型、加工精度等 8 个需求特征，需求特征及其取值参照表 11-1 规定，各需求特征的权重值如表 11-2 所示。以编号为 KHBH-ZJ-20040042 的客户需求为例，其对产品的需求可以需求物元形式表示如下：

$$\mathrm{CU}=\begin{bmatrix} \mathrm{CR}_{\mathrm{KHBH-ZJ-20040042}} & \mathrm{Identify\_Attrib} & \mathrm{CU\_KHBH-ZJ-20040042} \\ & \text{价格} & [1.2,1.6] \\ & \text{结构类型} & 3 \\ & \text{加工精度} & [300,400] \\ & \text{加工效率} & 2 \\ & \text{维护成本} & 4 \\ & \text{设备噪声} & 1 \\ & \text{能耗情况} & 4 \\ & \text{自动化程度} & 3 \end{bmatrix}$$

表 11-1　需求特征取值对照表

需求特征	特征量值	量值描述
价格（r_1）	[0.1,50000]万	0.1～50000 万的区间数
结构类型（r_2）	{1、2、3}	对应{卧式、立式、龙门式}
加工精度（r_3）	{1、2、3、4、5}	对应{极低、较低、一般、较高、极高}
加工效率（r_4）	{1、2、3、4、5}	对应{极低、较低、一般、较高、极高}
维护成本（r_5）	{1、2、3、4、5}	对应{极低、较低、一般、较高、极高}
设备噪声（r_6）	{1、2、3、4、5}	对应{极小、较小、一般、较大、极高}
能耗情况（r_7）	{1、2、3、4、5}	对应{极低、较低、一般、较高、极高}
自动化程度（r_8）	{1、2、3、4、5}	对应{极低、较低、一般、较高、极高}

表 11-2　需求特征权重

需求特征	r_1	r_1	r_2	r_3	r_3	r_5	r_6	r_7	r_8
权重	0.2214	0.2214	0.0437	0.1456	0.1742	0.1185	0.0812	0.1305	0.0849

选取浙江省的 20 个客户的需求数据，结果如表 11-3 所示。

表 11-3　客户需求特征数据

客户序号	r_1	r_2	r_3	r_4	r_5	r_6	r_7	r_8
1	[120,160]	3	3	3	4	2	5	2
2	[26,30]	2	3	4	2	4	1	5

续表

客户序号	r_1	r_2	r_3	r_4	r_5	r_6	r_7	r_8
3	[38,39]	1	4	3	2	2	1	1
⋮	⋮	⋮	⋮	⋮	⋮	⋮	⋮	⋮
19	[15,22]	2	3	1	2	3	2	5
20	[0.8,2.1]	2	2	3	2	4	1	2

将 20 个客户需求作为数据对象随机分布在 30×30 的二维网格上，设定种群规模 $\text{Num}_{\text{ant}}=40$，循环次数 $T_{\max}=300$，$\alpha=0.45$，$\lambda=3$。在蚂蚁移动过程中将 2×2 的网格区域作为局部面积，在该区域上的数据对象隐含了对象的相似性。蚂蚁的移动速度 $v=1.8$；$v_{\max}=5$。经过运算，聚类结果如图 11-1 所示。平均聚类适度值 ζ 的变化情况如图 11-2 所示，从图中可知，ζ 收敛于 0.8102，说明所得聚类结果是最优聚类。由此，浙江省的 20 个客户可细分为 4 个客户群，其聚类划分为{1，4，6，7，12，16，18}、{3，11，15，17}、{9，10，14，19}和{2，5，8，13，20}。

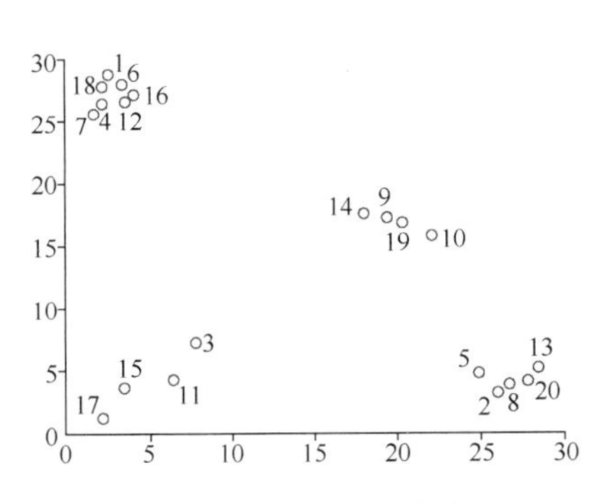

图 11-1　客户需求聚类结果

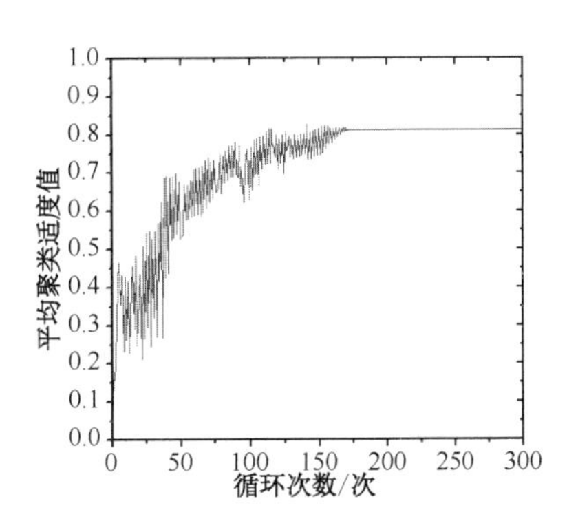

图 11-2　平均聚类适度值变化趋势

11.1.2　数控加工中心质量特性提取

为满足特定客户群的需求，企业有必要从客户需求中提取产品质量特性，以设计生产出符合该客户群要求的定制产品。现以 9.1.2 节中的客户需求群划分结果为基础，选取客户群体{3，11，15，17}为研究对象，提取相应的产品质量特性，从而提供产品设计依据。

通过分析该客户群的需求特征及其量值，归纳得出以下五项客户需求：加工效率一般（CR_1），维护成本较低（CR_2），设备噪声较小（CR_3），能耗低（CR_4），自动化程度低（CR_5），根据上述客户需求确定相应的六项质量特性为：主轴电机功率（EC_1），最大输出扭矩（EC_2），进给电机功率（EC_3），控制方式（EC_4），导轨形式（EC_5），刀库规格（EC_6）。

按照评价信息转化规则，将客户对需求特征的评价转化为客户信念度结构表达。转化后的评价结果如表 11-4 所示。为表示方便，各信念度的百分比直接采用小数表示。

表 11-4　客户需求特征的评价信念度

客户需求（*CR*）	客户需求群			
	客户 3（CUS1）	客户 11（CUS2）	客户 15（CUS3）	客户 17（CUS4）
CR_1	(8,1)	(8,1)	(8,0.8) (6,0.2)	(8,1)
CR_2	(8,0.7) (6,0.3)	(6,0.8) (4,0.2)	(8,0.6) (6,0.4)	(8,0.7) (6,0.3)
CR_3	(6,0.8) (4,0.1) (ϕ,0.1)	(2,0.5) (0,0.5)	(4,0.6) (2,0.3) (ϕ,0.1)	(2,0.5) (ϕ,0.5)
CR_4	(8,0.3) (6,0.6) (4,0.1)	(8,0.4) (6,0.6)	(6,1)	(2,1)
CR_5	(4,0.8) (2,0.2)	(2,1)	(4,1)	(ϕ,1)

通过公司对客户价值判断分析，确定四位客户重要性权值分别为 η_1=0.3、η_2=0.3、η_3=0.2、η_4=0.2；可得客户群对 CR_i 的评价期望效用值为 $Z(CR_1)$=6.92，$Z(CR_2)$=5.82，$Z(CR_3)$=2.3，$Z(CR_4)$=4.59，$Z(CR_5)$=2.1。可得各客户需求的重要度为 w_1=0.32，w_2=0.26，w_3=0.11，w_4=0.21，w_5=0.1。

为进一步分析质量特性，确定出参与产品研发的四位 QFD 团队专家 EX_1、EX_2、EX_3、EX_4 的权重依次为 ϑ_1=0.2，ϑ_2=0.3，ϑ_3=0.1，ϑ_4=0.4。QFD 团队专家 EX_1、EX_2、EX_3、EX_4 评价五项需求与六项质量特性关联关系的证据信念结构如表 11-5 所示。得 $Z(EC_k)$=5.72，$Z(EC_k)$=6.04，$Z(EC_k)$=4.57，$Z(EC_k)$=2.68，$Z(EC_k)$=3.71，$Z(EC_k)$=1.83。由此得到质量特性的初始重要度为 ϖ_1=0.23，ϖ_2=0.25，ϖ_3=0.19，ϖ_4=0.11，ϖ_5=0.15，ϖ_6=0.07。

表 11-5　客户需求与质量特性的信念度

需求特征	专家团队	EC_1	EC_2	EC_3	EC_4	EC_5	EC_6
CR_1	EX_1	(8,1)	(8,0.7) (6,0.3)	(8,0.8) (4,0.2)	(6,0.1) (4,0.9)	(4,0.7) (2,0.3)	(1,0.7) (0,0.3)
	EX_2	(8,0.8) (6,0.2)	(8,0.8) (4,0.2)	(6,0.7) (4,0.3)	(6,0.6) (4,0.3) (2,0.1)	(6,0.1) (4,0.5) (2,0.4)	(6,0.1) (4,0.2) (2,0.7)
	EX_3	(8,0.7) (4,0.3)	(8,0.6) (6,0.3) (4,0.1)	(8,0.6) (6,0.2) (4,0.2)	(4,0.8) (2,0.2)	(6,0.4) (4,0.6)	(2,1)
	EX_4	(8,1)	(8,1)	(6,0.8) (4,0.2)	(6,0.5) (4,0.5)	(6,0.2) (4,0.8) (6,0.2)	(6,0.2) (4,0.7) (2,0.1)
……	……	……	……	……	……	……	……

续表

需求特征	专家团队	EC$_1$	EC$_2$	EC$_3$	EC$_4$	EC$_5$	EC$_6$
CR$_5$	EX$_1$	(8,0.8) (6,0.1) (4,0.1)	(8,0.7) (4,0.3)	(8,0.7) (6,0.3)	(6,0.7) (4,0.2) (2,0.1)	(6,0.8) (4,0.2)	(4,0.6) (2,0.2) (0,0.2)
	EX$_2$	(8,0.9) (6,0.1)	(8,0.8) (6,0.2)	(8,0.5) (6,0.3) (4,0.2)	(6,0.9) (4,0.1)	(4,1)	(4,0.5) (2,0.3) (0,0.2)
	EX$_3$	(8,0.8) (6,0.1) (4,0.1)	(8,0.7) (6,0.2) (2,0.1)	(8,0.7) (6,0.3)	(8,0.2) (6,0.5) (4,0.3)	(4,0.9) (2,0.1)	(4,0.8) (2,0.2)
	EX$_4$	(8,0.8) (6,0.2)	(8,0.9) (6,0.1)	(8,0.6) (6,0.2) (4,0.2)	(8,0.7) (6,0.3)	(8,0.1) (6,0.2) (4,0.7)	(6,0.1) (4,0.2) (2,0.7)

QFD 团队根据五项客户需求，分别确定出六项质量特性的五个自相关矩阵，即 T^1，T^2，T^3，T^4，T^5。将其进行归一化后得到统一自相关矩阵 T^U。限于篇幅，直接给出结果。

$$T^U=\sum_{i=1}^{5}w_iT^i=\begin{bmatrix}8 & 5.33 & 6.36 & 5.48 & 2.12 & 4.32\\ 5.33 & 8 & 5.34 & 4.86 & 1.34 & 5.08\\ 6.36 & 5.34 & 8 & 3.85 & 4.96 & 1.12\\ 5.48 & 4.86 & 3.85 & 8 & 4.27 & 3.88\\ 2.12 & 1.34 & 4.96 & 4.27 & 8 & 5.13\\ 4.32 & 5.08 & 1.12 & 3.88 & 5.13 & 8\end{bmatrix}$$

故 $T^U=\left|T_{jk}^U\right|_{n\times n}$ 中的每个元素 T_{jk}^U 满足关系式 $T_{jk}^U=\sum_{i=1}^{5}w_iT_{jk}^i$。因此对于统一矩阵 T^U 的每个元素 T_{jk}^U 而言，采用集合{T_{jk}^1，T_{jk}^2，T_{jk}^3，T_{jk}^4，T_{jk}^5}作为其属性集合后再利用证据推理算法获得 T_{jk}^U 的评价值。由此可得质量特性 EC_j 与质量特性 EC_k 之间的关联强度矩阵为：

$$\mho=\begin{bmatrix}8 & 4.76 & 6.48 & 5.11 & 1.78 & 5.06\\ 4.76 & 8 & 4.77 & 5.03 & 2.13 & 5.49\\ 6.48 & 4.77 & 8 & 2.54 & 4.68 & 1.44\\ 5.11 & 5.03 & 2.54 & 8 & 3.57 & 4.61\\ 1.78 & 2.13 & 4.68 & 3.57 & 8 & 5.47\\ 5.06 & 5.49 & 1.44 & 4.61 & 5.47 & 8\end{bmatrix}$$

则可得质量特性的重要度为：

$$W=[5.45,5.26,5.28,4.66,3.81,4.69]$$

归一化后可得，$W'=[0.19,0.18,0.18,0.16,0,13,0.16]$

11.1.3 数控加工中心质量特性优化

在客户需求到质量特性的转换过程中，考虑以成本、客户需求实现水平、技术成熟度、资源占用为约束，通过建立整数规划模型，实现质量特性的最优决策。

以成本为定量约束，假定每项质量特性实现的成本上限为2000元，企业关于每项质量特性的标准成本为SC，则所考察质量特性的实际单位成本为$\mathrm{AC}=W'\times\mathrm{SC}$，结果如表11-6所示。

表11-6　产品质量特性的单位成本

	EC_1	EC_2	EC_3	EC_4	EC_5	EC_6
SC（元）	780	540	1 350	1 080	1 750	950
AC（元）	148.2	97.2	243	172.8	227.5	152

以客户需求实现水平、技术成熟度、资源占用为定量约束，为考虑产品质量特性在实现过程中受定性约束的影响程度，以权重w_c、w_t、w_r描述各个定性约束对于产品质量特性实现的重要度。结果如表11-7所示。

表11-7　质量特性受定性约束的影响权重

	EC_1	EC_2	EC_3	EC_4	EC_5	EC_6
w_c	0.131	0.176	0.124	0.249	0.075	0.245
w_t	0.253	0.164	0.338	0.052	0.087	0.106
w_r	0.178	0.261	0.054	0.179	0.136	0.192

由技术专家分析确定成本、客户需求实现水平、技术成熟度、资源占用，以及质量特性提取目标的权重分别为0.117，0.315，0.221，0.144，0.203。建立数控加工中心的质量特性提取整数规划模型如下：

$$\min\ (0.117/2000)d_1^+ + 0.318d_2^- + 0.421d_3^- + 0.144d_4^- + 0.203d_5^-$$

$$\text{s.t.}\ \ 148.2x_1 + 97.2x_2 + 243x_3 + 172.8x_4 + 227.5x_5 + 152x_6 + d_1^- - d_1^+ = 2\,000$$

$$0.131x_1 + 0.176x_2 + 0.124x_3 + 0.249x_4 + 0.075x_5 + 0.245x_6 + d_2^- - d_2^+ = 1$$

$$0.253x_1 + 0.164x_2 + 0.338x_3 + 052x_4 + 0.087x_5 + 106x_6 + d_3^- - d_3^+ = 1$$

$$0.178x_1 + 0.261x_2 + 0.054x_3 + 0.179x_4 + 0.136x_5 + 0.192x_6 + d_4^- - d_4^+ = 1$$

$$0.19x_1 + 0.18x_2 + 0.18x_3 + 0.16x_4 + 0.13x_5 + 0.16x_6 + d_5^- - d_5^+ = 1$$

$$x_i \in \{0,1\}，\ d_j^- \geqslant 0，\ d_j^+ \geqslant 0，$$

对上述模型求解可得结果如表11-8所示：

表11-8　整数规划模型求解结果

项目	EC_1	EC_2	EC_3	EC_4	EC_5	EC_6
结果	1	1	1	1	0	1

11.1.4　应用效果分析

根据数控加工中心客户需求的可拓特性，采用物元蚁群聚类进行了数控机床的客户需求聚类，实现了对数控加工中心客户需求群的细分；采用了基于证据推理的细分需求群质量特性提取方法，通过对评价信息和评价证据的融合与递归推理，求解了数控加工中心客户需求重要度、质量特性初始重要度和质量特性自相关关系以降低决策过程中不精确、不完备和不确定信息的干扰，成功构建了数控加工中心优化决策的整数规划模型，实现了从数控加工中心细分需求群优化中提取数控加工中心的质量特性。

11.2　大型注塑装备设计系统与使用性能数据集成

大型注塑装备被广泛应用于农业生产、塑料包装、日用塑料制品、汽车工业、建材、家用电器和军事国防等领域，其结构越来越复杂，性能参数越来越庞大。大型注塑装备的主要性能有注射速率、注射压力、模腔压力、注射量、保压压力、保压时间、塑化能力等百余个，所以迫切需要对大型注塑装备性能及性能驱动的复杂机电产品设计方法做进一步的研究和探讨。

一台通用的大型注塑装备主要包括注射部件、合模部件、液压传动部件和电气控制系统等。注射部件的主要作用是使塑料均匀地塑化成熔融状态，并以足够的压力和速度将一定量的熔料注射到模腔内。因此，注射部件应当塑化良好，剂量精确，在注射时能够为熔料提供足够的压力和速度。注射部件一般由塑化部件、计量部件、螺杆传动部件、注射和移动油缸等部件组成。合模部件是保证成型模具可靠的闭合和实现模具启闭动作的工作部件，即成型制品的工作部件。在注射时，由于进入模腔中的熔料还具有一定的压力，这要求合模部件能够给模具提供足够的合模力，以防止在熔料的压力作用下模具被打开，从而导致制品溢边或使制品的电箱液压系统精度下降。合模部件主要由模板、拉杆、合模机构、制品顶出部件和安全门等部件组成。液压传动和电气控制系统是为了保证大型注塑装备按照工艺过程预定的要求和动作程序，准确无误地进行工作而设置的动力和控制系统。

本节将性能驱动的复杂机电产品设计方法应用于大型注塑装备的相关设计过程中，建立了大型注塑装备注射部件的结构性能描述及其映射机制，阐述了性能驱动的注射部件结构设计的实现过程。针对大型注塑装备重要行为性能之一的注射时间性能进行了多参数反演分析和比较。在整机尺度上，对大型注塑装备设计结果应用 RSVC-SPEA 方法进行多目标性能优化。最后，结合国家重点自然科学基金项目“复杂机电产品质量特性多尺度耦合理论与预防性控制技术”（项目编号：50835008），开发了 HTDM 产品设计系统，实现了计算机辅助性能驱动的大型注塑装备设计。并应用组件 PDAPI 技术，详细阐述了大型注塑装备使能性能多领域数据信息的集成实现。

11.2.1 大型注塑装备结构性能建模与结构设计实现

1. 注射部件的结构性能描述及其映射机制

大型注塑装备具有单台设计、个性化、结构复杂等特点，研究该类机电产品的结构设计，对提高大型注塑装备的结构设计效率及其设计层次具有重要意义。本书阐述的性能驱动复杂机电产品结构设计方法在宁波海天集团股份有限公司的 HT××X3Y×系列大型注塑装备结构设计中得到了实际应用，获得了良好的设计效果和经济效益。由于篇幅的限制，本节仅以大型注塑装备重要组成部分注射部件为例，说明性能驱动的复杂机电产品设计方法在实际产品结构设计中是如何应用的。

大型注塑装备的注射部件的主要作用是使塑料均匀地塑化成熔融状态，并以足够的压力和速度将一定量的熔料注射到模腔内。因此，注射部件应当塑化良好，剂量精确，并且在注射过程中能够给熔料提供足够的压力和速度，大型注塑装备注射部件结构如图 11-3 所示。

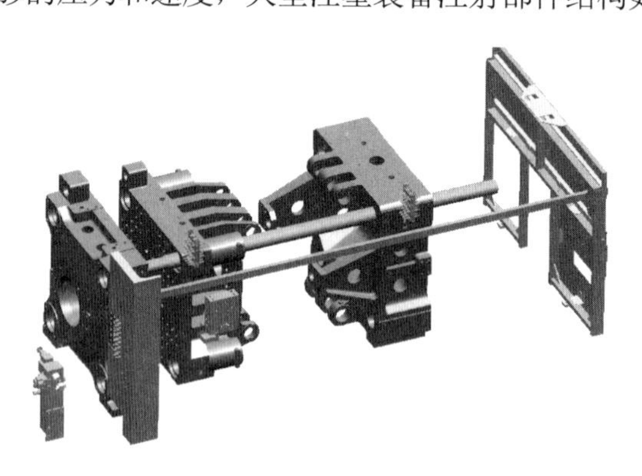

图 11-3　大型注塑装备注射部件结构简图

大型注塑装备注射部件的结构性能需求集一般包括螺杆直径性能、螺杆长径比性能、螺杆转速性能、拉杆内距性能、移模行程性能、锁模力性能、油箱容积性能、输入电压性能、计量精度性能、止逆性能、电热功率性能、理论容积性能及料筒外径性能等。这些结

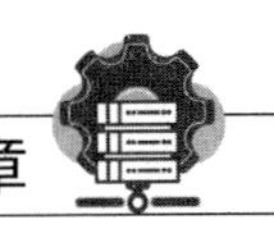

构性能可根据客户的个性化需求直接或间接获得。但这些结构性能的需求一般是非形式化的，首先要对这些结构性能进行预处理，形成形式化的需求描述，使其成为计算机可识别的信息，大型注塑装备注射部件的结构性能需求集形式化描述如图 11-4 所示。

$r^{14}=$ [
螺杆直径 (L) = 70mm[**材料**：ABS]
螺杆长径比 (B) = 22.9L/D
螺杆转数 (n) ⩾ 0 ~ 160r/min[**功率**：12kW]
拉杆内距 (Ln) ⩽ 780×780mm
移模行程 (Ls) ⩾ 740mm
锁模力 (Ns) ⩾ 1100t
油箱容积 (K) ⩾ 1170L[**油缸压力**：100～300Mpa]
输入电压 (V) = 380V
计量精度 (s) = **高**
止逆 (z) = **有**
电热功率 (H) = 27.45kW
理论容量 (Ks) = 1421cm^3
料斗容积 (Kl) = 100kg
料筒外径 (Dl)= 138mm
]

图 11-4　大型注塑装备注射部件结构性能需求集语义描述

在获得了大型注塑装备的注射部件结构性能需求集形式化描述之后，需要根据结构性能与大型注塑装备结构映射机制对注射部件进行实例化，也就是进行产品结构设计，以获得设计结果。结构性能与大型注塑装备注射部件结构映射机制的建立是基于以往设计知识和设计经验的，大型注塑装备注射部件结构性能与实例结构映射机制举例见表 11-9。

表 11-9　注射部件结构性能与实例结构映射机制举例

螺　杆								
结构代码	长径比（B）	直径（L）	转数（n）	材料（M）	直线度（dm）	允许功率（Ha）	注射量（J）	间隙（x）
A1	10L/D	70mm	1～170r/min	ABS	0.015mm/m	16kW	750g	0.003mm
A3	15L/D	80mm	0～200r/min	PE	0.018mm/m	20kW	811g	0.004mm
B1	10L/D	70mm	0～180r/min	ABS	0.015mm/m	16kW	750g	0.003mm
……	……	……	……	……	……	……	……	……
料　筒								
结构代码	料斗容积（$K1$）	间隙（x）	电热功率（H）	加料口（Q）	理论容量（Ks）	外径（$D1$）	—	—
LT1346	80kg	0.003mm	22kW	对称	1346cm^3	112mm	—	—
LT1421	100kg	0.003mm	27.45kW	非对称	1421cm^3	138mm	—	—
……	……	……	……	……	……	……	……	……

续表

料　　筒								
结构代码	注射量（J）	止逆（z）	往塑力（Fs）	黏度（c）	—	—	—	—
LGT750	750g	有	1200kg	高	—	—	—	—
LGT880	880g	无	1750kg	中	—	—	—	—
……	……	……	……	……	……	……	……	……
喷　　嘴								
结构代码	通胶形式（p）	计量精度（s）	黏度（c）	—	—	—	—	—
PZ-Z11	直通式	高	高	—	—	—	—	—
PZ-M32	多流道式	高	高	—	—	—	—	—
……	……	……	……	—	—	—	—	—
注　射　座								
结构代码	直线度（dm）	拉杆内距（Ln）	移模行程（Ls）	座移行程（Lz）	—	—	—	—
ZSZ15	0.015mm/m	780×780mm	750m	500mm	—	—	—	—
ZSZ20	0. 02mm/m	800×800mm	700m	650mm	—	—	—	—
……	……	……	……	……	—	—	—	—
油　压　马　达								
结构代码	输出功率（Ha）	油箱容积（K）	输入电压（V）	转数（n）	—	—	—	—
Ym-L-16	16kW	1180L	380V	0～160r/min	—	—	—	—
Ym-W-20	20kW	1200L	380V	0～150r/min	—	—	—	—
……	……	……	……	……	—	—	—	—
油　　缸								
结构代码	输入电压（V）	注射力（Fs）	锁模力（Ns）	行程（Lx）	速度（v）	形式（E）	—	—
YG800-t	220V	800kg	990t	600mm	0～8m/s	立式	—	—
YG1200-t	380V	1200kg	1100t	550mm	0～12m/s	立式	—	—
YG1200-s	380V	1200kg	1200t	750mm	0～12m/s	卧式	—	—
……	……	……	……	……	……	……	—	—

大型注塑装备的注射部件一般由螺杆、料筒、喷嘴、计量装置、传动装置、注射和移模油缸等组成，可以表示为：

$$S_{注射装置} = s_{螺杆} \cup s_{料筒} \cup s_{喷嘴} \cup \cdots \cup s_{油缸}$$

大型注塑装备注射部件的结构性能建模可以用下式表示：

$$\begin{aligned} \oplus S_{注射装置} &= \bigcup_{i=1}^{n_{螺杆}} s_{螺杆} \cup \bigcup_{i=1}^{n_{螺杆}} \bigcup_{j=1}^{n_{料筒}} \times s_{料筒} \cup \cdots \cup s_{油缸} \\ &= \bigcup_{i=1}^{n_{螺杆}} \oplus s_{螺杆} \cup \bigcup_{i=1}^{n_{螺杆}} \bigcup_{\substack{j=1 \\ j\neq 1}}^{n_{料筒}} s_{螺杆} \times s_{料筒} \cup \cdots \cup s_{油缸} \end{aligned}$$

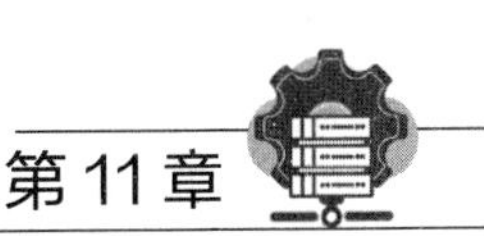

由上式中可以看出，大型注塑装备注射部件的各个组成部件，均可由结构性能进行关联。可以进行结构性能相关的产品结构符号建模，并在模型的基础上进行产品结构设计。

2. 性能驱动的注射部件产品结构设计过程

结构性能通过映射驱动的方式实现大型注塑装备注射部件的结构设计过程根据注射部件所处“作用—反馈”体系中的结构性能需求，通过结构性能与大型注塑装备注射部件结构映射机制，完成注射部件结构设计的过程。

大型注塑装备性能驱动结构设计过程是从最外层开始进行实例化的，然后逐步满足大型注塑装备的结构性能需求，并且不断地引入新的结构性能需求，直到没有实例结构可被添加到设计结果中为止。为了说明结构性能驱动的结构设计方法，以处于整体大型注塑装备设计最后一个层次的注射部件设计为例，根据结构性能驱动的机电产品结构设计求解算法，大型注塑装备注射部件的结构设计过程及结果如图 12.29 所示。

图 11-5（a）是根据结构性能需求构建的注射部件设计的“作用—反馈”体系，箭头代表结构性能需求。图 11-5（b）是根据注射部件设计中的结构性能与注射部件结构映射关系确定的螺杆零件，及其相对应的“作用—反馈”体系更新示意图。由于篇幅所限，省略了其他部件添加进结构设计结果及“作用—反馈”体系更新的过程示意图。图 11-5（c）是最终的注射部件结构设计结果。图 11-5（d）是根据产品结构设计结果获得的注射部件结构示意图。图 11-5（e）是大型注塑装备产品注射部件结构。已知：

$$\begin{aligned}\oplus S_{\text{注射部件}} &= \oplus(E \cup C_{\text{螺杆}}) \\ &= \oplus E \cup \oplus C_{\text{螺杆}} \cup GP'_{-\text{螺杆}}\end{aligned}$$

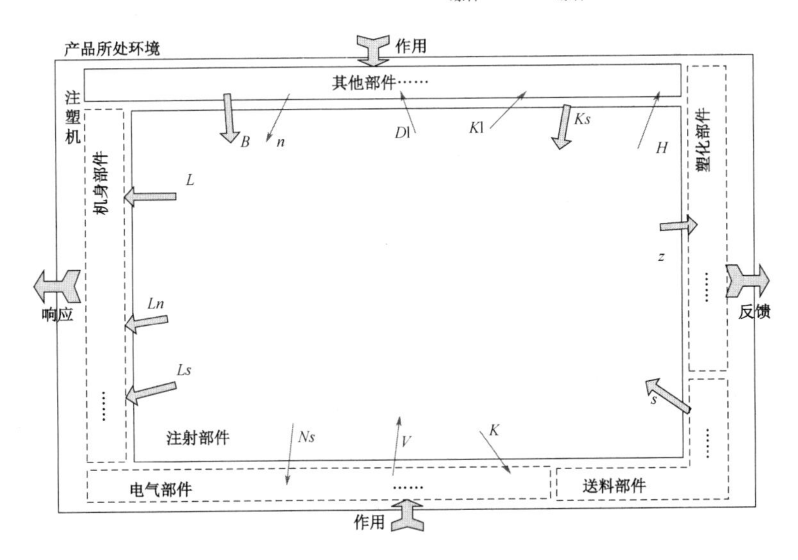

（a）注射部件“作用—反馈”体系

图 11-5 注射部件的结构设计过程及结果图解

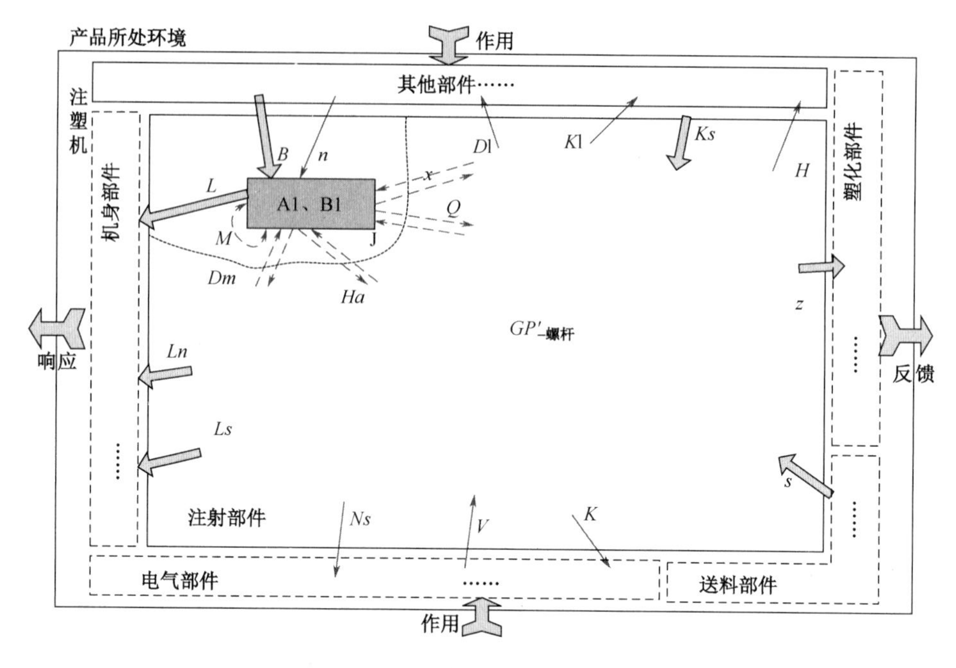

（b）确定螺杆结构

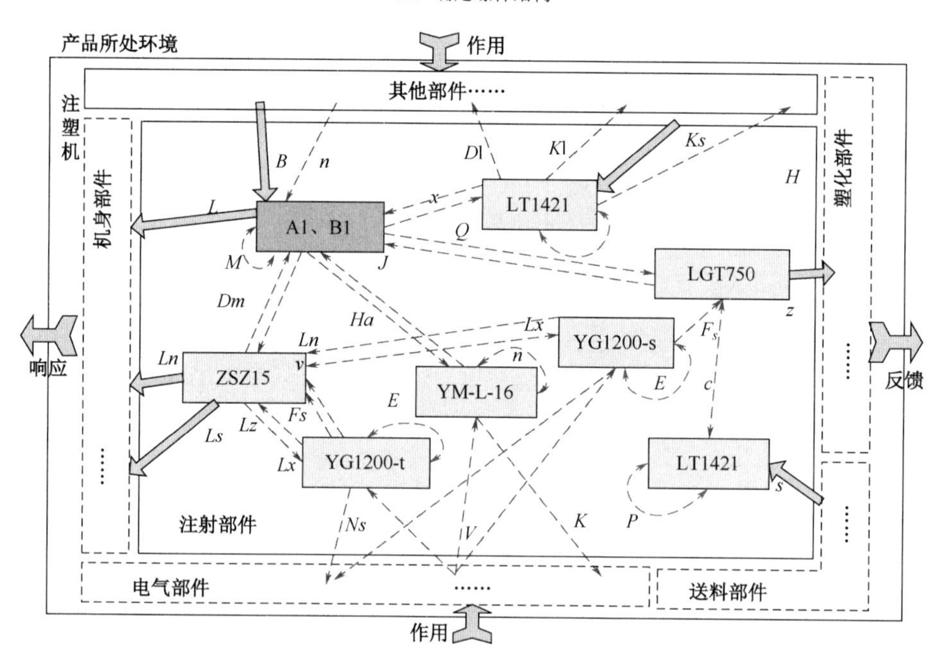

（c）完成注射部件设计

图 11-5　注射部件的结构设计过程及结果图解（续 1）

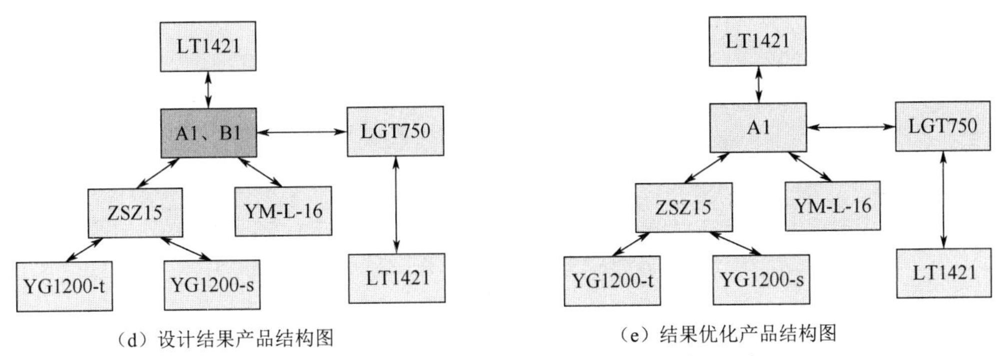

（d）设计结果产品结构图　　（e）结果优化产品结构图

图 11-5　注射部件的结构设计过程及结果图解（续 2）

在图 11-5（d）中可以看到，除了螺杆零件，其他结构性能与注射部件结构映射机制都是理想的映射关系，均有唯一的零部件被添加到注射部件结构设计结果中。但是，在螺杆零件添加进结构设计结果时产生了冗余映射关系，A1 型螺杆和 B1 型螺杆均可满足结构性能需求，所以需要对结果进行进一步的优化，以去除冗余设计，并更新结构性能与注射部件结构映射知识，达到知识更新与进化的目的。

通过比较 A1 型和 B1 型螺杆结构所对应的结构性能知识单元，其“转数”性能有所差异。大型注塑装备生产的成品率的高低是衡量大型注塑装备优劣的重要指标之一。根据图 11-6 所示的大型注塑装备“转数－成品率”优化曲线可以清晰地看出，A1 型螺杆相对的成品率较高，得到最终的符合上述结构性能需求集的大型注塑装备产品注射部件，结构如图 11-5（e）所示，其二维结构如图 11-7 所示。

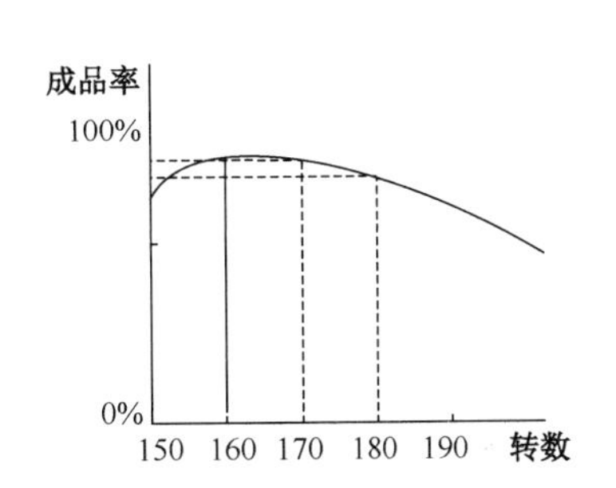

图 11-6　大型注塑装备“转数—成品率”优化曲线

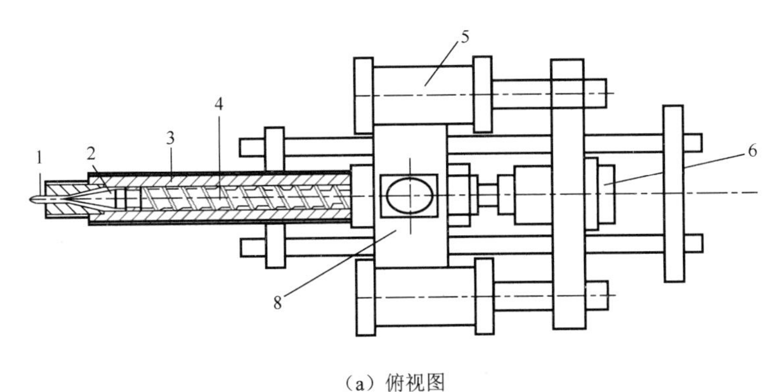

（a）俯视图

图 11-7　注射部件结构设计结果二维结构示意图

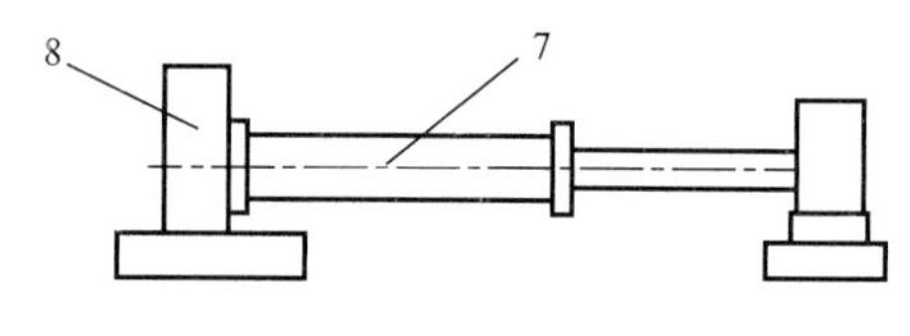

（b）简化平视图

1—喷嘴；2—螺杆头；3—料筒；4—螺杆；5—注射油缸；6—油压马达；7—座移油缸；8—注射座。

图 11-7　注射部件结构设计结果二维结构示意图（续）

11.2.2　大型注塑装备行为性能反演与目标性能优化

1．大型注塑装备注射时间性能多参数反演

基于几何同伦分析的多参数关联行为性能反演方法在宁波海天集团股份有限公司的HT××X3Y×系列大型注塑装备设计中得到了实际应用，获得了良好的设计效果和经济效益。由于篇幅所限，在此仅以大型注塑装备重要行为性能之一的注射时间性能为例，说明基于几何同伦分析的多参数关联行为性能反演方法在实际机电产品设计中是如何应用的。

建立HT××X3Y×系列大型注塑装备注射时间性能反演分析模型。在该模型建立的基础上，根据基差算式可得分析模型的基差为：

$$\begin{cases} F(t)=F_i(t)-\overline{F_i} \\ S(t)=S_i(t)-\overline{S_i} \\ A(t)=A_i(t)-\overline{A_i} \\ G(t)=G_i(t)-\overline{G_i} \end{cases}$$

则反演分析的目标函数为：$f(t)=F^2(t)+S^2(t)+A^2(t)+G^2(t)$

因此，HT××X3Y×系列大型注塑装备的注射时间性能多参数关联行为性能反演分析模型如式（11-1）所示。

$$f^*(t)=\min f(t)=\min\left[F^2(t)+S^2(t)+A^2(t)+G^2(t)\right] \tag{11-1}$$

建立 HT××X3Y×系列大型注塑装备注射时间性能理论计算数据与实际测试数据之间的同伦映射：

$$\begin{cases} H_{\mathrm{F}}(n,p,r)=(1-rp)\left[F(t)-F\left(t_0\right)\right]+rp\left[F(t)-\overline{F}_t\right]-r^q p^q \partial_{\mathrm{F}}(t) \\ H_{\mathrm{S}}(n,p,r)=(1-rp)\left[S(t)-S\left(t_0\right)\right]+rp\left[S(t)-\overline{S}_t\right]-r^q p^q \partial_{\mathrm{S}}(t) \\ H_{\mathrm{A}}(n,p,r)=(1-rp)\left[A(t)-A\left(t_0\right)\right]+rp\left[A(t)-\overline{A}_t\right]-r^q p^q \partial_{\mathrm{A}}(t) \\ H_{\mathrm{G}}(n,p,r)=(1-rp)\left[G(t)-G\left(t_0\right)\right]+rp\left[G(t)-\overline{G}_t\right]-r^q p^q \partial_{\mathrm{G}}(t) \end{cases} \tag{11-2}$$

取常规嵌入参数$r=2$，$q=1$，则$p\in[0,0.5]$，可将式（11-2）变为：

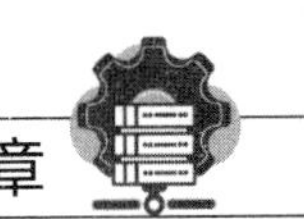

$$\begin{cases}(1-rp)\left[F(t)-F\left(t_0\right)\right]+rp\left[F(t)-\overline{F_t}\right]-r^q p^q \partial_{\mathrm{F}}(t)=0 \\ (1-rp)\left[S(t)-S\left(t_0\right)\right]+rp\left[S(t)-\overline{S_t}\right]-r^q p^q \partial_{\mathrm{S}}(t)=0 \\ (1-rp)\left[A(t)-A\left(t_0\right)\right]+rp\left[A(t)-\overline{A_t}\right]-r^q p^q \partial_{\mathrm{A}}(t)=0 \\ (1-rp)\left[G(t)-G\left(t_0\right)\right]+rp\left[G(t)-\overline{G_t}\right]-r^q p^q \partial_{\mathrm{G}}(t)=0\end{cases} \tag{11-3}$$

同样取常规同伦反演频率 Ω，并引入同伦变换 $\tau=\Omega t$，可得：

$$\begin{cases}-r(k+1)F(t_0)^{(k)}+F(t_0)^{(k+1)}=-r(k+1)F(t_0)^{(k)}+q!r^q\sigma_{\mathrm{F}}(\tau) \\ -r(k+1)S(t_0)^{(k)}+S(t_0)^{(k+1)}=-r(k+1)S(t_0)^{(k)}+q!r^q\sigma_{\mathrm{S}}(\tau) \\ -r(k+1)A(t_0)^{(k)}+A(t_0)^{(k+1)}=-r(k+1)A(t_0)^{(k)}+q!r^q\sigma_{\mathrm{A}}(\tau) \\ -r(k+1)G(t_0)^{(k)}+G(t_0)^{(k+1)}=-r(k+1)G(t_0)^{(k)}+q!r^q\sigma_{\mathrm{G}}(\tau)\end{cases} \tag{11-4}$$

将嵌入参数在 $p=0$ 处展开为泰勒展开式，并且令 $p\to 0.5$，求得模型的反演结果为：

$$\begin{cases}F^*(t)=\lim\limits_{p\to 0.5}\left[F\left(t_0\right)+\sum\limits_{k=1}^{\infty}\dfrac{t_0^{(k)}}{k!}p^k\right]=F\left(t_0\right)+\sum\limits_{k=1}^{\infty}\dfrac{t_0^{(k)}}{k!}\dfrac{1}{r^k} \\ S^*(t)=\lim\limits_{p\to 0.5}\left[S\left(t_0\right)+\sum\limits_{k=1}^{\infty}\dfrac{t_0^{(k)}}{k!}p^k\right]=S\left(t_0\right)+\sum\limits_{k=1}^{\infty}\dfrac{t_0^{(k)}}{k!}\dfrac{1}{r^k} \\ A^*(t)=\lim\limits_{p\to 0.5}\left[A\left(t_0\right)+\sum\limits_{k=1}^{\infty}\dfrac{t_0^{(k)}}{k!}p^k\right]=A\left(t_0\right)+\sum\limits_{k=1}^{v}\dfrac{t_0^{(k)}}{k!}\dfrac{1}{r^k} \\ G^*(t)=\lim\limits_{p\to 0.5}\left[G\left(t_0\right)+\sum\limits_{k=1}^{\infty}\dfrac{t_0^{(k)}}{k!}p^k\right]=G\left(t_0\right)+\sum\limits_{k=1}^{\infty}\dfrac{t_0^{(k)}}{k!}\dfrac{1}{r^k}\end{cases} \tag{11-5}$$

依据相关连续过程数值模拟方法，反演结果如图 11-8 所示。

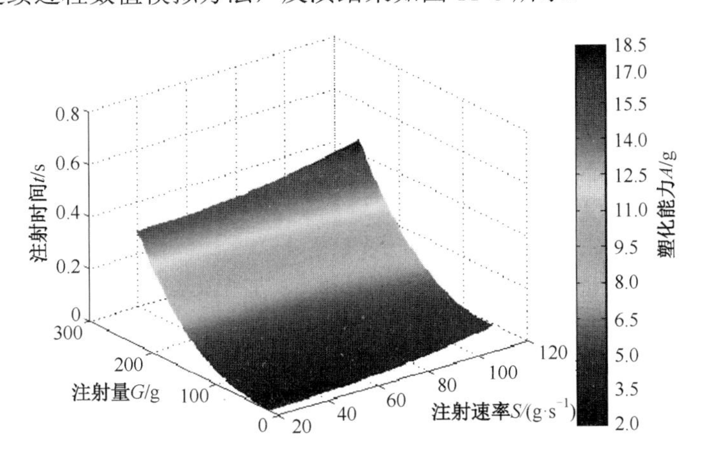

图 11-8 HT××X3Y×系列大型注塑装备注射时间性能反演结果

在前述参数取值的条件下，获得 HT××X3Y×系列大型注塑装备注射时间性能反演结果。对反演结果进行仿射变换，与理论计算值、实际测试值的比较如图 11-9 所示。由此可以看出，反演结果是连续的，并且更加贴近实际测试值，对实际设计更加具有指导意义。

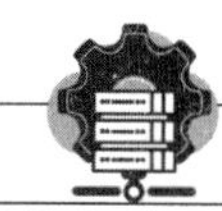

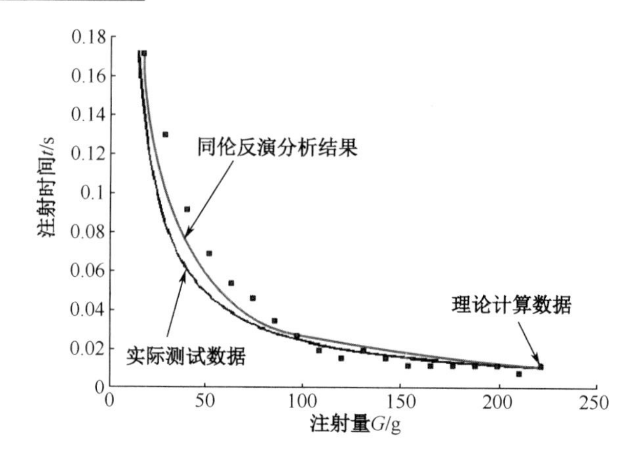

（a）注射量

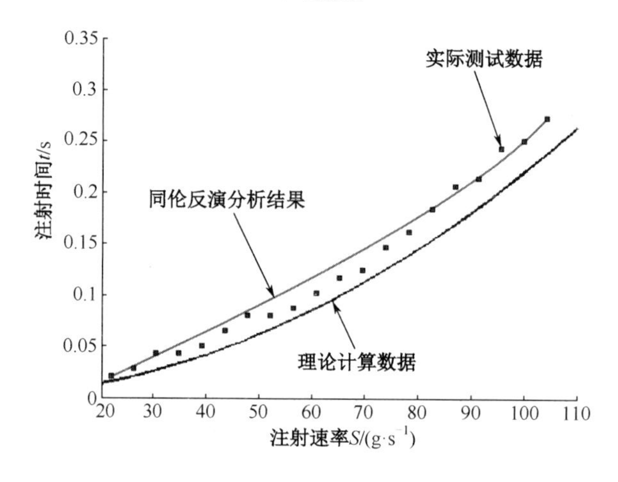

（b）注射速率

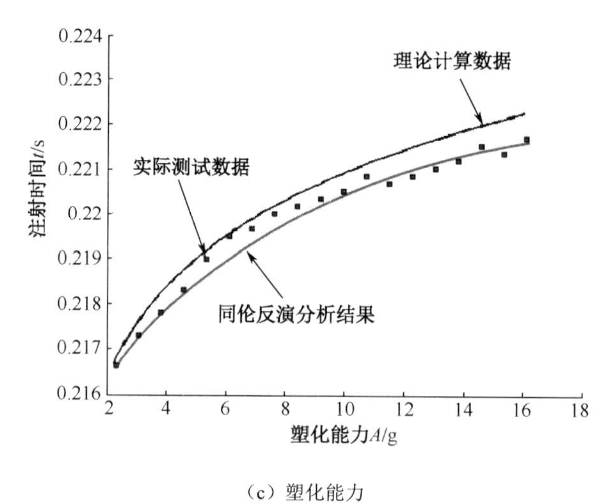

（c）塑化能力

图 11-9　注射时间性能反演结果比较

最后，利用多参数同伦两段修正法对 HT××X3Y×系列大型注塑装备注射时间性能反演结果进行修正，修正结果如图 11-10 所示。同样对修正结果进行仿射变换，与其他结果进行比较，如图 11-11 所示。

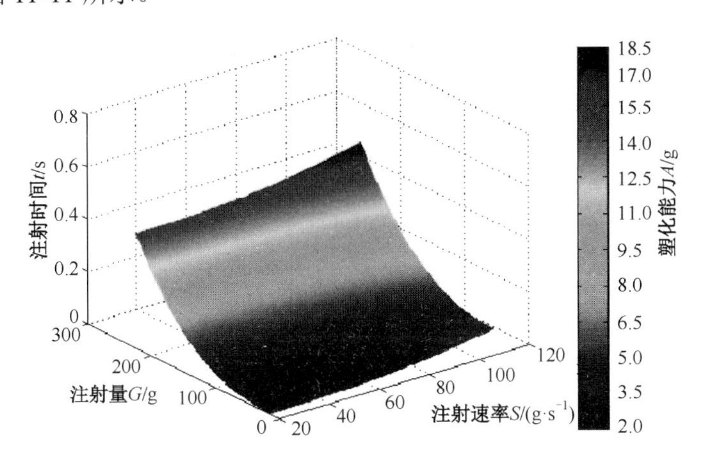

图 11-10　HT××X3Y×系列大型注塑装备注射时间性能反演修正

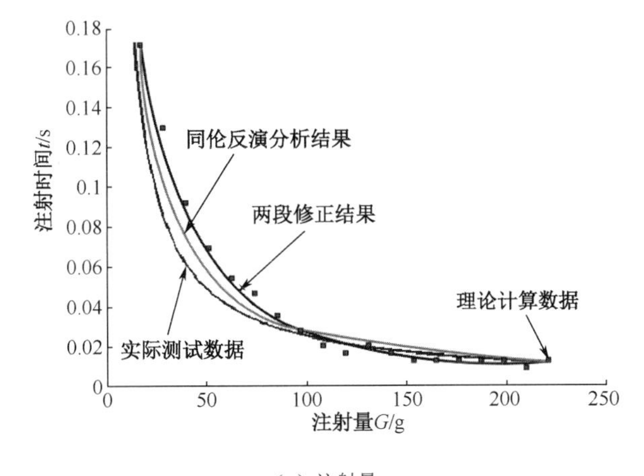

（a）注射量

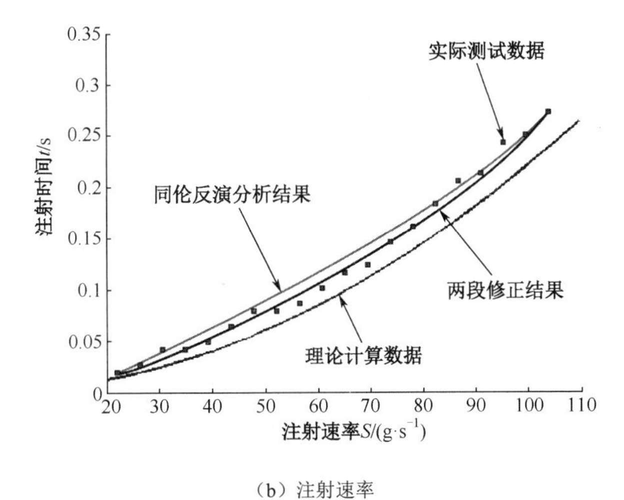

（b）注射速率

图 11-11　注射时间性能反演修正结果比较

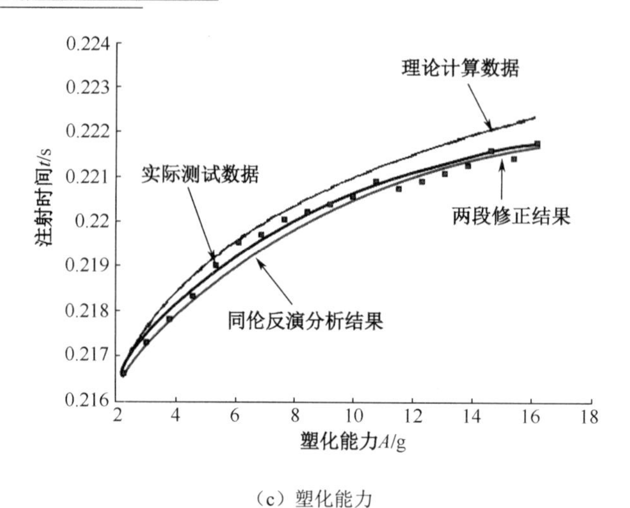

（c）塑化能力

图 11-11　注射时间性能反演修正结果比较（续）

为了检验反演结果，获得实际测试数据如图 11-12 所示。

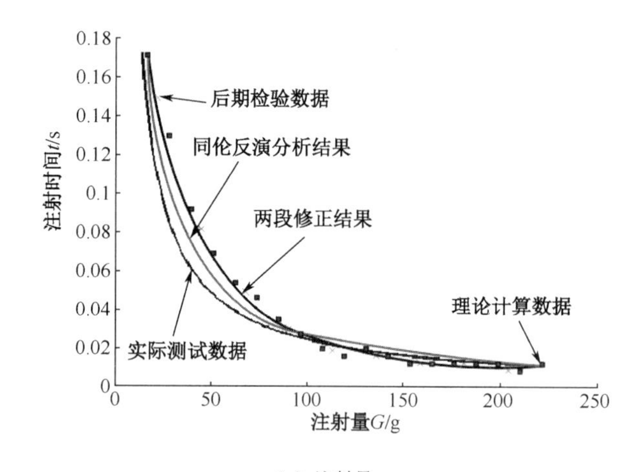

（a）注射量

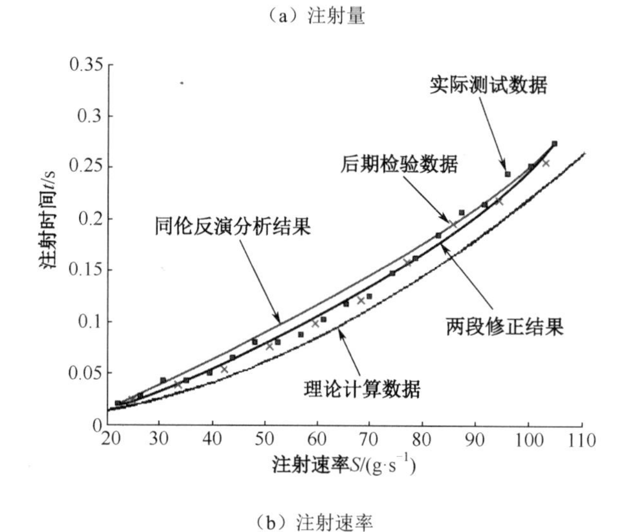

（b）注射速率

图 11-12　HT××X3Y×系列大型注塑装备注射时间性能反演验证

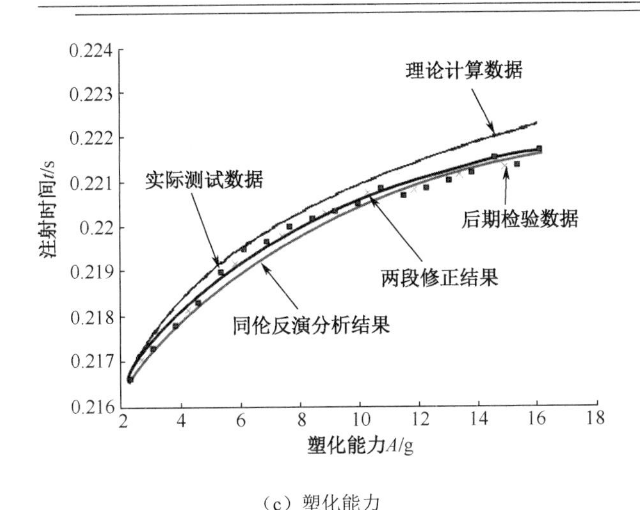

（c）塑化能力

图11-12　HT××X3Y×系列大型注塑装备注射时间性能反演验证（续）

由此可以看出，经过反演分析的HT××X3Y×系列大型注塑装备注射时间性能反演结果与实际测试采样数据相对吻合。说明基于几何同伦的分析方法对HT××X3Y×系列大型注塑装备注射时间性能反演是有效的。采用多参数同伦两段修正法，使反演结果能够较好地抑制观测噪声。注射时间性能反演结果对HT××X3Y×系列大型注塑装备的进一步设计具有更实际的指导意义。

2. 大型注塑装备整机尺度多目标性能优化

大型注塑装备在整机尺度上是一个多目标优化问题。大型注塑装备整体结构复杂，零部件众多，包括卧式注塑装备、立式注塑装备、角式注塑装备和多工位注塑装备。其共同的功能结构模块如图11-13所示。注塑的基本要求是塑化、注射和定型。因此，评价大型注塑装备整体性能的主要指标有塑化能力、注射压力和注射功率。

（1）塑化能力是大型注塑装备在最高螺杆转速及零背压的情况下，单位时间内能够将物料塑化的能力，是评价注射部件塑化性能良好与否的重要标志。在整个注射成型周期中，塑化能力应该在规定的时间内，保证能够提供足够量的塑化均匀的熔料以备注射之用。足够大的塑化能力能够保证高速、高压注塑成型的物料供应。

（2）注射压力是注射时螺杆对机筒内物料所施加的压力，单位为MPa。注射压力在注塑中起重要的作用，在注射时，它必须克服熔料从机筒流向模腔所经过各种流道的流动阻力，给熔料提供必要的注射速度，并将熔料压实。足够大的注射压力在注射时可以提高生产效率，提高制品定型质量。

（3）注塑功率是完成整个注塑过程成型周期中各个阶段所需要功率的平均值，主要由大型注塑装备的塑化能力和注射压力决定。在大型注塑装备的实际使用过程中，注射功率有逐渐提高的趋势，这给用户带来比较大的额外消耗，所以要在保证大型注塑装备具有较高的塑化能力和注射压力的同时，尽量减小注塑功率。

为了保证大型注塑装备成型速度快、制品质量优的整体性能要求，大型注塑装备优化的目标是在提高塑化能力与注射压力的同时，降低注射功率。塑化能力、注射压力和注射功率的优化目标表达式为：

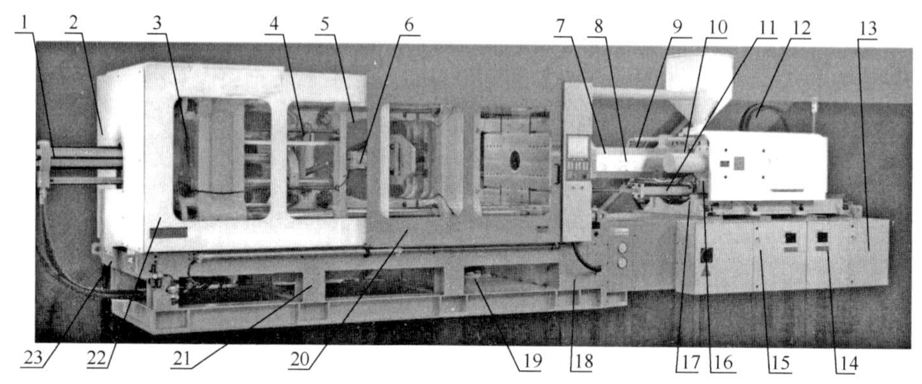

1—锁模油缸；2—尾板防护门组件；3—调模装置；4—曲轴模板连接组件；5—后移动门组件；6—顶出油缸；7—加热组件；8—塑化组件；9—注射防护罩组件；10—机筒罩壳；11—整移油缸；12—液压部件；13—注射机身；14—电气用组件；15—配电箱；16—注射座；17—射台固定与调节装置；18—封板组件；19—冷却水及泄油装置；20—前移动门组件；21—合模机身；22—防护门组件；23—润滑组件

图 11-13　HT××X3Y×系列大型注塑装备功能结构模块图

塑化能力（cm^3/s）：

$$Q=\frac{\pi^2 D_s^2 h_3 \sin\theta\cos\theta}{2}-\left(\frac{\pi D_s h_3^3 \sin^2\theta}{12\eta_1}+\frac{\pi^2 D_s^2 \delta^3 \tan\theta}{12\mu_2 e}\right)\frac{q_L}{L_3} \tag{11-6}$$

注射压力（MPa）：

$$p_i=\frac{F_0 p_0}{F_s}n=\left(\frac{D_0}{D_s}\right)^2 p_0 N \tag{11-7}$$

注射功率（kW）：

$$N_i=F_s p_i v_i=q_L p_0\times 10^{-3} \tag{11-8}$$

其中，

D_s——螺杆直径（cm）；

h_3——计量段螺槽深度（cm）；

n——螺杆转速（r/m）；

θ——螺纹升角（°）；

η_1——螺槽中熔料的有效黏度（Pa·s）；

η_2——间隙中熔料的有效黏度（Pa·s）；

δ——螺杆与机筒之间的间隙（cm）；

e——螺杆轴向宽度（cm）；

L_3——计量段长度（cm）；

q_L——理论注射速率（cm^3/s）；

F_0——注射油缸活塞的有效面积（cm^2）；

D_0——注射油缸内径（cm）；

F_s——螺杆截面积（cm^2）；

p_0——工作油压力（MPa）；

N——注射油缸数；

v_i——注射速度（cm^3/s）。

大型注塑装备设计烦琐，而且在整机尺度上设计参数间存在一定的多尺度的融合条件。为了保证大型注塑装备目标性能优化结果的可用性，必须在优化过程中建立大型注塑装备多尺度目标性能优化融合条件。

（1）注射压力 p_i：在大型注塑装备的有关标准（JB/T 7267—2004）规定了 p_i 的范围必须为 130～160 MPa。

（2）注射油缸内径 D_0：为了充分发挥注射部件的能力，D_0 必须满足式（11-9）的等式约束。

$$D_0 = D_s\sqrt{\frac{p_i}{Np_0}} \tag{11-9}$$

（3）注射油缸数 N：由于大型注塑装备总功率及重量、体积等设计要素的限制，工作油缸只能是单缸 $N=1$ 或双缸 $N=2$。

（4）塑化能力 Q：保证在规定的时间内能够提供足够容量且塑化均匀的胶料以备注射时用，需满足以下不等式约束：

$$Q = \frac{1}{2}\pi^2 D_s^2 h_3 \sin\theta\cos\theta\cdot k \geqslant Q^{\min} \tag{11-10}$$

其中，修正系数 $k=0.88$。

（5）为了保证大型注塑装备既能正常运行又能具有良好的安全性，塑化能力与注射压力必须符合区间约束，约束关系见表 11-10。

表 11-10　塑化能力与注射压力区间约束关系

注射压力/MPa	塑化能力/$cm^3 \cdot s^{-1}$
130～140	88.9～305.6
140～150	18.9～88.9
150～160	2.2～18.9

（6）理论注射速率 q_L：为了得到密度均匀和尺寸稳定的制品，q_L 与注射油缸的大小，以及数量和工作油压力需要满足等式约束。

满足以上多尺度融合条件的同时，所有设计参数都应在机型规定的范围之内取值，以保证多目标优化结果的有效性。

大型注塑装备多目标性能优化设计变量中：p_0、v_i 等为指定范围内的连续值，适合采用浮点数编码；N 为离散值，适合采用二进制编码。为了不影响计算所得最优解集合前沿的分布性，采用如图 11-14 所示的浮点数与二进制混合染色体编码机制。

1	2	3	4	5	6	7	8	9	10	11	12	13	14	15	16
D_s	h_3	n	θ	η_1	η_2	δ	e	L_3	q_L	F_0	D_0	F_s	p_0	v_i	N
4.2	0.21	250	16	23.6	23.6	0.3	1.2	50	120	65	4.5	50	30	5	0
⋮	⋮	⋮	⋮	⋮	⋮	⋮	⋮	⋮	⋮	⋮	⋮	⋮	⋮	⋮	
6.0	0.28	300	19	52.3	52.3	0.5	2.5	75	500	102	5.6	110	150	10	1

图 11-14　浮点数与二进制混合染色体编码机制

其中，第 1 至第 15 位设计变量在各自指定区间范围内连续变化，初始种群在区间范围内随机取值。使用模拟二进制交叉与变异方法，并且限定每个设计变量的变化范围。第 16 位表示工作油缸数 N，使用 1 位二进制编码，0 代表单缸（N=1），1 代表双缸（N=2），采用二进制交叉与变异规则。

建立 HT××X3Y×系列大型注塑装备在相同的多尺度融合条件与变量范围的条件下的 2 目标与 3 目标优化模型和参数，设置如下。

1）优化模型

2 目标优化模型：$\max F_1 = [Q, p_i]$

3 目标优化模型：$\max F_2 = [Q, p_i, -N_i]$

2）参数设置

螺杆直径：$4.2\text{cm} \leqslant D_s \leqslant 6.0\text{cm}$；

计量段螺槽深度：$0.21\text{cm} \leqslant h_3 \leqslant 0.28\text{cm}$；

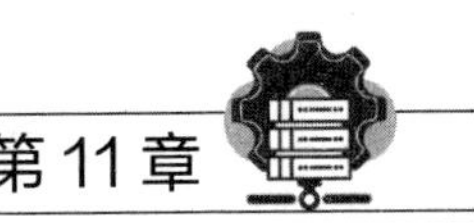

螺杆转速：$250\text{r/m} \leqslant n \leqslant 300\text{r/m}$；

螺纹升角：$16^\circ \leqslant \theta \leqslant 19^\circ$；

螺槽中熔料的有效黏度：$23.6\text{Pa}\cdot\text{s} \leqslant \eta_1 \leqslant 52.3\text{Pa}\cdot\text{s}$；

间隙中熔料的有效黏度：$23.6\text{Pa}\cdot\text{s} \leqslant \eta_2 \leqslant 52.3\text{Pa}\cdot\text{s}$；

螺杆与机筒之间的间隙：$0.3\text{cm} \leqslant \delta \leqslant 0.5\text{cm}$；

螺杆轴向宽度：$1.2\text{cm} \leqslant e \leqslant 2.5\text{cm}$；

计量段长度：$50\text{cm} \leqslant L_3 \leqslant 75\text{cm}$；

理论注射速率：$120\text{cm}^3/\text{s} \leqslant q_L < 500\text{cm}^3/\text{s}$；

注射油缸活塞的有效面积：$65\text{cm}^2 \leqslant F_0 \leqslant 102\text{cm}^2$；

注射油缸内径：$4.5\text{cm} \leqslant D_0 \leqslant 5.6\ \text{cm}$；

螺杆截面积：$50\text{cm}^2 \leqslant F_s \leqslant 110\text{cm}^2$；

工作油压力：$30\text{Mpa} \leqslant p_0 \leqslant 150\text{Mpa}$；

注射油缸数：$N = 1,2$；

注射速度：$5\text{cm}^3/\text{s} \leqslant v_i \leqslant 10\text{cm}^3/\text{s}$。

最后，使用C语言实现RSVC-SPEA计算方法对HT××X3Y×系列大型注塑装备目标性能优化，并使用P4 2.6GHz、512M内存和120G硬盘的微型计算机运行。2目标优化模型内部种群200、外部种群60、迭代次数250；3目标优化模型内部种群800、外部种群350、迭代次数1200。通过试验运行，设置浮点交叉概率为0.7、浮点变异概率为0.2、浮点交叉与变异运算分布指数为18；设置二进制交叉与变异概率分别为0.2和0.8。

应用RSVC-SPEA方法对HT××X3Y×系列大型注塑装备目标性能进行2目标优化。获得包含60个个体的最优解集合解前沿如图11-15（a）所示。并根据基于集合理论的选优方法，客观地确定最优解集合中的综合最优解。

为了比较说明传统的线性加权方法与RSVC-SPEA方法的差异，将2目标最大化问题通过线性加权转变为单目标最大化问题：

$$\max\{\omega Q + (1-\omega)p_i\}$$

使用同样的运算参数进行60次单目标运算，每次运算权值ω在有效区间内随机取值，获得如图11-15（b）所示的最优解集合。

传统的线性加权方法与RSVC-SPEA方法对HT××X3Y×系列大型注塑装备目标性能优化设计结果对比见表11-11，表中分别列举了线性加权方法与RSVC-SPEA方法获得的Q目标最优解与p_i目标最优解的产品设计变量与相应的目标函数值。从图 11-15（a）与图 11-15（b）中可以清楚地看出，RSVC-SPEA 方法可以在 1 次运算中获得比线性加权方法 60 次运算分布性和边界性更好的最优解集合解前沿。

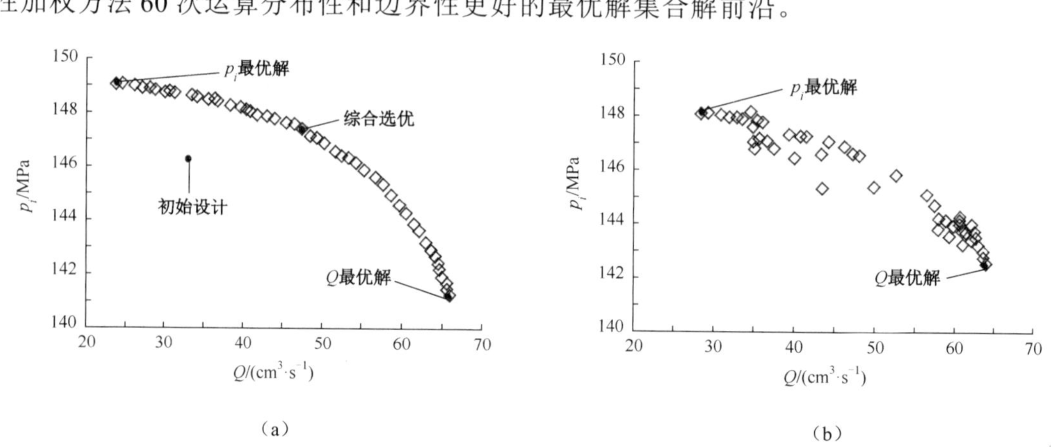

图 11-15　HT××X3Y×系列大型注塑装备目标性能 2 目标优化最优解集合解前沿

表 11-11　传统线性加权方法与 RSVC-SPEA 方法优化结果对比

参数	初始设计	RSVC-SPEA 方法			线性加权方法	
		Q 最优	p_i 最优	综合最优	Q 最优	p_i 最优
D_s	4.50	4.61	5.43	5.06	4.93	5.15
h_3	0.23	0.22	0.26	0.23	0.23	0.22
n	250.00	250.11	268.32	255.97	250.31	260.55
θ	16.00	17.25	18.22	17.83	16.59	17.92
η_1	24.10	24.10	24.10	24.10	24.10	24.10
η_2	25.32	25.32	25.32	25.32	25.32	25.32
δ	0.40	0.33	0.42	0.37	0.31	0.47
e	1.20	1.38	2.45	1.78	1.22	1.56
L_3	60.00	55.32	62.15	59.93	52.31	60.01
q_L	300.00	140.99	352.79	253.12	300.99	308.12
F_0	70.00	66.98	99.29	78.25	70.01	68.56
D_0	4.80	4.83	5.02	4.92	4.96	4.85
F_s	80.00	87.23	88.19	88.01	79.65	88.41
p_0	35.00	36.92	36.01	36.55	40.21	39.88
N	0.00	0.00	1.00	1.00	0.00	1.00
v_i	6.00	8.99	9.02	9.00	8.65	9.32

根据设定的 3 目标优化模型及参数取值范围，在满足相应约束的条件下，利用 RSVC-SPEA 方法进行求解，所得 HT××X3Y×系列大型注塑装备整体性能优化设计最

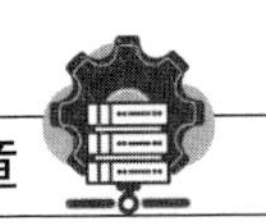

优解集合解前沿如图 11-16 所示。从图 11-16 中可以看出，在注射功率恒定的前提下，HT××X3Y×系列大型注塑装备塑化能力与注射压力的变化趋势和图 11-15（a）所示最优解集合解前沿的边界性与分布性相一致。并且，设计同时满足了塑化能力、注射压力与注射功率的设计约束。因此，可以说明 RSVC-SPEA 方法对于 HT××X3Y×系列大型注塑装备目标性能 3 目标优化设计问题也能够得到分布良好的最优解集合解前沿。

在 HT××X3Y×系列大型注塑装备目标性能优化设计问题求解过程中，分别用 RSVC-SPEA 方法与 SPEA 方法进行求解。对于 2 目标优化模型，两种结果获得的优化设计最优解集合解前沿如图 11-17 所示。

采用 5 组不同的种群规模和迭代次数进行试验，每种方法在同一种群规模与相同迭代次数的条件下，运行 20 次，计算平均时间消耗，试验结果见表 11-12。通过对表 11-12 的分析可知，对于 2 目标优化模型，RSVC-SPEA 方法比 SPEA 方法的时间消耗减少了 9.39%；对于 3 目标优化模型，RSVC-SPEA 方法比 SPEA 方法的时间消耗减少了 45.22%。说明对于外部种群，利用 RSVC-SPEA 方法进行聚类，可以消减外部种群数量，有利于提高解决外部种群庞大的实际工程应用问题算法的运算效率。

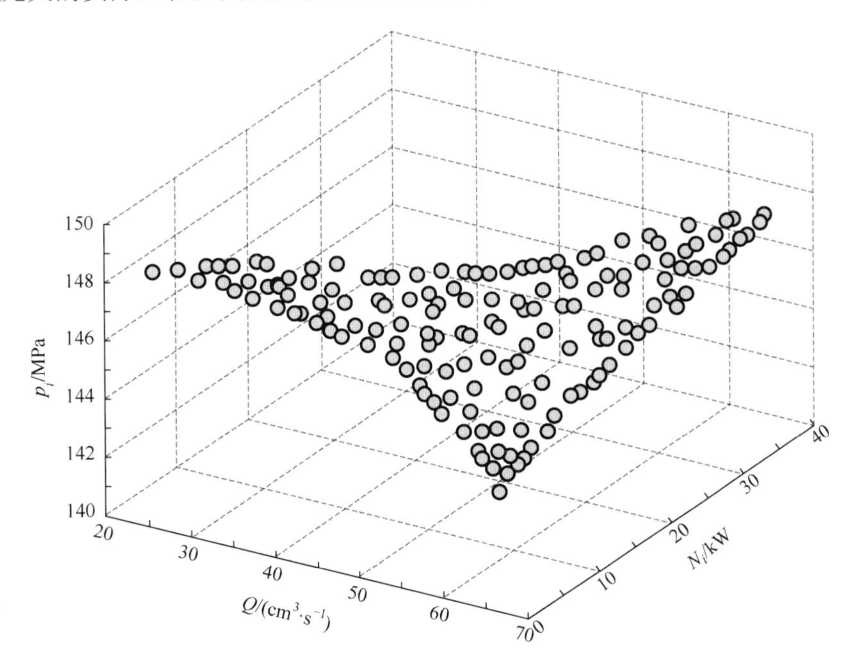

图 11-16 HT××X3Y×系列大型注塑装备目标性能 3 目标优化最优解集合解前沿

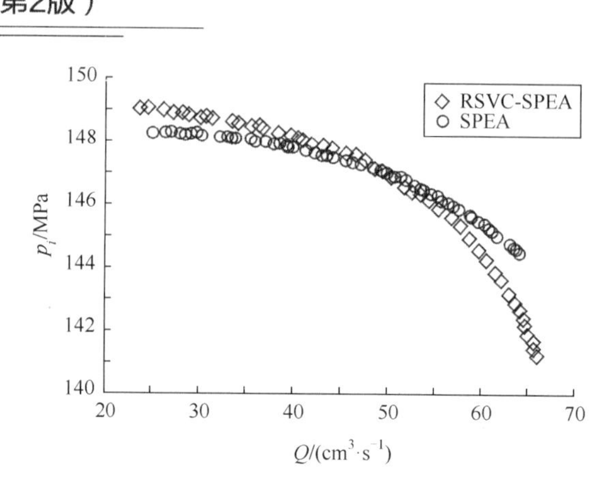

图 11-17　HT××X3Y×系列大型注塑装备目标性能优化设计结果

表 11-12　试验结果分析

方法	实例 1 N=200; M=50; G=400;	实例 2 N=400; M=100; G=800;	实例 3 N=800; M=200; G=1200;
SPEA（s）	132.42	1227.33	5583.84
RSVC-SPEA（s）	119.99	1005.95	3059.02
时间缩短率（%）	9.39	18.04	45.22

因此，与 SPEA 方法相比，在解决实际工程多目标性能优化问题时，RSVC-SPEA 方法不仅可以获得最优解集合解前沿的分布性和边界性，而且还能有效地提高计算效率。伴随着求解问题规模的增大，时间消耗的降低更为明显。

11.2.3　大型注塑装备设计系统与使能性能数据集成

1．性能驱动的大型注塑装备产品设计系统

计算机辅助实现机电产品设计是产品设计的必然趋势，在进行性能驱动的复杂机电产品设计理论和方法研究的同时，结合国家重点自然科学基金项目“复杂机电产品质量特性多尺度耦合理论与预防性控制技术”（项目编号：50835008），将部分研究成果应用于大型注塑装备的设计中，开发了 HTDM 产品设计系统。该系统的开发环境为 PowerBuilder 9.0 和 SQL Server 2000。该系统主要有以下优点。

（1）保持机电产品数据的一致性。性能驱动的机电产品设计的相关信息是不断变化的。将相关信息的维护纳入 HTDM 系统的更改控制、版本管理，增强了机电产品设计相关的可靠性及维护工作的可追溯性。

（2）优化复杂机电产品设计结果。机电产品设计结果性能的优化往往涉及很多全局性

的准则和信息来源，如大型注塑装备的性能信息、结构信息、成本信息等，通过HTDM提供的全面的大型注塑装备相关信息，可以比较容易地实现这些优化目标。

（3）减少机电产品全局数据冗余。大型注塑装备设计模型不是僵硬地刻画产品，而是智能化地组织结构性能知识单元与机电产品结构的映射。一个大型注塑装备设计模型可以衍生许多实例大型注塑装备，这种组织方法对于减小HTDM系统数据冗余，提高数据组织和维护效率具有很重要的指导作用。

（4）与全局信息系统的集成接口。性能驱动的大型注塑装备设计所需要的信息来源于企业整体的信息平台，通过HTDM系统和其他企业信息系统的集成，可以实现机电产品设计性能数据的一体化。

HTDM系统主要包含大型注塑装备性能知识管理模块、大型注塑装备设计流程管理模块和大型注塑装备设计实现模块。HTMD系统的登录界面如图11-18所示。

图11-18 HTDM系统登录界面

（1）大型注塑装备性能知识管理模块的主要功能包括性能知识获取、性能知识与结构映射、性能知识属性与参数群，以及产品设计规则定义。

① 性能知识获取。HTDM 系统可以根据大型注塑装备的机型、螺杆、系列和吨位批量获取相关性能知识，如图11-19（a）所示。为了使性能知识的获取更简易，HTDM也提供根据特定信息来获取大型注塑装备的相关性能知识的操作方法，图 11-19（b）所示就是根据行业属性来获取大型注塑装备性能知识的界面。

② 性能知识与结构映射。根据大型注塑装备的结构性能知识单元与机电产品的实例结构映射机制，建立二者之间的映射关系。图 11-20（a）所示为映射机制建立的总体界面，在确立大型注塑装备性能参数之后，通过如图11-20（b）所示界面选择相对应的实例结构，该信息来自于企业的产品数据管理系统。

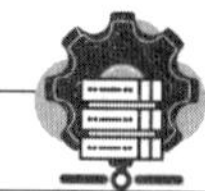

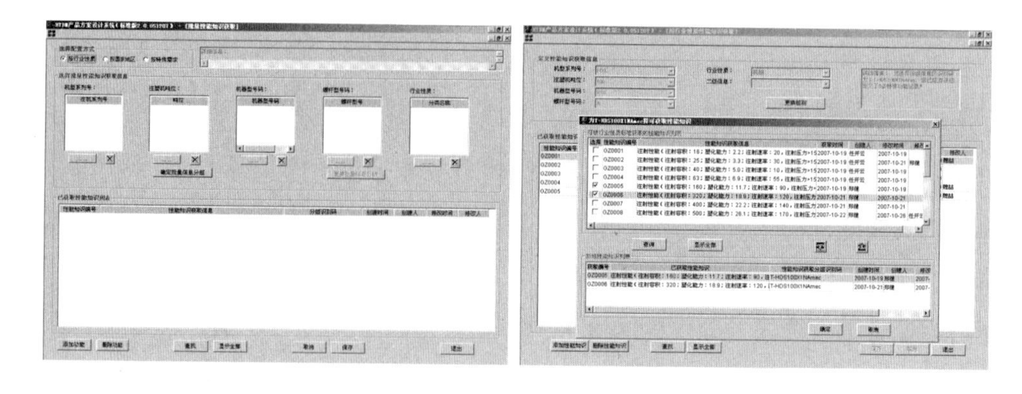

（a）　　　　　　　　　　　　（b）

图 11-19　大型注塑装备性能知识获取界面

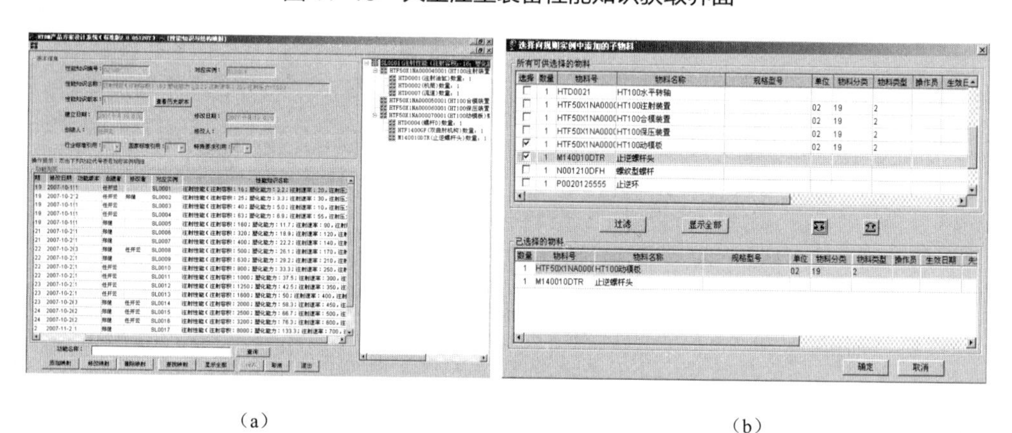

（a）　　　　　　　　　　　　（b）

图 11-20　大型注塑装备结构性能知识单元与结构映射界面

③ 性能知识属性与参数群。HTDM 系统可以灵活地定义大型注塑装备相关的性能知识的属性字段，用来建立结构性能知识与实例结构的映射机制，如图 11-21（a）所示。另外，大型注塑装备相关的参数也可以进行统一的管理，建立性能知识参数群，如图 11-21（b）所示。

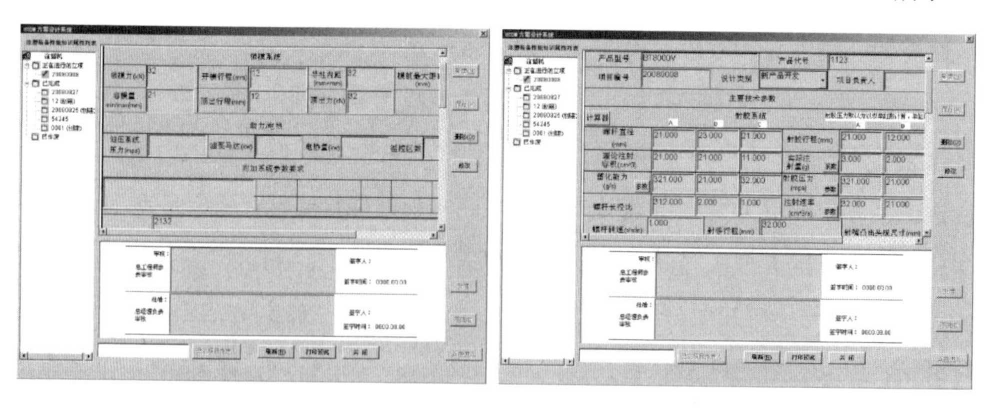

（a）　　　　　　　　　　　　（b）

图 11-21　大型注塑装备性能知识属性与参数群界面

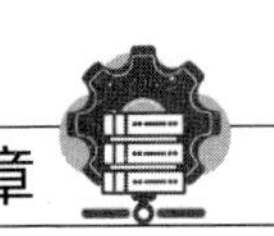

④ 产品设计规则定义。在设计过程中，性能知识所对应的实例结构之间或者性能知识与性能知识之间存在一定的限制或约束规则。需要利用如图 11-22（a）所示的系统界面定义设计规则。规则定义的相关数据来源于如图 11-22（b）所示的界面。

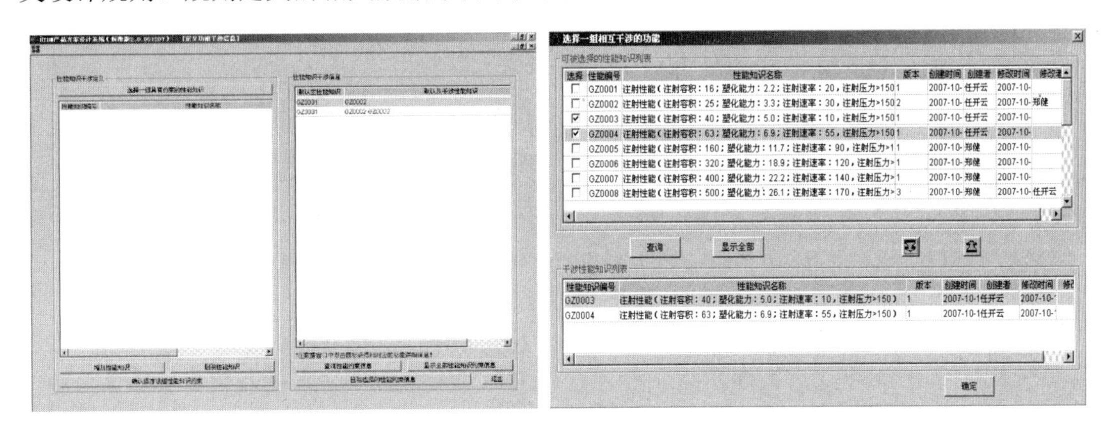

（a）　　　　　　（b）

图 11-22　大型注塑装备设计规则定义界面

（2）设计流程管理模块主要的功能包括设计项目创建、设计任务指派、设计流程分配和设计项目分析。

① 设计项目创建。图 11-23 所示是项目创建界面，通过项目的创建来跟踪大型注塑装备的设计，以便保证 HTDM 系统数据的一致性。

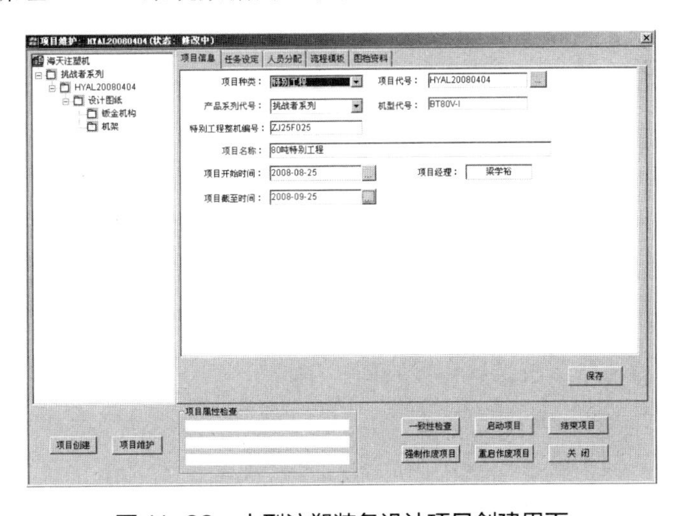

图 11-23　大型注塑装备设计项目创建界面

② 设计任务指派。大型注塑装备设计是一个多分工协作的过程，可以利用 HTDM 系统提供的任务分解界面将设计任务进行分解，并进行任务指派，如图 11-24（a）所示。图 11-24（b）所示是用来定义大型注塑装备设计可分配任务的界面。

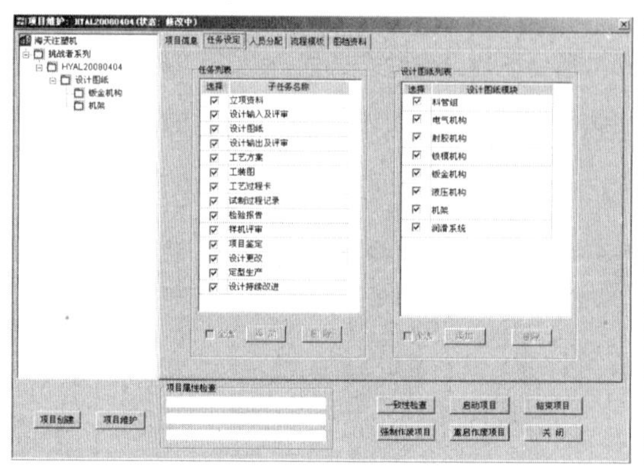

（a）

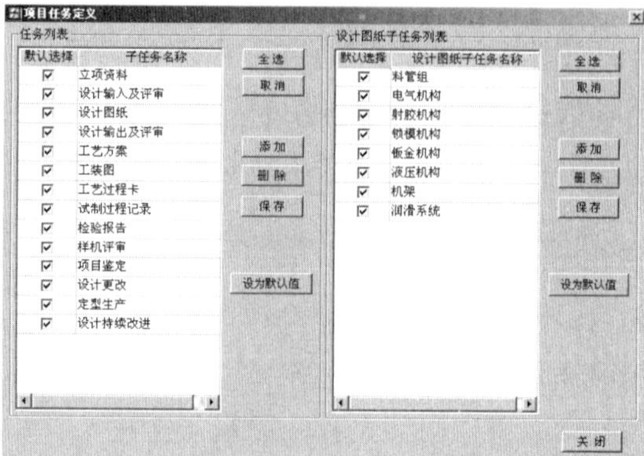

（b）

图 11-24　大型注塑装备设计任务指派界面

③ 设计流程分配。大型注塑装备设计过程中需要进行相关任务的审定和检查，因此需要利用图 11-25（a）所示的界面来指定相关任务的流程。流程可以利用图 11-25（b）所示的界面来灵活定义。

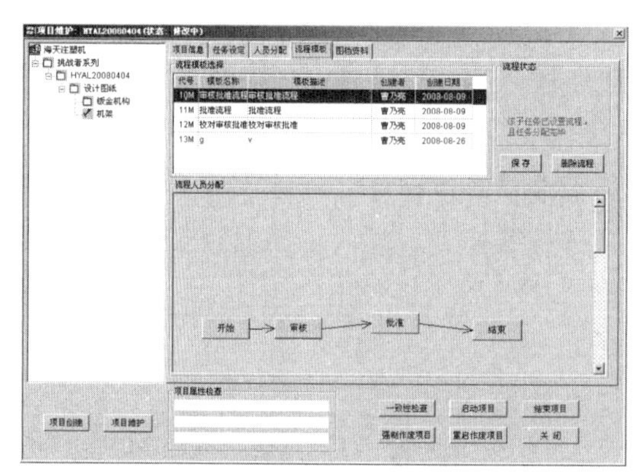

（a）

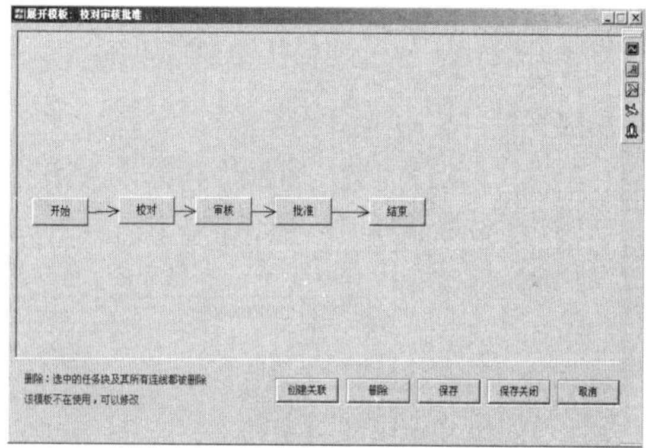

（b）

图 11-25　大型注塑装备设计流程分配界面

④ 设计项目分析。HTDM 系统提供了对每个项目进行统计分析的功能，可以统计某大型注塑装备设计的子任务数量、完成时间、图纸数量、错误次数等相关信息。大型注塑装备设计项目分析界面如图 11-26 所示。

（3）设计实现模块主要的功能包括性能驱动大型注塑装备设计、设计结果重用、设计结果优化目标设置和性能参数驱动装配图纸生成。

① 性能驱动大型注塑装备设计。根据大型注塑装备的结构性能需求集的语义描述，如图 11-27（a）所示。利用定义好的大型注塑装备设计约束和规则，生成符合结构性能需求的大型注塑装备结构，相关系统界面如图 11-27（b）所示。

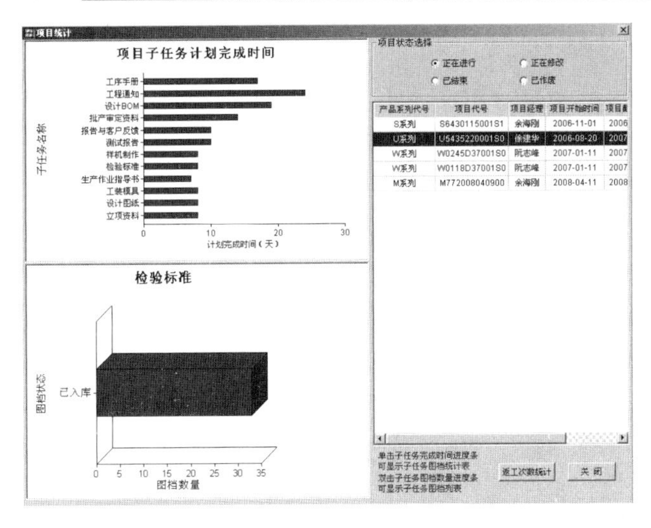

图 11-26　大型注塑装备设计项目分析界面

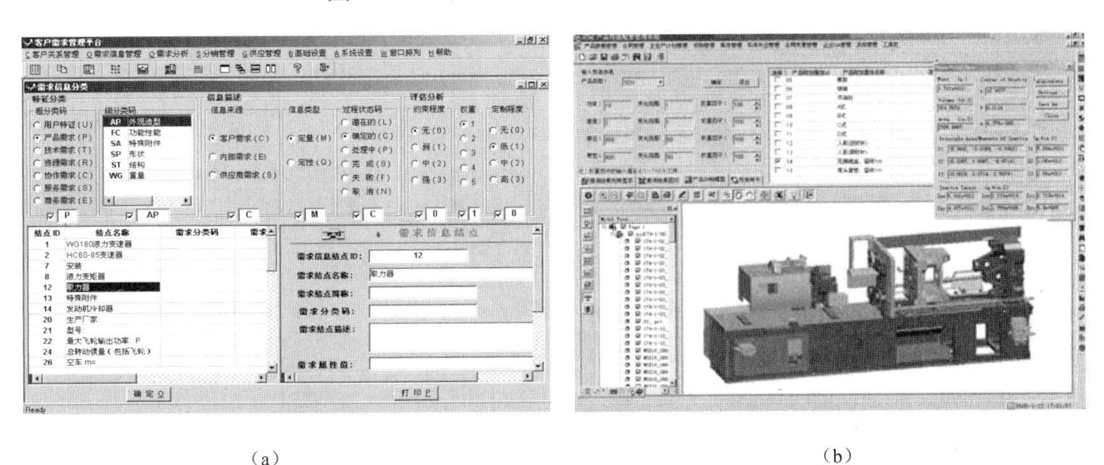

(a)　　　　　　　　　　　　(b)

图 11-27　性能驱动大型注塑装备结构生成界面

② 设计结果重用。在生成大型注塑装备后，HTDM 系统将相关信息进行智能整理与分析。当遇到相同的性能知识需求时，系统会自动提示已有满足性能知识需求集的存在，并显示该设计结果的详细信息，避免设计人员的重复操作和系统的数据冗余。具有设计结果重用提示的系统界面如图 11-28 所示。

③ 设计结果优化目标设置。根据性能驱动的大型注塑装备设计方法，可以通过 HTDM 系统动态调整设计结果优化的目标，使设计结果更加符合性能知识需求。在产品设计过程中可以定义优先使用的实例结构，如图 11-29（a）所示，也可以选择或者定义优化的目标，如图 11-29（b）所示。

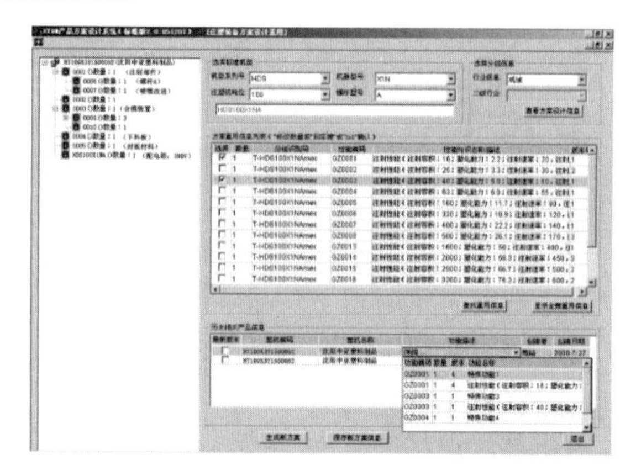

图 11-28　大型注塑装备设计结果重用界面

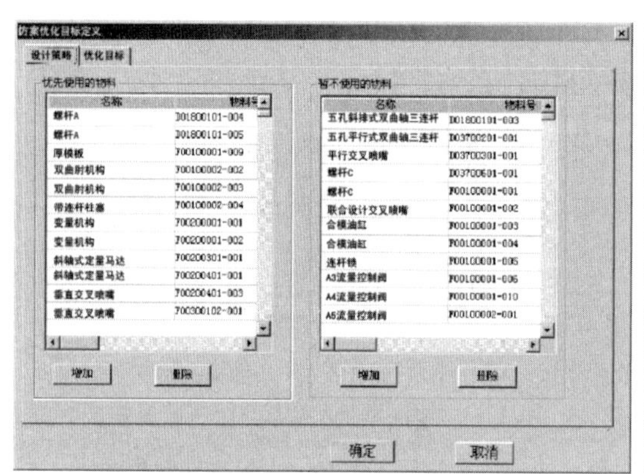

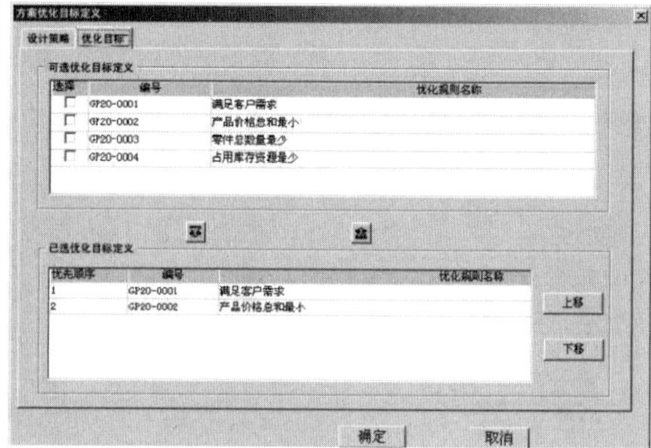

（a）　　　　　　（b）

图 11-29　大型注塑装备设计结果优化目标设置界面

④ 性能参数驱动装配图纸生成。产品设计完成后，对应大型注塑装备的参数值将自动传入到参数化 CAD 系统（Solid Edge）中，并驱动对应的主图生成实例化的图纸。图 11-30 为大型注塑装备注射部件和合模部件的参数化驱动设计结果。

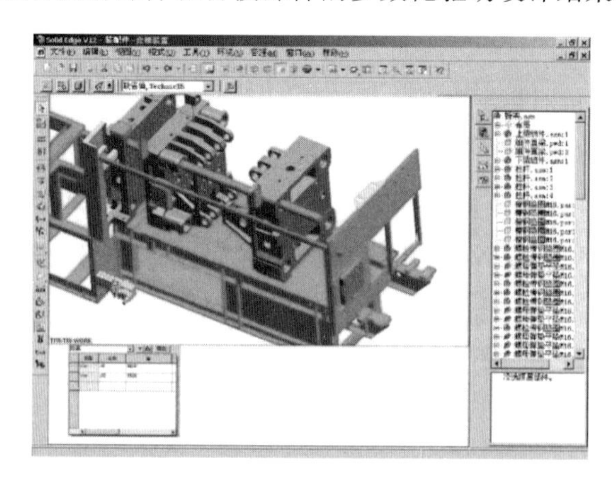

图 11-30　性能参数驱动装配图纸生成界面

2．大型注塑装备使能性能多领域数据集成

基于组件 PDAPI 的机电产品设计多领域使能性能数据集成技术在 HTDM 系统中同样得到实现。HTDM 系统应用组件 PDAPI 技术极大地提高了企业整体信息平台的集成程度，实现了性能驱动复杂机电产品设计的信息共享，提高了产品的质量，降低了成本，缩短了交货周期。以企业信息化平台中典型系统 HTDM 与 SAP R/3 ERP 的集成为例，详细阐述基于组件 PDAPI 的大型注塑装备设计多领域使能性能数据集成技术的具体实现。

HTDM 与 SAP R/3 ERP 系统的集成需求如图 11-31 所示。采用对 SAP R/3 ERP 系统远程调用模块进行二次开发，针对不同集成需求创建组件 PDAPI，在 HTDM 系统中应用 PowerBuilder 程序控件调用的形式来实现这两个系统的集成。

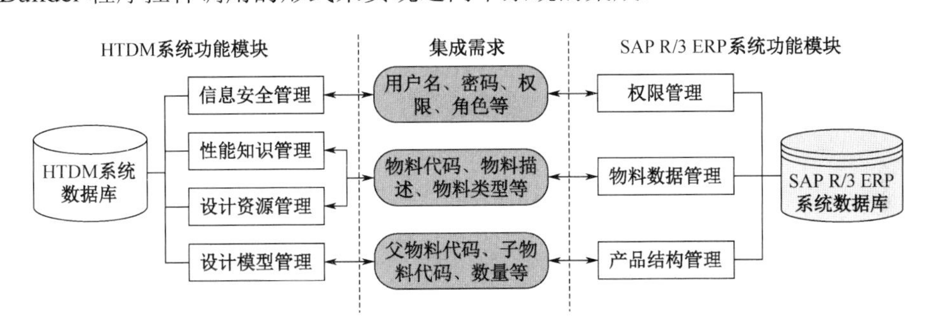

图 11-31　HTDM 与 SAP R/3 ERP 系统的集成需求

例如，为方便技术人员进行大型注塑装备设计，往往需要实现在 HTDM 系统中查询相应物料经 SAP R/3 ERP 系统处理后获得的使能性能数据，对 SAP R/3 ERP 系统远程调用模块进行二次开发，创建组件 PDAPI 的过程如下。

（1）访问层的创建。为组件 PDAPI 创建一个符合标准的名字 BAPI_MATERIAL_GET_ALL，并且定义相关属性，如图 11-32 所示。

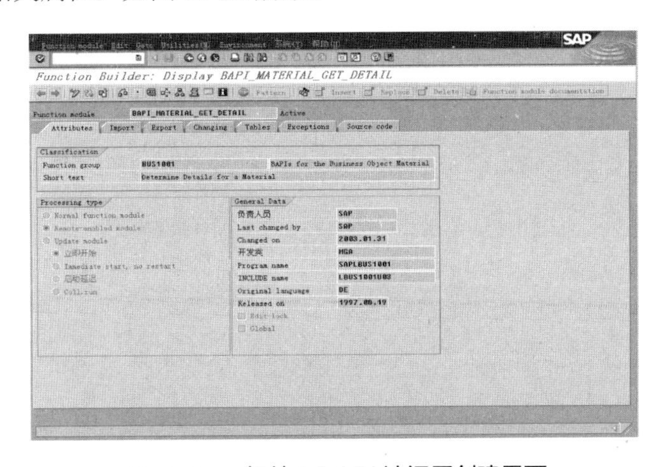

图 11-32　组件 PDAPI 访问层创建界面

（2）通道层的创建。对访问层接收的物料相关数据进行解析，获得系统间集成操作的特性集合 CHECK_CLIENTDATA、FILL_MESSAGE 等，如图 11-33 所示。

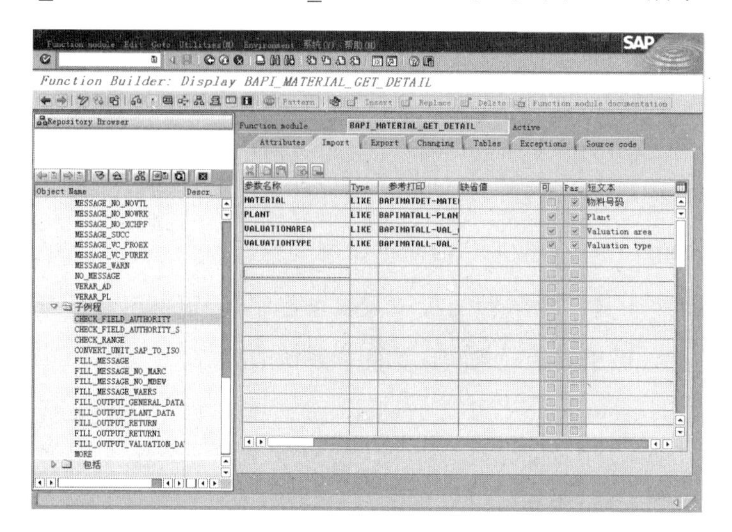

图 11-33　组件 PDAPI 通道层创建界面

（3）完整性层的创建。对获得的操作特性集合并且已经定义好的关于值和值域的强制约束条件进行正确性检查，如图 11-34 所示。

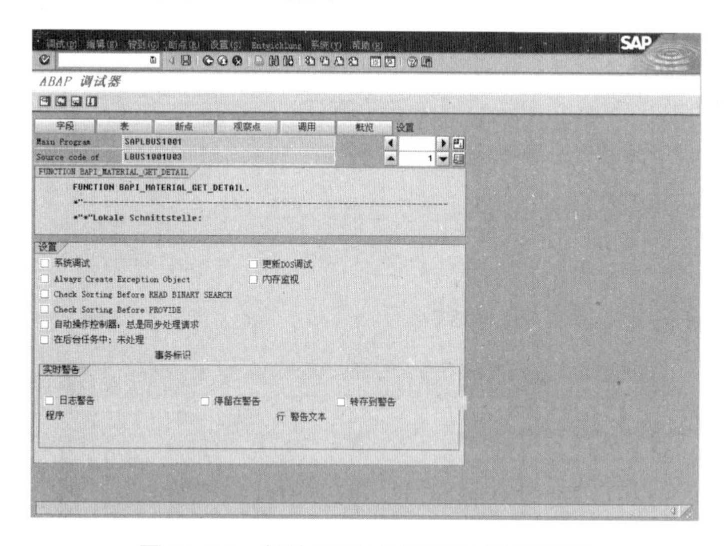

图 11-34　组件 PDAPI 完整性层创建界面

（4）内核层的创建。解析获得的集成操作特性集，将唤醒的相应执行程序在如图 11-35 所示的环境下创建，访问底层数据，程序编写要符合执行的语义描述，该部分将严格对外封装。

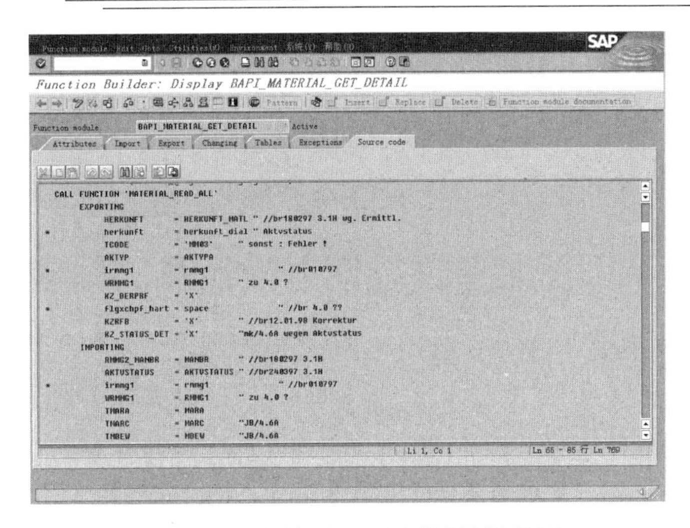

图 11-35 组件 PDAPI 内核层创建界面

其他集成需求相对应的组件 PDAPI 和上述实现方法类似，因此不再赘述。HTDM 系统中应用 PowerBuilder 控件调用 PDAPI 方法如下：

```
//定义连接对象
go_object = create oleobject
//控件
go_object.ConnectToNewObject("SAP.LogonControl.1")
go_connection = go_object.NewConnection
//语言
go_connection.Language = "ZH"
//用户名
go_connection.User = "10608026"
//密码
go_connection.Password = "admin"
//集团号码
go_connection.Client = "000"
//IP
go_connection.ApplicationServer = "10.11.111.186"
//系统编号
go_connection.SystemNumber = "00"
//定义功能对象
go_function = create OLEobject
go_function.ConnectToNewObject("SAP.Functions")
go_function.Connection = go_connection
//定义表
go_func = create oleobject
……
//调用组件PDAPI
go_function.Add("PDAPI_* ")
//传入数据
go_func.Exports("Parameters").value =
……
//连接，并返回结果
```

```
lb_return = go_func.Call()
//传出数据
o_table.value(n) =
……
```

11.3 复杂锻压装备性能增强设计及工程应用

随着当前市场竞争的日益激烈，锻压装备制造企业越来越重视其创新能力与产品的市场竞争力。把脉企业设计部门的设计流程，发现多以仿制方式的反求设计为主，且设计流程杂糅冗余，并不利于其创新发展，具体表现为：（1）锻压装备生产企业的研发模式为小批量定制方式，然而这种设计流程的创新能力较弱，对以往的设计知识缺乏有效利用。（2）性能是产品保持核心竞争力的关键，而目前企业设计部门对如何提高产品的性能还缺乏系统性的方法。（3）在大数据时代，产品的数据是宝贵的财富，设计知识可以为新产品开发提供技术支持，产品运行数据可以揭示产品的缺陷，维修数据可以表征产品故障的原因，因此有效的数据管理与维护值得企业给予足够的重视。

11.3.1 复杂锻压装备行为性能均衡规划

行为性能均衡模块用于面向多种性能指标均衡的产品行为解耦规划，形成可配置的行为单元用于后续产品结构设计，是提高产品柔性与实现设计自动化的关键技术之一。该模块主要实现以下三个功能。

（1）产品零件行为特性维护。产品零件行为特性是解耦规划分析的数据基础，为产品零部件之间的耦合关系处理提供依据。在产品设计早期，需要由设计专家通过系统对锻压装备的各个零部件数据进行维护与定义，为后续设计提供数据来源。

（2）零件关联特性处理。零件关联特性处理主要通过对前面获取的特性数据进行分析，对模糊数据进行去模糊化等操作，得到较为准确的零件关联特性信息用于产品解耦规划。

（3）产品单元模块管理。产品单元模块管理对解耦规划生成的模块单元进行储存、预览和重用等操作，作为标准件用于锻压装备的结构设计过程中。产品单元模块信息是锻压装备柔性生成的依据，有效地保存与重用单元信息可以提高企业的生产效率。

11.3.2 复杂锻压装备结构性能合理适配

结构性能适配模块多应用于方案结构设计阶段，其用于在约束环境下实现功能与结构的映射以及结构适配，生成结构性能较优的方案供设计者选择。功构映射是计算机辅助概念设计中极为重要的一项关键技术，其利用计算机的优点帮助设计者搜索庞大的设计空间，从而提高设计效率。该模块主要的功能为约束规则管理、功能—结构映射、设计方案生成。

（1）约束规则管理。

锻压装备设计约束规则管理依据目标性能辨识环节中的重要度分析结果，关注产品功能设计中所需要定义的各类约束条件，可以对约束规则进行形式化表达便于计算机存储，通常采用产生式规则、变量属性定义、约束公式编辑等方式实现。图 11-36 所示为锻压装备设计约束规则输入与生成界面，用于设计者对设计约束进行保存；图 11-37 所示为设计约束属性定义界面，便于设计者设计约束的传递与分析。

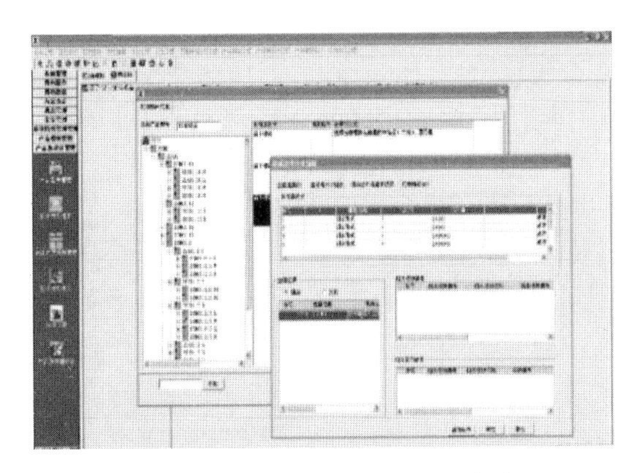

图 11-36 设计约束规则输入与生成界面

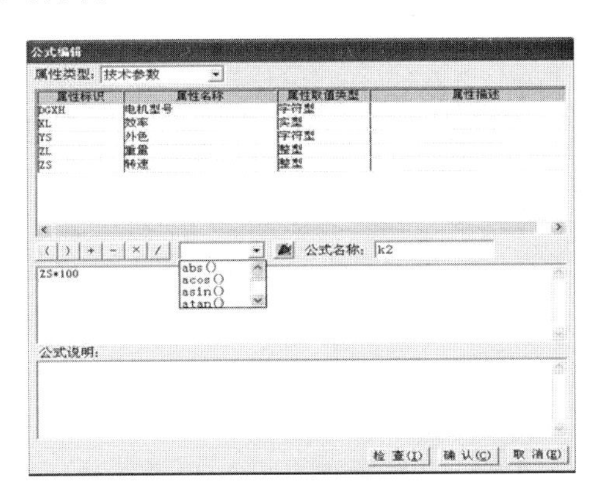

图 11-37 设计约束属性定义界面

（2）功能—结构推理映射。

功能—结构推理映射通过对功能与结构属性特征的相似度进行分析从而获得与功能相匹配的结构实例。图 11-38 所示为功能结构属性定义界面，用于对产品功能结构属性特征进行维护，保证数据的准确性；图 11-39 所示为功能结构映射结果输出界面，可以生成 CAD 模型进行二维图纸呈现。

（3）设计方案生成。

设计方案生成主要是通过对功能—结构推理映射得到的物理结构实例组合优化获得的，其依据为生成具有较优结构性能的设计方案。图 11-40 所示为加载优化算法代码界面，通过对优化算法封装，只需要选择合理的目标函数就可以对实际问题进行优化计算；图 11-41 所示为设计方案优化结果输出界面，根据最优的 Pareto 解反向获取性能较优的设计方案。

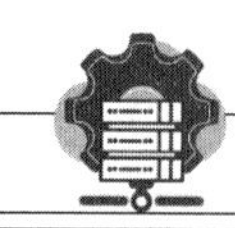

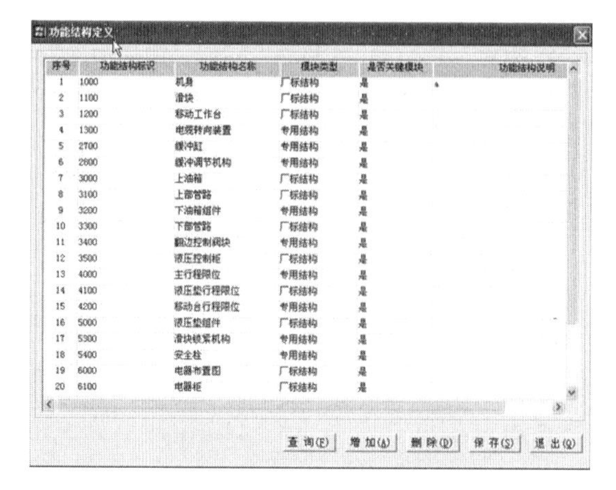

功能结构定义

序号	功能结构标识	功能结构名称	模块类型	是否关键模块	功能结构说明
1	1000	机身	厂标结构	是	
2	1100	滑块	厂标结构	是	
3	1200	移动工作台	厂标结构	是	
4	1300	电缆转向装置	专用结构	是	
5	2700	缓冲缸	专用结构	是	
6	2800	缓冲调节机构	专用结构	是	
7	3000	上油箱	厂标结构	是	
8	3100	上部管路	厂标结构	是	
9	3200	下油箱组件	专用结构	是	
10	3300	下部管路	厂标结构	是	
11	3400	翻边控制阀块	专用结构	是	
12	3500	液压控制柜	厂标结构	是	
13	4000	主行程限位	专用结构	是	
14	4100	液压垫行程限位	厂标结构	是	
15	4200	移动台行程限位	专用结构	是	
16	5000	液压垫组件	厂标结构	是	
17	5300	滑块锁紧机构	专用结构	是	
18	5400	安全栓	专用结构	是	
19	6000	电器布置图	厂标结构	是	
20	6100	电器柜	厂标结构	是	

查 询(F)　增 加(A)　删 除(D)　保 存(S)　退 出(Q)

图 11-38　功能结构属性定义界面

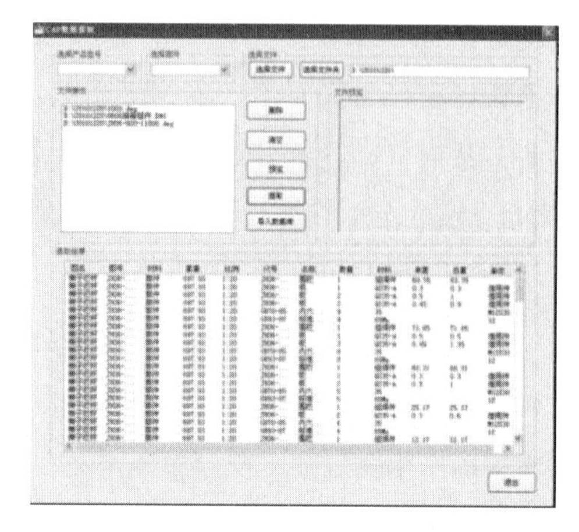

图 11-39　功能结构映射结果输出界面

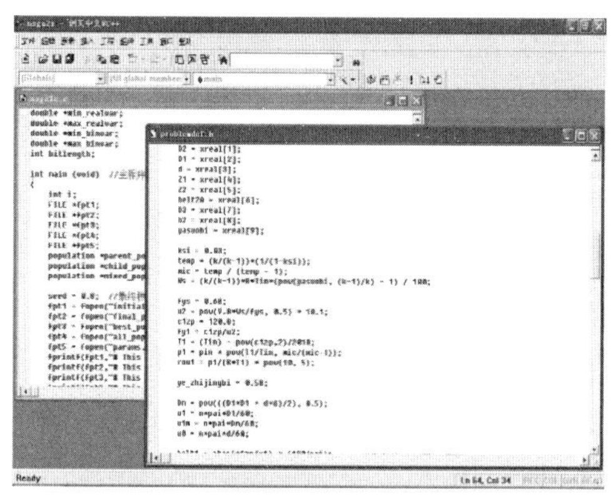

图 11-40　加载优化算法代码界面

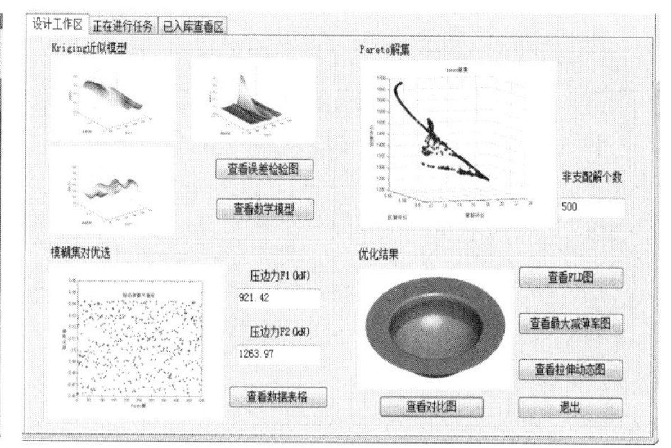

图 11-41　设计方案优化结果输出界面

11.3.3　复杂锻压装备预测性能可信评估

预测性能校核模块创新性地对已有数据进行综合利用，对产品设计早期的设计方案的关键性能进行分析，可以有效地规避不满足性能要求的设计结果。该模块主要提供性能参数管理与性能参数分析两个功能。

（1）性能参数管理。

预测性能评估对数据的精确性具有一定的要求，这样才能保证模型的准确性。图 11-42 所示为性能参数评估界面，通过对存储的性能参数样本进行校核，去除异常点，可以提高样本的准确性；图 11-43 所示为某型号锻压装备工艺性能参数管理界面，通过对此类数据有效的分类集成，提高了样本数据的可读性与友好性。

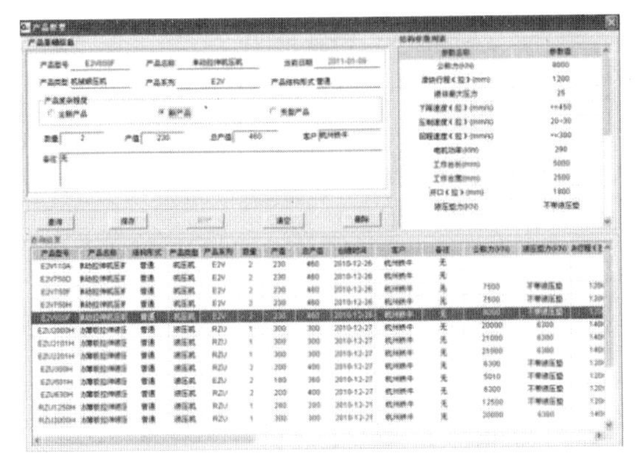

图 11-42　性能参数评估界面

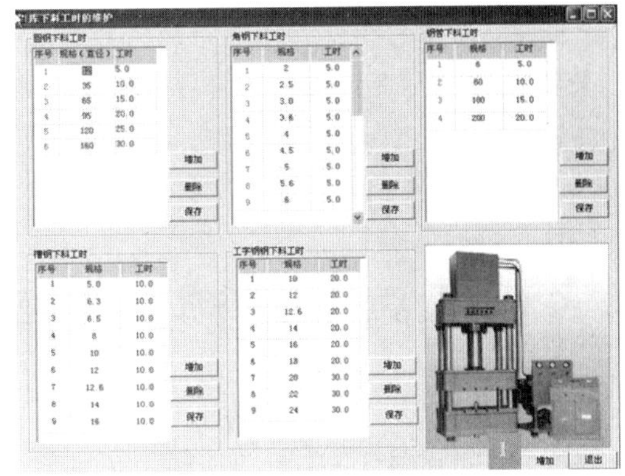

图 11-43　性能参数管理界面

（2）性能参数分析。

性能参数分析主要通过对已有性能数据建模从而实现对关注的性能参数的综合预测，得到在特定工作条件下性能参数的估计值。图 11-44 所示为性能计算公式维护界面，用于对显式的公式进行输入、修改、查错以及维护等操作；图 11-45 所示为性能参数分析界面，用于对特定产品的性能参数进行分析，由于产品的特殊性，因此该界面的开发具有一定的定制性与针对性。

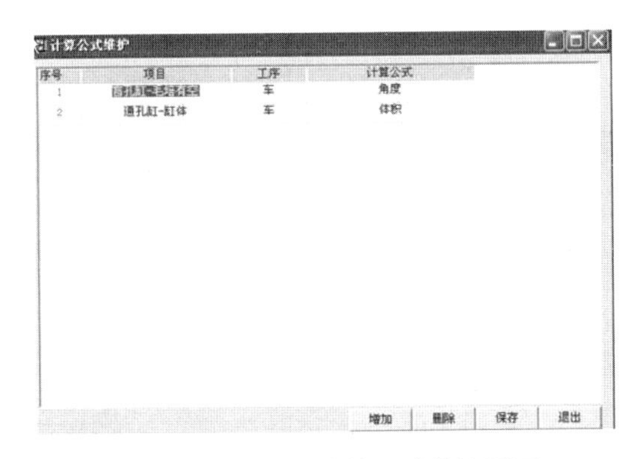

图 11-44　性能计算公式维护界面

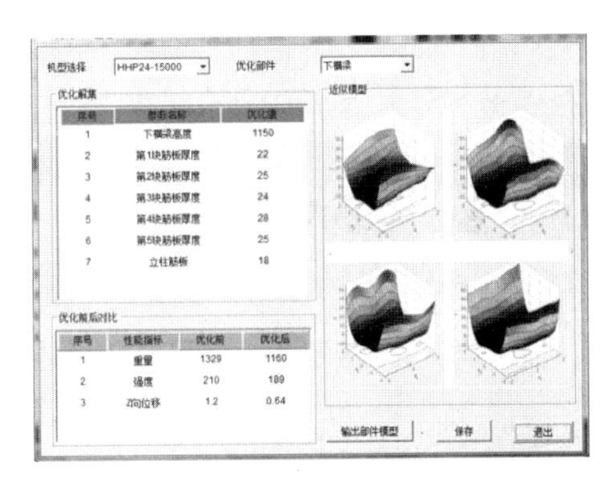

图 11-45　性能参数计算分析界面

11.3.4　应用效果分析

将系统集成平台应用于合肥锻压公司的 15 000 吨 HHP24-12000/15000 型双动充液拉伸液压机产品设计早期性能设计中，对关键部件进行期望性能辨识、行为性能均衡、结构性能适配以及预测性能评估，以提高液压机整机在设计过程中的性能。

与传统的性能设计方法相比，本方法从设计初期就以性能作为目标展开，从期望性能的精确获取，行为性能的最优均衡，结构性能的全局满足以及预测性能的可信评估方面，以性能的演化过程为基础，使得能够在产品设计早期减少由于设计人员认知性不足带来的模糊不确定的影响，提高了设计效率与设计质量，并有利于计算机辅助概念设计的实现。

11.4 高速乘客电梯的模块置换设计

电梯产品的种类繁多，其选型与配置需要根据建筑物的具体情况，比如服务楼层数、提升高度、建筑面积等，以及用户的具体需求来进行。电梯产品比较常用的分类方法有以下几类。（1）按用途可分为：乘客电梯、载货电梯、病床电梯、观光电梯、汽车电梯、杂物电梯、船舶电梯、建筑施工电梯、特种电梯等；（2）按速度可分为：低速电梯、中速电梯、高速电梯和超高速电梯；（3）按驱动方式可分为：交流电梯、直流电梯、液压电梯、齿轮齿条电梯、螺杆式电梯和直线电机驱动的电梯。随着国内社会经济的发展，由于土地资源的稀缺日益显现，不管是普通住宅还是商业大楼都在向高度要空间，所以高速乘客电梯的需求与日俱增，特别是一些发达城市，高速乘客电梯的市场份额甚至超过了低速乘客电梯。与此同时，电梯产品是一种定制程度非常高的产品，配置设计是电梯主要设计技术之一。

电梯制造业作为制造业的重要一员，其发展过程也积累了大量的数据资源，在电梯产品设计方面，这些资源体现在以下两个方面。

（1）客户及其需求数据。客户与企业之间的交互和交易行为将产生大量的数据，如客户在购买电梯前会进行询价，在这个过程中企业会收集到客户的需求信息，这些数据包含了客户的个性化需求信息、客户的背景信息等。询价不一定带来成功的订单，企业往往把失败的询价信息丢弃在询价数据库中，对询价过程中收集的客户需求信息不够重视。

（2）设计知识及过程数据。企业在多年的研发设计过程中，积累了大量的设计数据，这些数据是企业宝贵的知识积累，是企业竞争力的内在体现。这些数据包括设计参数、设计方法、建模数据等。电梯是一个复杂的系统，它的设计对于设计人员来说不是一朝一夕完成的，需要设计人员融合多领域的知识以及多年的经验。设计数据是设计人员的知识结晶，有效的管理和组织这些数据并将这些数据利用起来，将大大减轻设计人员的负担，提高企业的设计效率。

在信息化时代，传统的高速电梯设计方法面临新的挑战。1）高速电梯客户需求具有模糊性、动态性、多样性等特点，传统的市场调查方法只是对客户进行抽样，无法掌握全面

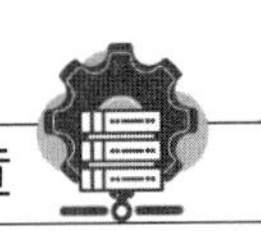

的客户需求信息，更无法发现潜在的客户；2）来自企业内部和外部的高速电梯客户需求数据具有异构性和海量性的特点，原有基于单机模式下的存储方法和数据挖掘方法都不适用于对异构客户数据进行处理；3）高速电梯设计人员需要凭借设计经验将客户需求转换为模块的功能参数，具有主观性和随意性的缺陷；4）高速电梯结构设计过程中，实例库中可能匹配不到满足需求的功能-结构模块，并且对于高速电梯模块结构的修改设计缺乏简洁高效的方法。

针对以上问题，基于客户需求实现高速电梯的模块置换设计对于高速电梯制造业具有重要意义。

11.4.1　基于客户异构数据的高速乘客电梯定制需求知识挖掘

以国内某大型电梯企业为例，其高速乘客电梯产品的报价系统中存储着海量的客户报价数据、SAP 系统中存储着大量客户的非标产品数据等，采用企业内部数据集成流程将这些系统中的客户数据进行集成。同时通过网络爬虫软件采用关键词搜索的方式收集国内的电梯企业网站中的客户数据，采用基于 WEB 的客户需求数据集成流程进行集成。这两方面的数据达到了 GB 级别的数据量，共同构成了客户数据，对建立的客户数据进行客户聚类分析。客户需求（CR）可以由需求单元组合表示为：$CR=\sum_{i=1}^{i=n}R(R_i,N,v,C_i)$。为了更全方位的掌握客户需求，将客户的基本信息也加入到客户需求信息中，构建了如表 11-13 所示的客户需求属性表。

表 11-13　客户需求属性

客户信息编号	需求属性名称	客户信息编号	需求属性名称
1	客户地区	8	层站数
2	客户性质	9	提升高度
3	客户订单类型	10	速度
4	交货周期	11	载重量
5	价格	12	噪声
6	数量	13	震动
7	气压	14	……

在客户属性表中有数值参数和字符参数，为了能够用于聚类，需要将其进行转换。如客户订单的值域为{公共交通、住宅、写字楼、商城……}，可以将各类型赋予特定的数值编号，将字符转换为数值，如表 11-14 所示。

表 11-14 订单类型编号

编号	订单类型
1	公共交通
2	住宅
3	写字楼
4	商城
5	酒店
6	旅游景区
……	……

对于模糊需求，根据企业实际情况与专家意见，采用 0.8 的隶属度将模糊需求转换为数值。如统计出的交货周期均值为 31.4 天，得到隶属度函数的表达式，将 0.8 带入，得到各模糊表达的交货周期。

采用系统抽样的方法，取 n=10000，得到客户样本数据，如表 11-15 所示。

表 11-15 客户样本数据

编号	地区	客户类型	类型	交货周期	价格/万元	数量	载重量/kg	速度/m·s^{-1}	层站数	噪声	震动	……
1	23	3	7	20	19.5	3	630	1	10	0.5	1	……
2	12	6	1	30	20	1	1100	1.5	10	1	1	……
3	50	7	2	14	19.5	5	1250	2.5	10	0	0	……
4	50	7	5	25	22	1	1150	4	10	1	1	……
5	24	7	2	90	16.5	2	630	2	10	0	0.5	……
6	21	6	3	30	15	10	400	1	3	0	1	……
7	10	6	5	19	24	2	1600	2.5	55	1	1	……
8	4	2	5	60	19.5	1	1050	1.5	7	0.6	0	……
9	3	3	5	60	18	3	1000	1.75	7	0.3	0	……
……	……	……	……	……	……	……	……	……	……	……	……	……
10000	21	7	5	20	18	4	950	1.5	6	1	0.8	……

采用改进的 K-均值聚类算法对客户数据样本进行聚类，为了提高聚类准确性，对客户数据抽样聚类 5 次，得到的聚类有效性曲线如图 11-46 所示。

通过聚类有效性曲线可以发现，聚类有效性函数的最大值都集中在聚类数目为 16 的时候，最大值为 6233.656，因此将聚类数目定为 16，并将得到的聚类中心作为客户数据聚类的初始中心。

在 hadoop 构建的分布式集群上运行基于 MapReduce 并行化的 K-均值聚类算法，得到的客户分布结果如图 11-47 所示。

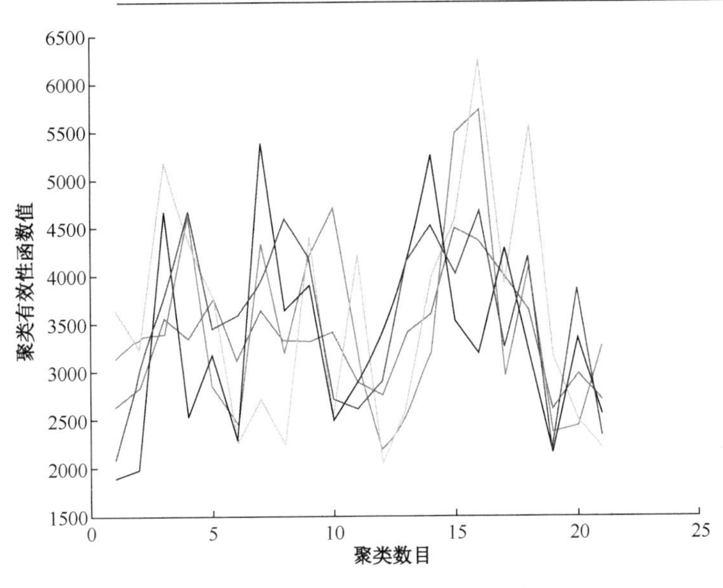

图 11-46　客户聚类有效性曲线

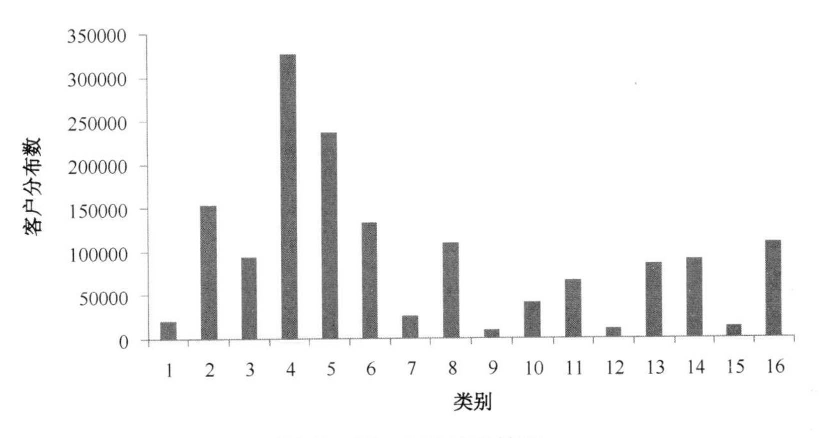

图 11-47　客户分布情况

可以发现，第 2、第 4、第 5 类客户占整个客户的 46.4%，进一步分析发现这 3 类客户主要需求为低速乘客电梯，但在配置和结构布局等方面有差异。这一方面表明该企业的主要客户是讲究高性价比的客户，他们对产品的要求是低价、够用即可；另一方面也说明企业对于深层次的客户挖掘不够，产品单一。

通过对其他几类客户进行分析，可以发现其中的潜在客户和他们的需求。如第 7 类客户，表 11-16 列举了他们的一些特点：

表 11-16　第 7 类客户特征

客户信息	特征
客户地区	东部沿海发达地区
客户订单类型	高档、高层建筑

续表

客户信息	特征
数量	≤5
层站数	≥50
载重量	≥1600
速度	5～7

可以看出，该类客户来自经济发达地区，一般为高档的高层写字楼、酒店等项目，对载重量和速度要求较高，层站数较多，是一类高端用户。对于这一类用户，急需企业开发出一类高端电梯来占据市场份额。

11.4.2 基于神经网络的高速乘客电梯客户需求到定制模块功能映射

以电梯轿厢定制模块为例，利用基于神经网络的映射方法获取其功能。应用改进 K-均值聚类技术分析得出的客户需求是一类高速乘客电梯，选取乘客电梯的技术参数模板 $PT_{passenger}$，其定制技术参数值如图 11-48 所示。

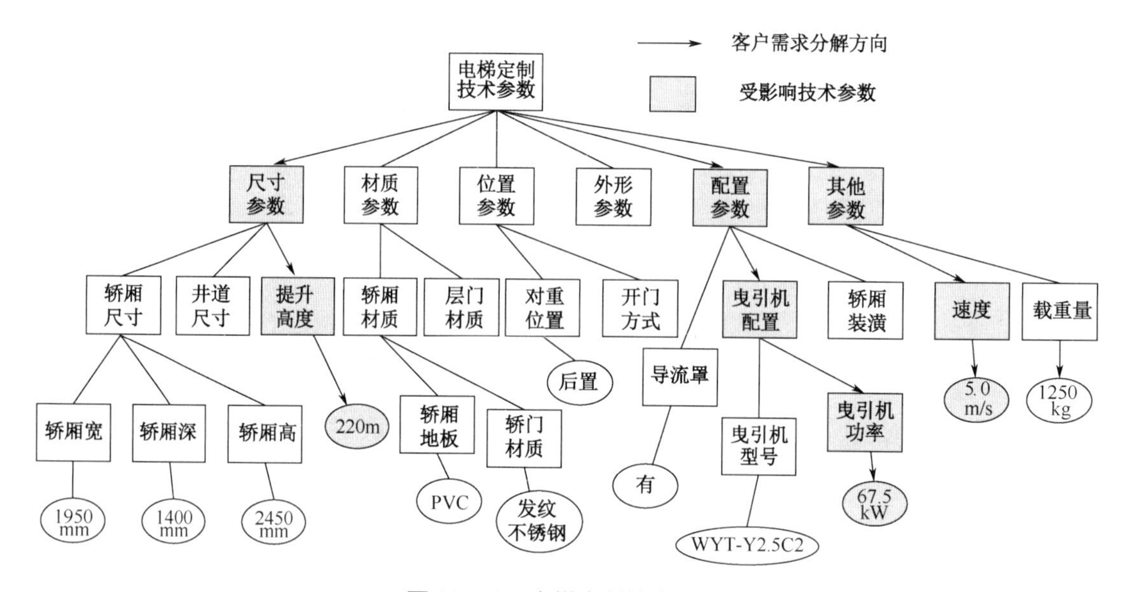

图 11-48 电梯定制技术参数

根据定制技术参数的解析流程，对定制技术参数求解。客户需求中速度为 5m/s，在映射规则库中找到与速度需求相关的映射规则，根据表 11-17，速度需求将影响速度参数、尺寸参数和配置参数等内容，随着速度的增加，提升高度也应相应增加；同时曳引机的功率也要提高；高速情况下，轿厢需要配置导流罩以减少空气阻力。速度需求对于技术参数的影响如图 11-48 所示，箭头表示客户需求的分解方向，深色部分为受该需求影响的技术参数。其他需求特征也按照同样的方法进行分解。

表 11-17 R-P 映射规则

需求特征	定制技术参数	映射规则
速度	速度	$v = cr\_v$
速度	提升高度	$h \geqslant 40 \times v$
速度	曳引机功率	$p > v \times a$
速度	导流罩	如果 $v > 3.5\text{m/s}$ 则需要导流罩
速度	加速度	$a \leqslant 1.5\text{m/s}^2$
……	……	……

将客户需求分解完成后，针对特定的技术参数，利用层次分析法得到各需求的权重，确定技术参数。以速度技术参数为例，影响速度的客户需求包括速度、噪声、震动、气压、安全性等，这些需求映射出速度技术参数分别为 $CR = [5.0, 3.0, 2.5, 1.5, 1.5]$，构建图 11-49 所示需求权重层次分析结构来确定各需求权重。

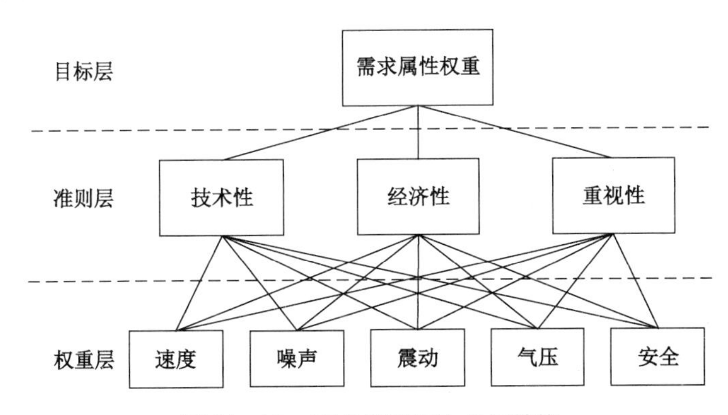

图 11-49 需求权重层次分析结构

对准则层构造判断比较矩阵，得到各准则的权重值 $W = [0.22, 0.08, 0.70]$，如表 11-18 所示。

表 11-18 准则层判断矩阵

	技术性	经济性	重视性	权重
技术性	1	4	1/6	0.22
经济性	1/4	1	1/6	0.08
重视性	6	6	1	0.70

再针对每个准则构造需求判断矩阵，由于篇幅限制，本文只列出基于技术准则的需求判断矩阵，如表 11-19 所示。

表 11-19　基于技术准则的需求判断矩阵

	速度	噪声	震动	气压	安全	权重
速度	1	4	4	4	1/5	0.2369
噪声	1/4	1	1/3	3	1/5	0.0884
震动	1/4	3	1	3	1/5	0.1309
气压	1/4	1/3	1/3	1	1/5	0.0534
安全	5	5	5	5	1	0.4905

将基于各准则的需求权重进行加权求和，得到各需求的权重值为：

$$W = [0.58, 0.15, 0.12, 0.04, 0.27]$$

加权求和得到最终的速度技术参数：

$$\begin{aligned} P &= 0.58 \times 5.0 + 0.15 \times 3.0 + 0.12 \times 2.5 + 0.04 \times 1.5 + 0.27 \times 1.5 \\ &= 4.005 \end{aligned}$$

同样的方法对其他定制技术参数求解，得到的满足客户需求的技术参数，如表 11-20 所示。

表 11-20　定制技术参数

定制技术参数	技术参数值
速度（m/s）	4.005
载重量（kg）	1350
开门宽度（mm）	1100
开门高度（mm）	2400
轿厢宽（mm）	2000
轿厢深（mm）	1500
轿厢高（mm）	2800
最大提升高度（m）	220
……	……

根据神经网络集的训练步骤，将历史的定制技术参数转换为定制功能模块功能的数据信息，训练出用于映射的神经网络集。最后将得到定制技术参数 $P = [P_1, P_2, \cdots, P_n]$ 带入训练出的神经网络集中，可以得到定制功能模块的各个参数信息，如表 11-21、表 11-22、表 11-23 所示。

表 11-21　定制模块材质特性

材质特性（M）	材质
轿厢地板	PVC 仿大理石
轿门	发纹不锈钢
扶手	不锈钢管短纹

续表

材质特性（M）	材质
吊顶	喷塑钢板
围壁	发纹不锈钢
……	……

表 11-22　定制模块设计参数

设计参数（DP）	参数值
开门宽度（mm）	1 100
开门高度（mm）	2 400
轿厢宽（mm）	2 000
轿厢高（mm）	2 800
轿厢深（mm）	1 500
载重量（kg）	1 350
……	……

表 11-23　定制模块附加功能

附加功能（A）	值
语音报站功能	1
防扒门功能	1
轿顶安全窗	-1
视频监控	1
地震监测	0
……	……

11.4.3　客户需求驱动的高速乘客电梯模块结构置换设计

以国内某大型电梯企业的电梯轿厢定制模块结构设计为例，说明结构置换设计过程。轿厢定制模块是客户定制需求最多的模块，企业积累了诸如轿厢置换结构、轿厢结构置换流程等轿厢定制模块结构设计知识数据。应用神经网络映射得到轿厢定制功能模块的功能参数，从模块实例库中根据相似性找出功能最相似的轿厢定制模块实例，轿厢模块主要包括轿架、轿厢、轿门、门机、整流罩等几个部分，如图 11-50 所示。

初次分割时对轿厢模块采用零件级的分割，得到如图 11-51 所示的模块置换结构连接图。

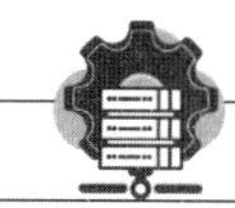

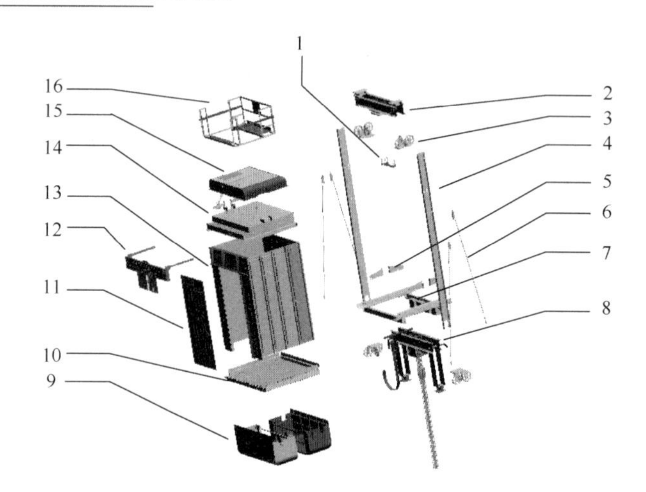

1—转动组件；2—上梁组件；3—滚轮导靴；4—立梁；5—轿架连接座；6—拉条螺杆；7—轿厢托架；8—下梁装置；9—下整流罩；10—轿底组件；11—轿门；12—门机；13—轿厢围壁；14—轿顶；15—上整流罩；16—轿顶维修平台。

图 11-50　电梯轿厢模块结构

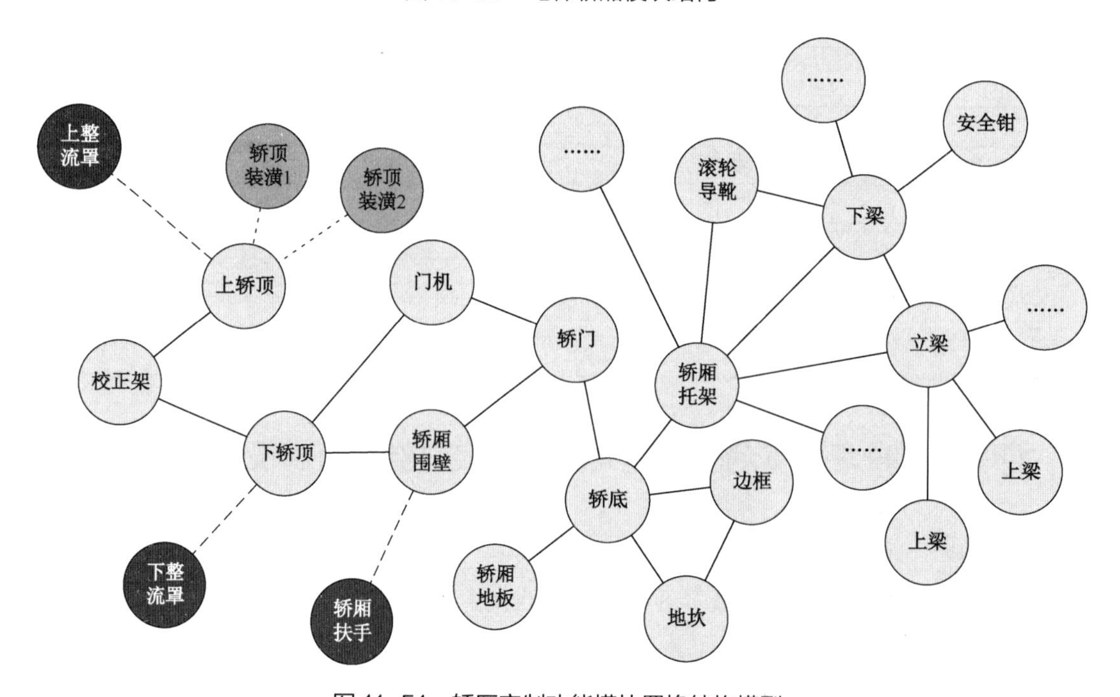

图 11-51　轿厢定制功能模块置换结构模型

针对获取的定制功能模块功能参数信息，对轿厢模块进行结构置换设计，具体如下：

对于轿厢的材质特性，可以直接修改对应结构单元的材质参数。

轿厢尺寸的修改是模块部件修正操作，通过修改相应部件的尺寸参数，得到经过尺寸修正的轿厢模块结构。模块功能参数中要求轿厢深为 1500mm，首先定位需要修正的结构单元，图 11-52 的置换结构连接模型中有多个结构单元与轿厢深相关，选取其中轿底结构

单元 S_{JD} 作为待修正的结构单元。轿底结构单元粒度较大，对轿底结构单元继续进行分割，得到图 11-52 所示的轿底结构单元的置换结构连接模型。

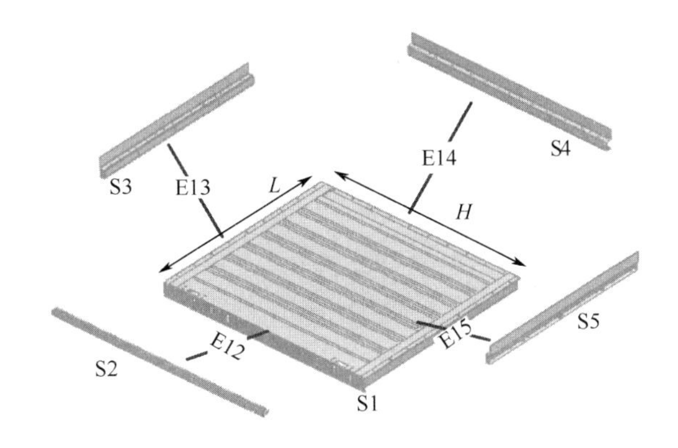

图 11-52 轿底置换结构模型

与置换结构连接图相应的结构单元和连接边分别如表 11-24、表 11-25 所示。

表 11-24 轿底置换结构模型的结构单元

ID	N	D	S_f	C	E
S_1	必要组件	$\begin{bmatrix} S_1 & L & 1300 \\ & H & 1600 \end{bmatrix}$	S_{JD}	与 S_2，S_3，S_4，S_5 连接	$\{E_{12},E_{13},E_{14},E_{15}\}$
S_2	必要组件	$[S_2 \quad H \quad 1600]$	S_{JD}	与 S_2 连接	$\{E_{12}\}$
S_3	必要组件	$[S_3 \quad L \quad 1300]$	S_{JD}	与轿厢围壁焊接	$\{E_{13}\}$
S_4	必要组件	$[S_4 \quad H \quad 1600]$	S_{JD}	与轿厢围壁焊接	$\{E_{14}\}$
S_5	必要组件	$[S_5 \quad L \quad 1300]$	S_{JD}	与轿厢围壁焊接	$\{E_{15}\}$

表 11-25 轿底置换结构模型的连接边

E	S_i	S_j	R	C	O
E_{12}	S_1	S_2	直接连接	H 方向重合、L 方向平移	+
E_{13}	S_1	S_3	直接连接	L 方向重合	+
E_{14}	S_1	S_4	直接连接	H 方向重合	+
E_{15}	S_1	S_5	直接连接	L 方向重合	+

根据修正需求，对 S_1 进行修正操作，使得 $L = 1500\text{mm}$，由 S_1 的连接边可知受影响的结构单元为 S_2、S_3 与 S_5，同时需对这些结构单元进行修正操作。再对与 S_2、S_3、S_5 相连的结构单元进行修正，直到没有受影响的结构单元为止。

轿厢功能需求中要求有轿厢安全窗，轿厢安全窗在原有的置换结构模型中不存在，并且在置换结构库中也没有合适的安全窗，因此需要采用局部结构置换的方法来生成新的轿厢安全窗。

图 11-53 所示为轿厢整流罩的置换结构图，由轿厢整流罩通过分割形成 S_1、S_2 和 S_3。需要在 S_2 上生成安全窗，对 S_2 使用组合面分割的方法将放置轿厢安全窗的位置 S_{22} 从 S_2 中分割开，生成 S_{21} 和 S_{22} 及其连接边 $E_{21,22}$，利用结构单元置换操作，根据 $E_{21,22}$ 的连接和拓扑搭接关系用安全窗盖 $S_{22'}$ 替换原有结构单元 S_{22}。再经过结构重组生成了带有轿厢安全窗的整流罩结构，如图 11-54 所示。

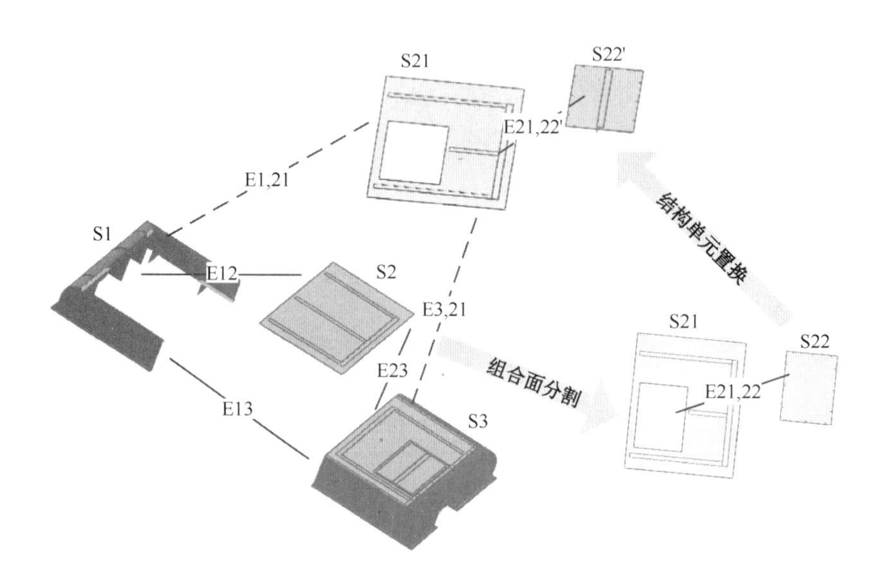

图 11-53　轿厢安全窗结构置换

图 11-54　带轿厢安全窗的整流罩结构

通过对轿厢模块的结构置换设计，最终生成全是直接连接的轿厢置换结构模型，如图 11-55 所示。

根据重组过程，将轿厢定制功能模块的重组结构进行重组，生成符合客户需求的轿厢定制功能模块的结构模型，如图 11-56 所示。

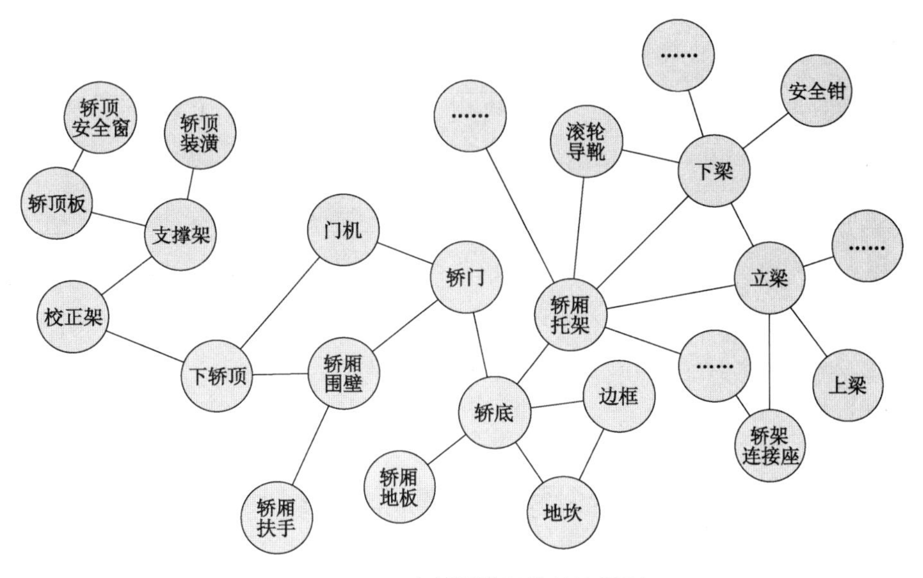

图 11-55　定制模块置换结构模型

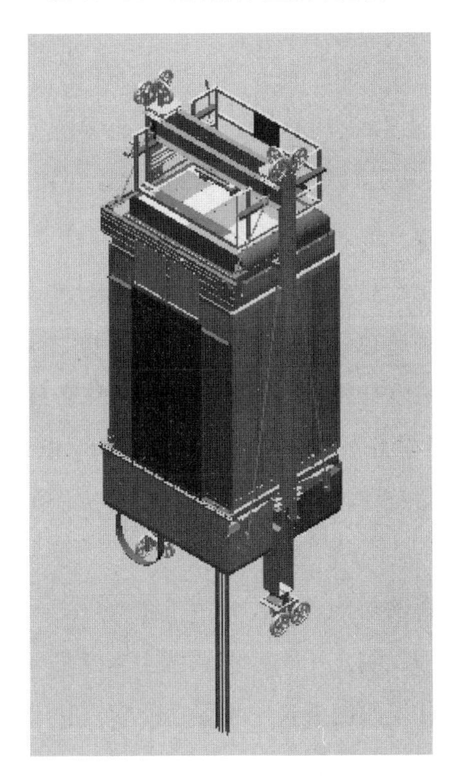

图 11-56　轿厢定制功能模块结构模型

11.4.4　应用效果分析

建立了高速乘客电梯的产品需求层次结构，并给出了各层次的映射关系。利用分布式存储技术建立了异构数据集成的云模式下的高速乘客电梯产品需求数据仓库，利用改进 K-均值聚类的方法对高速乘客电梯产品需求数据进行聚类分析。定义了高速乘客电梯客户定制技术参数，利用规则映射将高速乘客电梯客户需求映射为定制技术参数，并通过层次分析法确定各需求权重，得到定制技术参数。定义了高速乘客电梯的客户定制功能模块，建立了高速乘客电梯定制技术参数与定制功能模块功能的关联模型，应用了基于神经网络的功能映射方法，解决了高速乘客电梯需求与模块功能难以转换的问题。通过构建高速乘客电梯模块的置换结构连接模型，利用结构单元的修正、增减和替换操作实现了高速乘客电梯定制模块的变型设计，实现了高速乘客电梯客户需求的快速响应。

11.5　大型空分设备质量控制系统集成与实现

在进行空分设备质量控制研究的同时，围绕国家自然科学基金重点项目“复杂机电产品质量特性多尺度耦合理论与预防性控制技术”（50835008）、国家高技术研究发展计划（简称 863 计划）“面向国产重要装备与典型产品的快速响应客户的产品开发平台及应用”（2007AA04Z190）、国家重点基础研究发展规划（简称 973 计划）“复杂空气分离类成套装备超大型化与低能耗化的关键科学问题”（2011CB706500）等理论和应用课题，将科研成果应用于杭州杭氧集团的大型深冷式空分设备的质量控制信息化平台的开发中，解决了企业的部分技术难题，显著提高了杭氧集团的空分设备质量、降低了成本并加快了产品交货期，促进了该企业技术上的进步与管理上规范。该信息化平台在 Windows XP 操作系统下以 C/S 结构运行，利用数据库编程软件作为前台开发工具，以 Microsoft SQL SERVER 数据库作为后台支撑，并借助 Matlab 与 OriginPro 等数值分析与可视化处理工具为空分设备质量控制提供直观的参考。

本节首先介绍了科研项目的实施背景，分析了企业在空分设备质量控制过程的现状，在此基础上，根据企业实际情况制定了相应的系统实施方案；详细地介绍了空分设备质量控制系统的体系架构，以软件工作图来说明主要功能模块的用途和使用方法。

11.5.1　系统的应用背景与实施策略

1. 系统的应用背景

若工业和医疗所使用的气体是“社会的血液”，大型空气分离成套装备则是社会发展的“造血装备”。《国家中长期科学和技术发展规划纲要（2006—2020 年）》指出：成套装备与

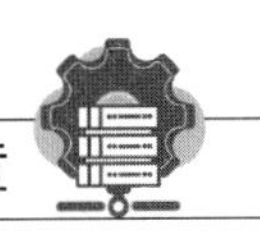

系统的设计验证技术、基于高可靠性的大型复杂系统和装备系统的设计等列为先进制造技术需重点突破的内容。因此，研究如何提高空分设备的质量关系到国民经济发展的命脉。国外技术上的封锁，设计层面的技术依赖，国外大型空分装备制造商纷纷占领中国市场，运输等客观条件对设备大型化构成限制等一系列的问题都制约着我国空分设备的自主研发。

为提升我国大型空气分离成套装备的自主创新能力和核心竞争力，国家科技部审议并通过“复杂空气分离类成套装备超大型化与低能耗化的关键科学问题”基础重点研究计划。作为课题的责任单位，浙江大学、华中科技大学、西安交通大学、大连理工大学、东北大学和杭州杭氧集团等国内知名高校和专业生产企业联合开展了集空分设备设计、制造、优化和质量控制等学术内容为一体的空分设备研发系统，课题组所研发的质量控制平台对于提高各个部机的质量及空分设备自身的总体质量，提升综合国力和关键装备的独立研发能力，都具有非常深远影响和重要的实践意义。

杭州杭氧集团在企业数字化质量控制方面已经具备一定的基础和实力，较早地将数字化设计技术应用于产品的研发过程，产品研发部门有效地应用了 SIEMENS UG、CATIA、SolidWorks、AutoCAD、HyperWorks、Ansys、DesignLife、CAXA、Nastran、Patran、ADAMS、Pro/Engineering、Gibbscam、Vericut、Mastercam、Moldflow 等计算机辅助设计分析软件。研发部门、采购部门、销售部门、仿真优化部门等也采用了数字化信息管理系统进行辅助管理。然而，面对当前波诡云谲的市场环境和产品定制程度深化趋势的增强，以及受到日新月异的数字化设计、制造及管理等大量新技术的影响，企业在客户需求的分析与处理、产品研发、加工制造等实际过程中均呈现出了一些不足，主要体现在以下几方面。

（1）质量实现水平的规划及管理不善。空分设备是特殊设备，对各项质量要求极高。企业现有的质量策划范围仍仅局限在产品详细设计阶段和车间工序加工制造阶段，在质量信息的规划化、质量策划和监控的自动化、市场引导的个性化及产品质量需求的满足等方面还存在严重不足，以至于影响产品的质量适应性和市场竞争力。

（2）各个部机模块的组成和粒度管理欠缺。空分设备各个部机的模块化程度非常高，在交互性质量或可替换质量更迭的控制过程中，对模块实例的重用性要求很高。但是，企业缺乏相应的模块库和结合面库信息系统来辅助质量管理人员来完成这项工作，这就势必导致空分设备质量控制资源的利用率大打折扣。

（3）质量控制资源的整合力度不够。目前空分设备的研发过程复杂、研发周期漫长，涉及销售部门、设计部门、管理部门、质量检验等多个业务部门，因此，整个设计流程必然需要设计人员及相关部门协同配合工作以完成任务。但是，企业现有的设计流程管理仍然依靠人为分配与监控的手段来实现，设计团队无法满足对设计信息的规范化、任务分配的自动化及进度监控的实时化方面的基本需求。

（4）供应链的管理。对于空分设备而言，供应商在产品研发过程中发挥的作用极为重要。企业缺乏对供应商在供货过程中所提供的零部件质量信息、交货期信息、成本信息和相关的技术文件信息等信息的全面管理。

在详细、周密调研和深入分析的基础上，企业以“复杂空气分离类成套装备超大型化与低能耗化的关键科学问题”重点基础研究发展规划为纲要，开展了大型空分设备全面研发工作，通过引入新颖的思想和方法，运用智能化、协同化手段作为工具，提升项目实施单位的综合竞争力和研发能力。结合空分设备研发所遇到的具体问题，设计开发了空分设备质量智能化、协同化控制系统——HY-ASEQCS（air separation equipment quality control system）。

2. HY-ASEQCS数字化质量控制系统的规划蓝图

根据杭州杭氧集团股份有限公司的实际情况，为杭州杭氧集团股份有限公司开发了专用的质量控制数字化系统。该数字化质量控制系统集成平台具有以下特点。

（1）对空分设备生命周期内的各方面进行了研究，建立了行业标准与规范，进而协调企业内部、外部有形和无形的资源，实现资源的全面整合。

（2）规范了产品质量信息管理，通过对客户需求、合同文本、技术文档、质量文件及远程监控等信息的获取、分析和管理，实现对客户需求信息与空分设备质量特性的提取。

（3）构造了基于多尺度、多维度、多目标的空分设备质量控制产品模型，以模块化质量控制为核心思想。在此基础上进行拓展，建立空分设备各部机模块的系列化质量数据通用化模型。

（4）规范了空分设备基础数据，对空分设备主要部机涉及的数千种零部件进行数字化编码，实现了对零部件的统一管理。

（5）建立了零部件级、模块级、部机级、成套设备级等多个尺度质量数据库和各尺度的设计资源库、质量控制知识库。

通过数字化质量控制系统HY-ASEQCS的应用，杭州杭氧集团股份有限公司提高了各类客户的满意度，降低了各种型号产品的成本，减少了各种型号产品的交货期，明显提高了企业的整体管理水平。

11.5.2　HY-ASEQCS 系统的体系与功能模块

1. 系统的体系结构

HY-ASEQCS 系统主要包括客户需求管理、空分设备质量特性管理、空分设备模块构建和粒度管理、供应链与零部件管理、供应商管理、空分设备装配质量管理、质量优化管理、质量过程管理、质量控制方案的评价与选择管理、系统安全管理及企业业务流程等多个功能管理模块。

在 HY-ASEQCS 数字化质量控制系统中，通过客户需求信息管理，采用逐步分解与转化等方式来获取空分设备的质量控制需求。

基于客户需求的基本信息，分析推理空分设备的质量特性实现水平并对空分设备的质量进行控制与分析。

基于项目任务管理和工作流程管理，进行空分设备项目的整体质量方案规划、图档文档规划及工艺规划。

以空分设备零部件质量可靠性数据、成本数据、交货期数据为底层支持，进行空分设备的供应链和模块化管理。

在取得对已有的各种型号空分设备质量控制的经验和管理知识的基础上，开展超大型（12 万立方米/小时）深冷式空分设备规划来提高质量。

基于质量控制过程管理，实现对 HY-ASEQCS 数字化质量控制的项目开发过程中的客户需求与质量特性映射、各种质量物料清单（bill of materiais，BOM）的构建及工艺质量管理等的有效管理。

安全与加密管理模块负责质量控制软件系统 HY-ASEQCS 整体的权限、用户、角色、功能控制与文件加密管理，确保系统安全可靠的运行。HY-ASEQCS 的知识体系结构如图 11-57 所示。

HY-ASEQCS 系统的实时质量监控业务模块和客户需求响应模块采用基于 Internet 的实时方式，其他主要功能模块则是采用客户/服务器模式，系统登录验证界面如图 11-58 所示。

经安全认证进入系统后，可以看到 HY-ASEQCS 的主界面，如图 11-59 所示。各个功能模块可以在主菜单或快捷菜单中找到。

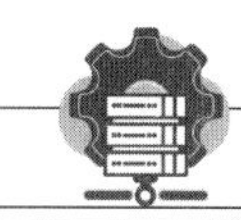

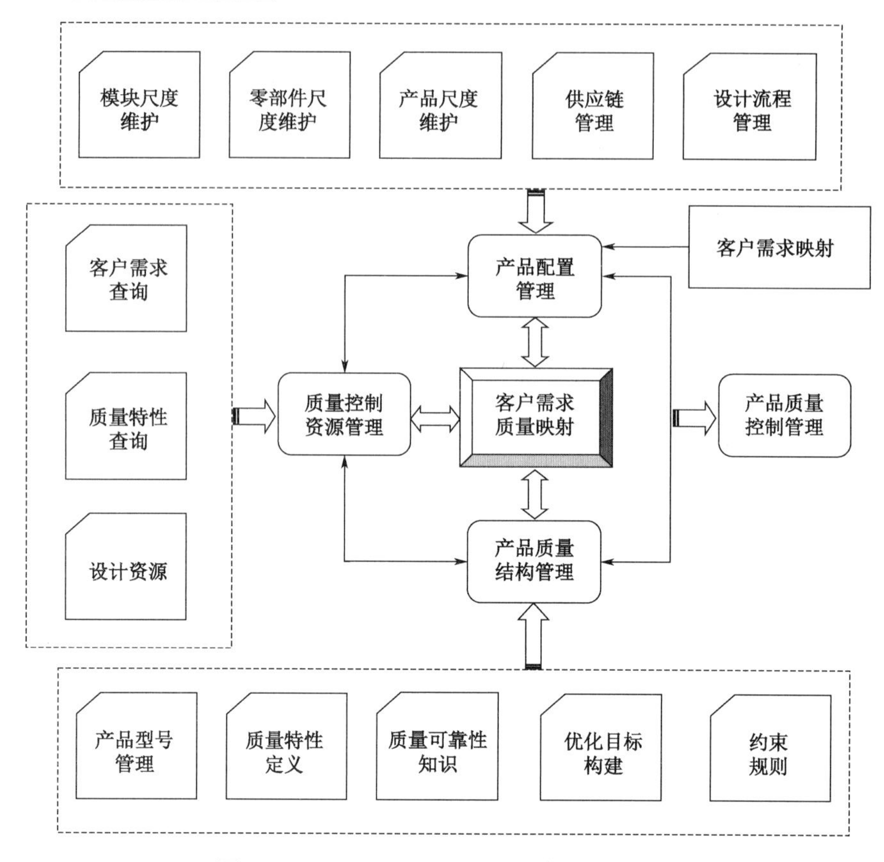

图 11-57　HY-ASEQCS 系统的体系结构

图 11-58　系统登录验证界面

图 11-59　主操作界面

2. 空分设备项目管理模块

项目管理模块是对新开发的空分设备产品或部机的立项、审核等流程进行监控，主要功能包括项目任务定义、项目合同管理、合同审批与维护、资源审定管理等。

1）项目任务定义

任务定义如图 11-60 所示，管理者选择一部分任务子集加入项目定义集合中，为任务

的开展做必要的准备工作和相关的规范性工作。

图 11-60　项目任务定义

2）项目合同管理

如图 11-61 所示，该模块用于管理合同的生成与监督过程，规范了企业新产品开发的流程和合同创建过程。

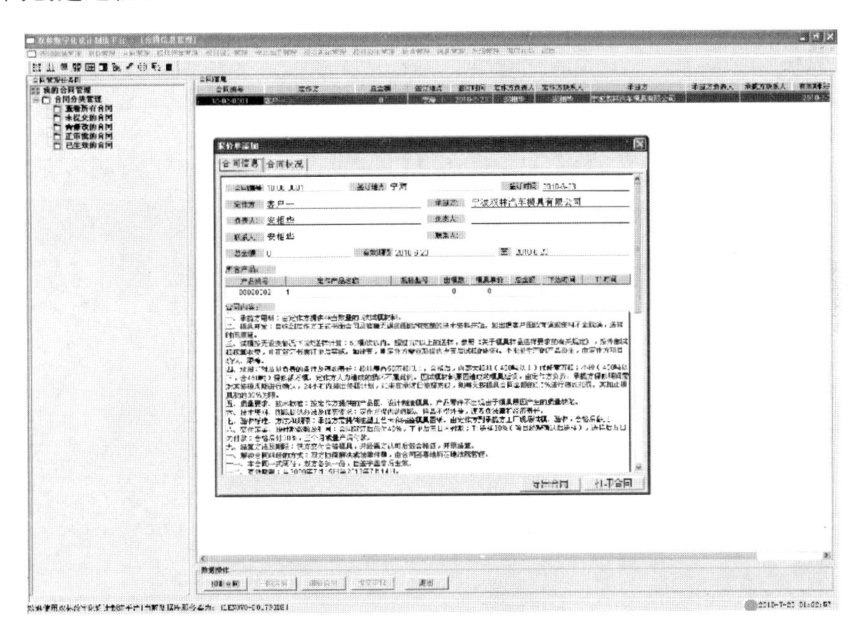

图 11-61　项目合同管理

3）合同审批与维护

如图 11-62 所示，该模块主要用于合同真正签署之前的监管，包括合同的维护、更改、废弃等。

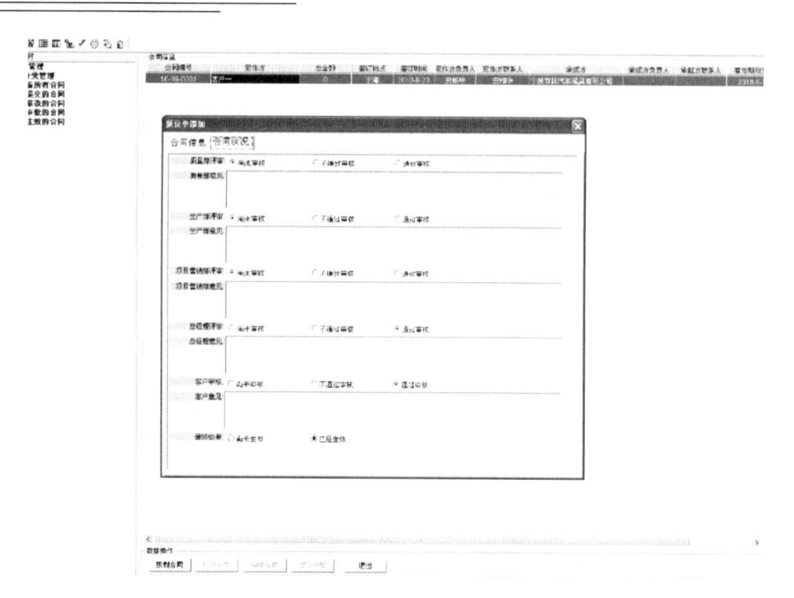

图 11-62　项目合同审批与维护

4）资源审定管理

如图 11-63 所示，资源审定管理主要用于资源消耗管理，包括物料领取申请、库存进出的审批等质量控制工作。

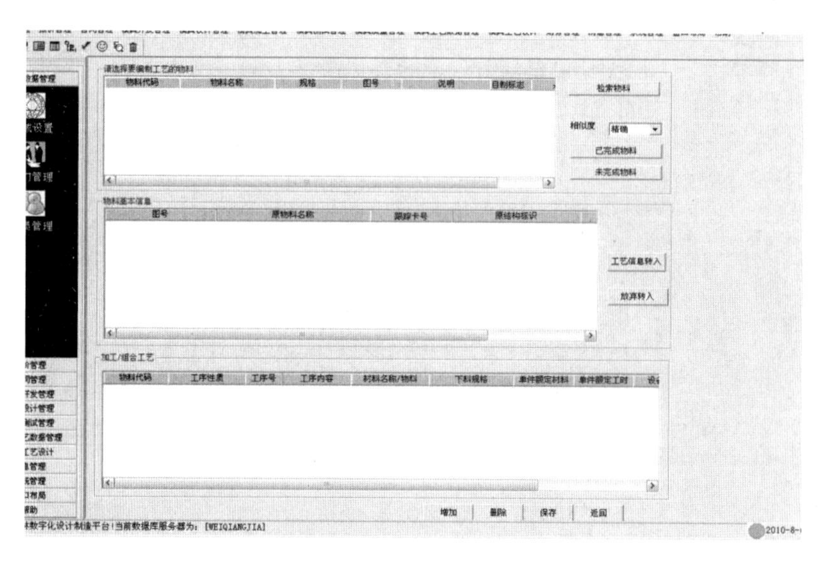

图 11-63　批产审定资料管理

3. 空分设备客户需求管理模块

空分设备需求的获取与分析是空分设备质量智能化控制的关键步骤，为空分设备的研发、制造等后续环节提供了基础。

客户需求的智能获取和处理子功能模块是一个非常重要的、关键性的、源头性的功能

模块，主要用于获取空分装备各个部机设计、制作、回收、装配、拆卸、维修、维护、再利用等生命周期内多个关键环节所必需的信息，为空分设备的质量控制操作提供基础信息。

1）图文档管理

图 11-64 所示是空分设备质量控制与研发的图文档管理与维护的主界面。这一功能模块主要包括图档和文档的制作、图档和文档的递交、图档和文档的保存、图档和文档的加密、图档和文档的增减等功能。

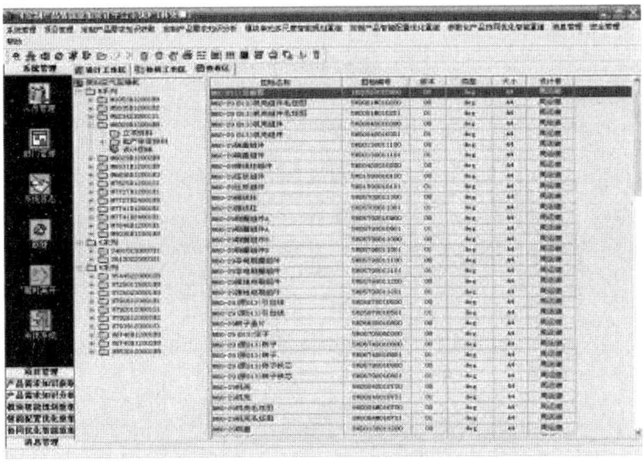

图 11-64　图文档管理与维护的主界面

2）编码管理

空分设备中关键部机（如空气压缩机、透平膨胀机、换热器、净化器等）的编码管理子系统的主要功能是制定编码规则，大大减少了人工编码的烦琐性、不准确性等问题。

图 11-65 所示为空分设备各个部机、模块、零部件的编码规则管理界面，主要包括编码规则的生成、编码规则的修改、编码规则的增加、编码规则的删除和自动化编辑等多个功能。

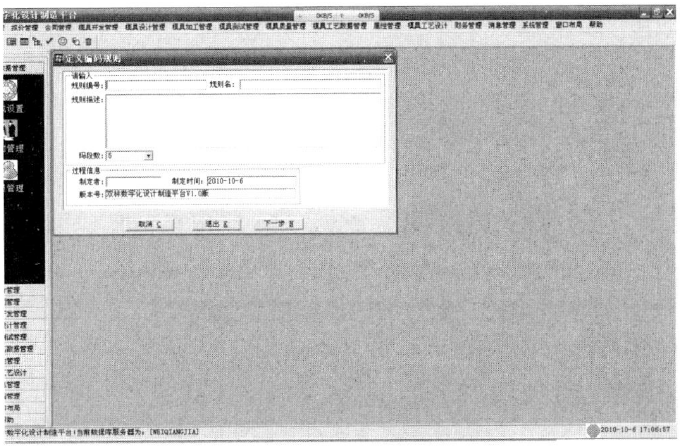

图 11-65　编码规则管理

图 11-66 所示为各关键部机的编码规则维护界面，主要包括空气压缩机、透平膨胀机、换热器的编码规则属性维护和码段信息维护等功能。

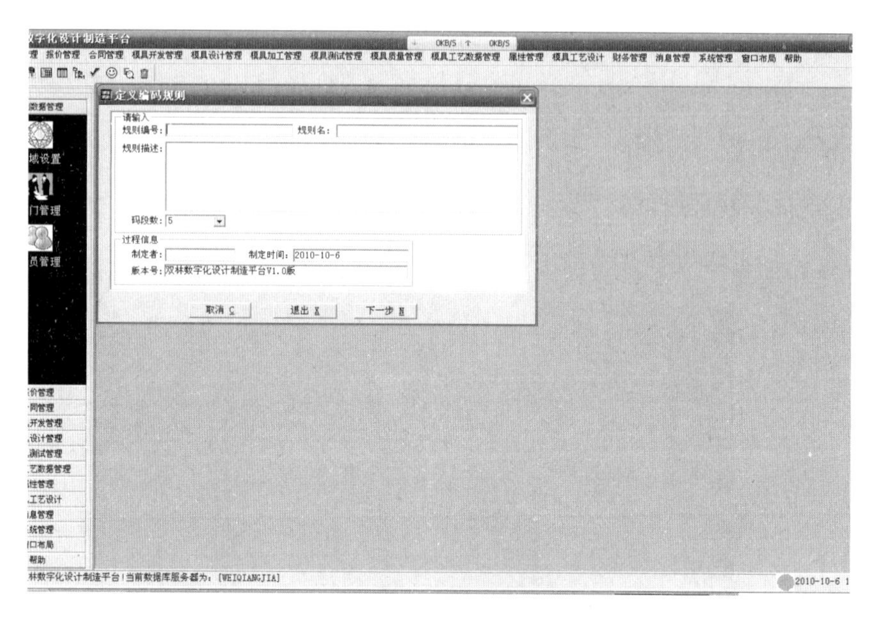

图 11-66　编码规则维护

图 11-67 所示为空分设备编码生成向导界面，主要进行各个码段的生成，如可选、常量和流水。

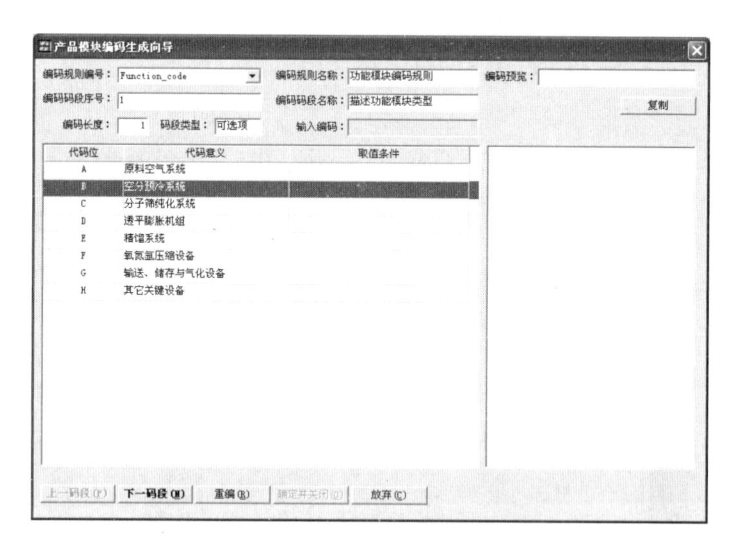

图 11-67　空分设备编码生成向导

3）空分设备需求的获取和处理

如图 11-68 所示，需求获取和处理模块主要是通过智能化手段获取空分设备的主要质

量参数和客户需求。在此过程中，利用了模糊数和模糊语义变量等现代化数学手段获得并处理客户需求。

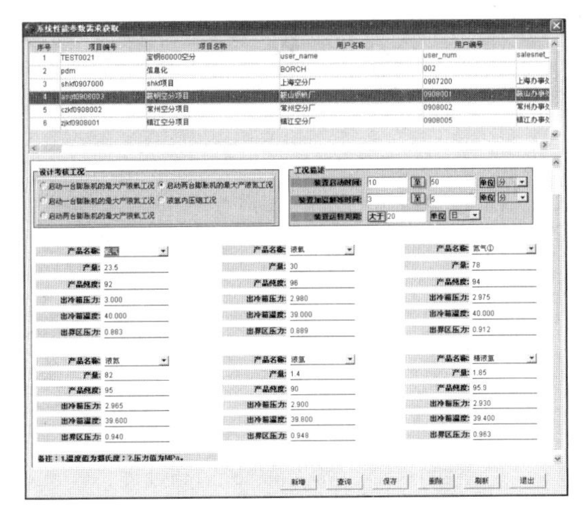

图 11-68　空分设备需求知识获取

如图 11-69 所示，系统建立了空分设备需求知识语义知识库，一切复杂的、不确定的需求均可通过知识检索来处理。

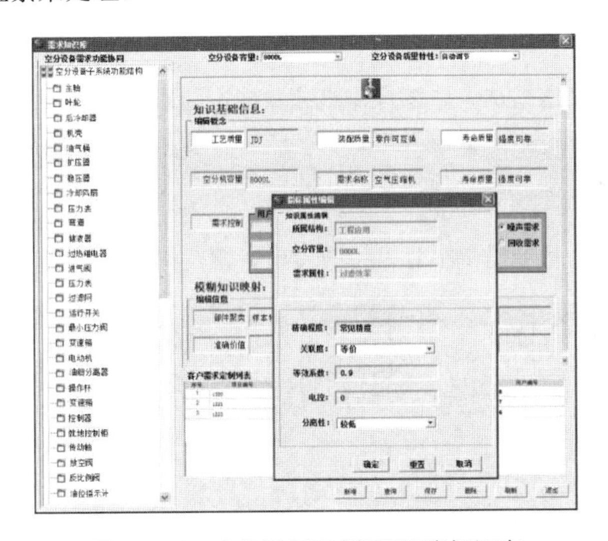

图 11-69　空分设备需求知识语义知识库

4）空分设备客户需求映射与处理

如图 11-70 所示，各种类型的客户需求得到了有效分类与处理。通过对客户模糊的、不完备的、不精确的需求处理后，实现了空分客户需求的映射。客户需求重要度分析为空分设备质量特性映射和质量特性实现水平的确定提供有效的支持。

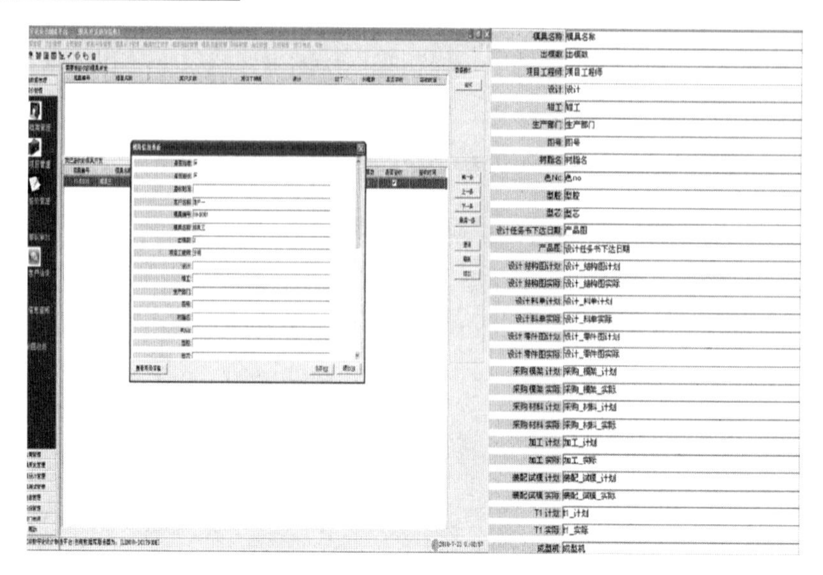

图 11-70　客户需求映射与处理

4. 空分设备质量控制管理模块

产品质量控制管理功能模块主要包括质量特性优化提取管理、零部件编码管理、零件质量特性维护、标准模块管理及供应商管理等。客户需求的获取与分析以项目调研分析文件为基础，分析客户需求的重要度。

质量特性优化提取是指从大量客户需求参数中，通过映射转换计算，提取空分设备的关键质量特性，并计算其实现水平。

1）质量特性优化提取管理

质量特性优化提取用于提取空分设备的质量特性，操作界面如图 11-71 所示。

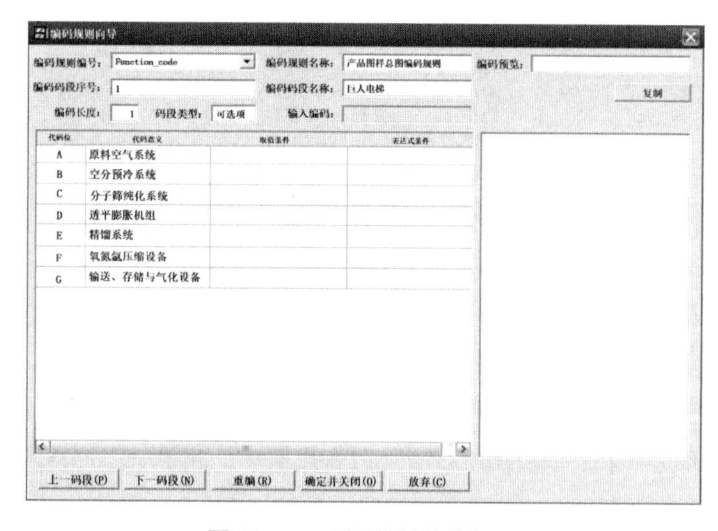

图 11-71　质量特性优化提取

2）零部件编码管理

零部件编码管理为企业的零部件提供规范的、标准的、唯一的编码，主要包括编码规则和编码生成。编码规则功能用于制定编码规则并由设计人员对其进行维护。这个模块可帮助企业方便地建立、修改编码规则，如图 11-72 所示。

图 11-72　编码规则维护

如图 11-73 所示，编码生成向导的操作界面根据编码规则，自动生成零部件的编码，提高编码效率，保证编码的唯一性。用户可以通过多种方式查询并获取零部件的具体编码和相关的编码信息。

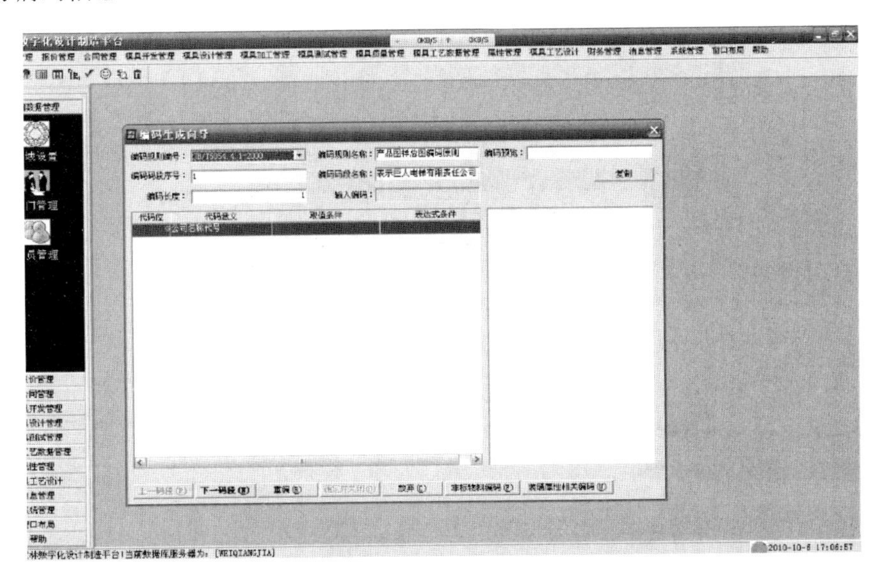

图 11-73　编码生成维护

3）零件质量特性维护

零件质量特性维护功能是产品功能结构模块与模块实例之间建立联系的纽带，主要包括零件质量特性定义和质量特性的关联处理，主要用于定义零部件的质量类别、质量标识、质量名称与质量可靠性值等，如图 11-74 所示。

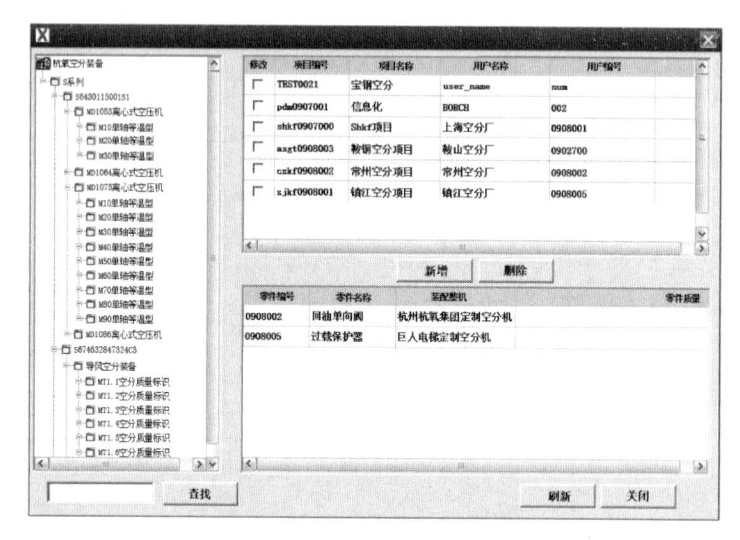

图 11-74　零件质量特性维护

4）标准模块管理

标准模块管理主要根据多级部件标准化的模板进行分解，并将产品模块化信息保存在企业知识数据库中，作为标准模块以支持空分设备的质量控制。标准模块管理功能如图 11-75 所示。

图 11-75　标准模块管理

5）供应商管理

空分设备的多级供应链结构管理主要指通过对节点的增加、删除、复制等方式，建立各个零部件和模块的供需关系。该模块还提供单链式供应商管理功能、复链式供应商管理功能及多级链式供应商管理功能，如图 11-76 所示。

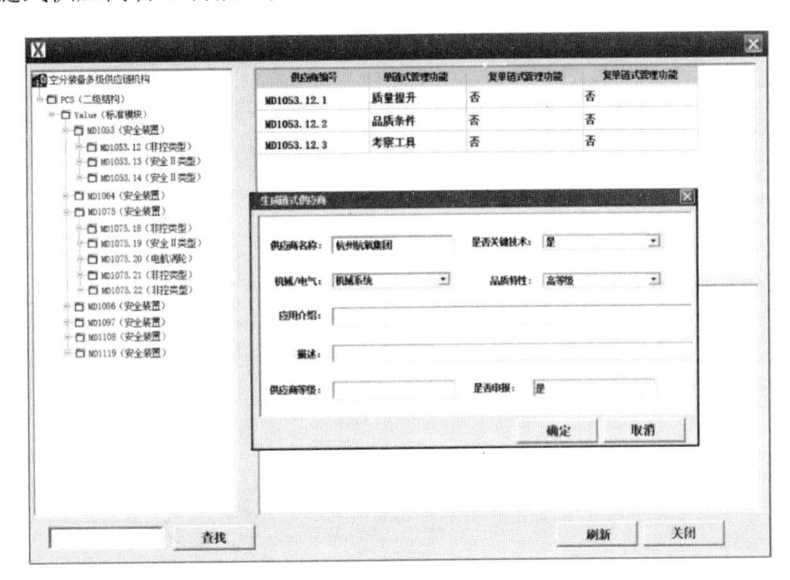

图 11-76　供应商管理

5. 空分设备质量方案管理模块

空分设备质量管理功能模块主要包括产品型号管理、质量评价准则维护、设计约束规则管理及关键部机质量优化设计。

1）产品型号管理

产品型号管理主要用于记录和维护企业所有产品系列的属性描述，包括系列型号、产品名称、相关图档等属性。图 11-77 所示为产品型号管理的操作界面。

序号	产品型号标识	产品型号名称	备注
1	S系列	S系列空压机	
2	U系列	U系列空压机	
3	W系列	W系列空压机	
4	M系列	M系列空压机	

查询(F)　增加(A)　删除(D)　保存(S)

图 11-77　产品型号管理

2）质量控制参数维护

质量控制参数维护主要包括质量控制参数属性定义和质量控制参数取值设置。质量控制参数属性定义包括质量控制分类、质量控制名称、质量控制属性取值、质量属性数据类型等。质量控制参数取值设置用于限定参数取值的范围，操作界面如图 11-78 所示。

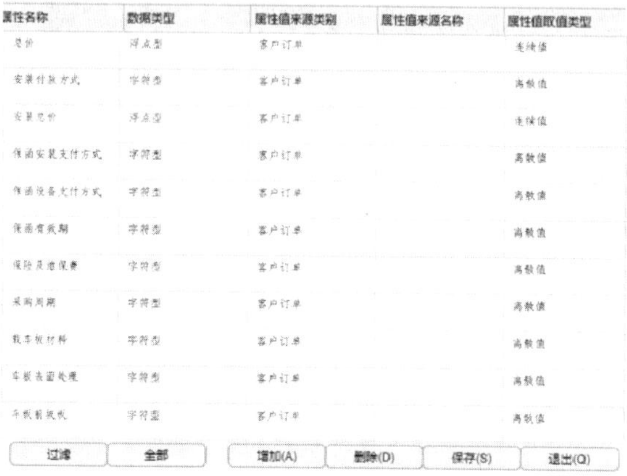

属性名称	数据类型	属性值来源类别	属性值来源名称	属性值取值类型
总价	浮点型	客户订单		连续值
安装付款方式	字符型	客户订单		离散值
安装总价	浮点型	客户订单		连续值
保函安装支付方式	字符型	客户订单		离散值
保函设备支付方式	字符型	客户订单		离散值
保函有效期	字符型	客户订单		离散值
保险及滞保费	字符型	客户订单		离散值
采购周期	字符型	客户订单		离散值
载车板材料	字符型	客户订单		离散值
车板表面处理	字符型	客户订单		离散值
车板前纸板	字符型	客户订单		离散值

过滤　全部　增加(A)　删除(D)　保存(S)　退出(Q)

图 11-78　质量控制参数维护

3）质量控制约束规则管理

质量约束规则管理模块负责管理在质量控制过程中产生的规则约束问题，图 11-79 所示为约束规则管理操作界面。

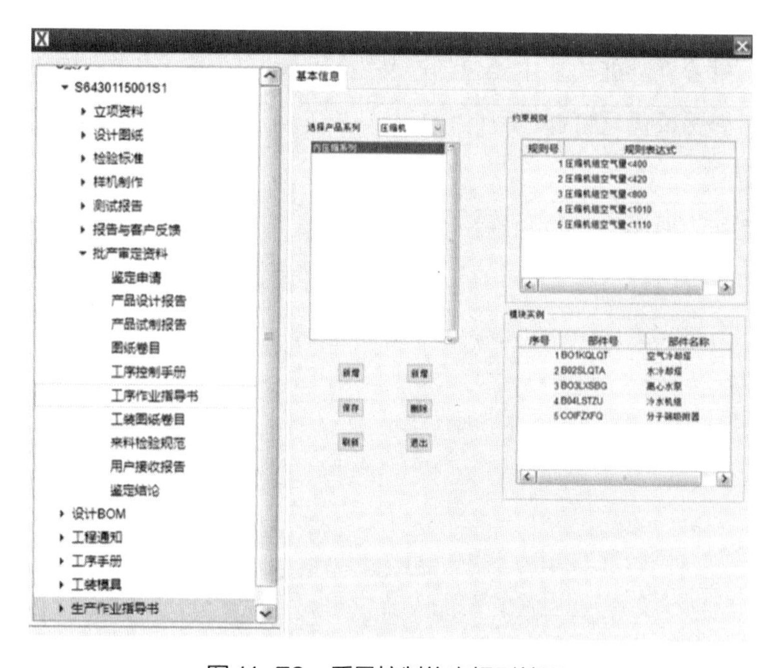

图 11-79　质量控制约束规则管理

4）质量控制协同优化决策管理

空分设备方案协同优化模块主要包括产品多目标优化计算，操作界面如图 11-80 所示。

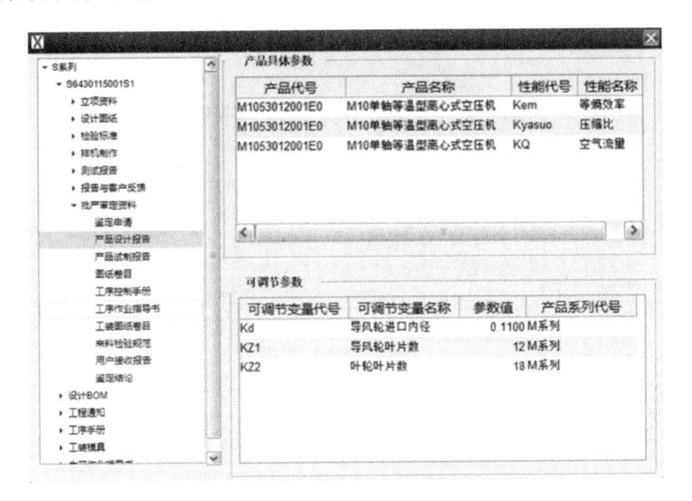

图 11-80　质量控制协同优化决策管理

5）空分设备质量 BOM 管理

空分设备质量 BOM 管理主要是建立物料之间的从属关系，包括物料的增加、删除、修改和查询等操作，操作界面如图 11-81 所示。

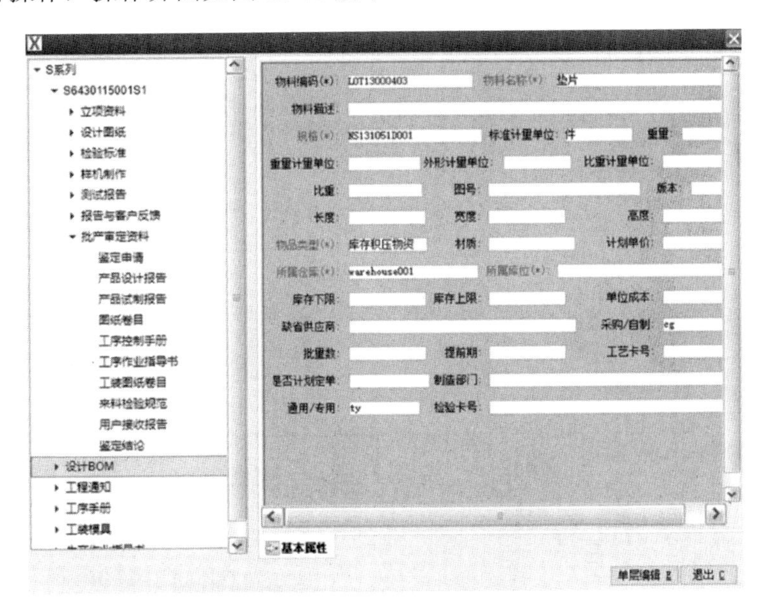

图 11-81　空分设备质量 BOM 管理

6）模块实例选配约束管理

模块实例选配约束分为缺省约束和自定义约束，在进行模块实例选配时，根据自身需要自定义挑选合适模块实例，操作界面如图 11-82 所示。

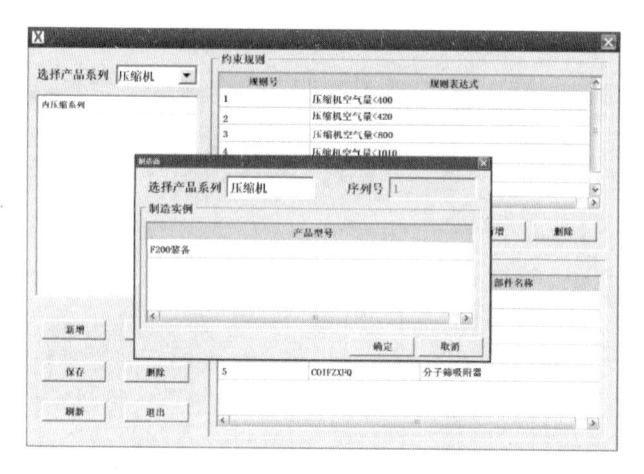

图 11-82　模块实例选配约束管理

7）质量控制方案优化选择

质量控制方案优化选择功能模块通过对空分设备各部机模块实例质量优劣的评定筛选出设备，操作界面如图 11-83 所示。

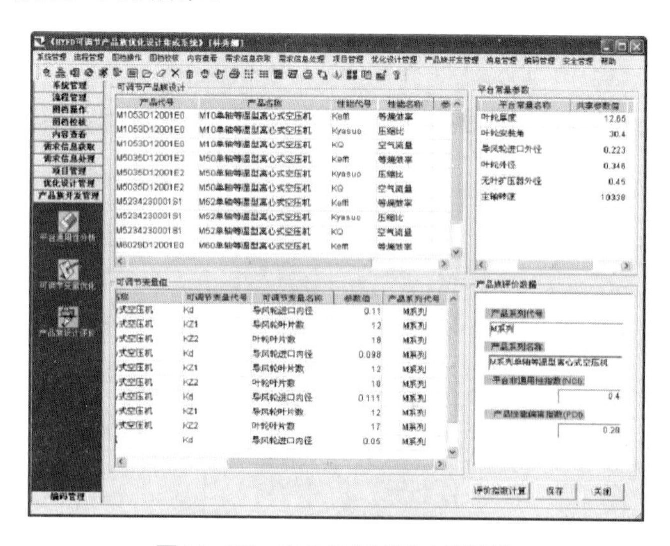

图 11-83　空分设备质量方案优选

6. 质量控制流程操作管理

质量控制流程管理模块用于对空分设备各部机的设计、制造、质量控制等过程的各个环节进行管理，操作界面如图 11-84 所示。

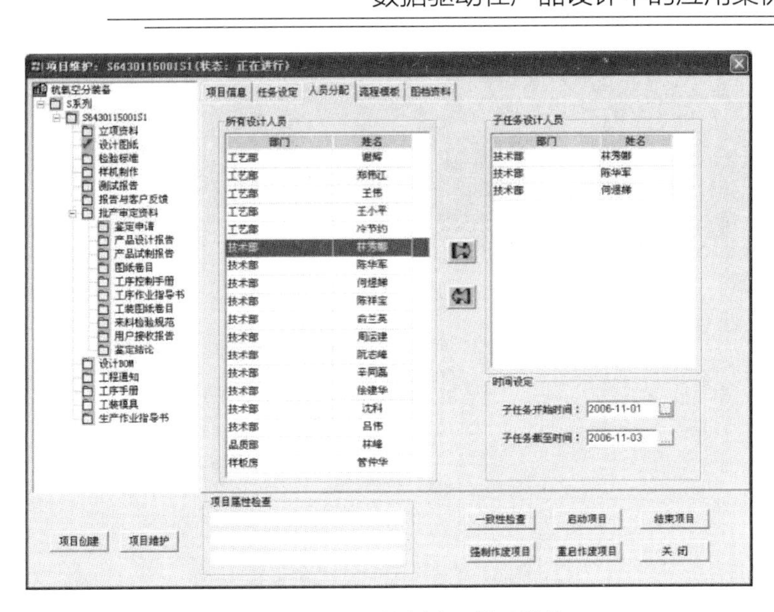

图 11-84　质量控制流程管理模块

7. 系统安全管理

考虑到系统的安全问题，HY-ASEQCS 系统的安全管理采用多重保护和信息加密机制。系统安全管理模块对各个用户设置了相应的权限和角色。各个角色具有一定的权限，每个用户归属于某个角色，用户只能在其角色内进行一定的活动，不能超越权限进行其他工作。这样就保证了服务器的安全，界面如图 11-85 和图 11-86 所示。

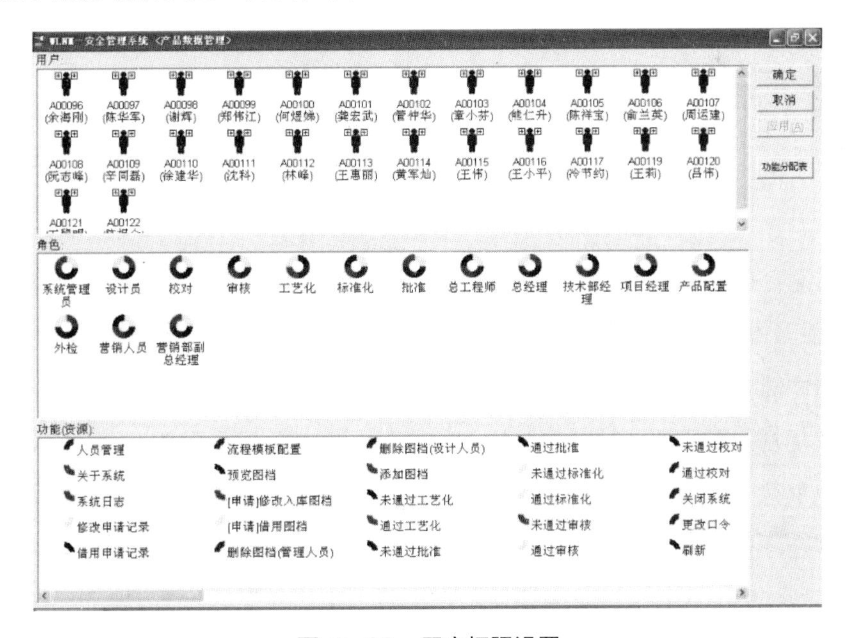

图 11-85　用户权限设置

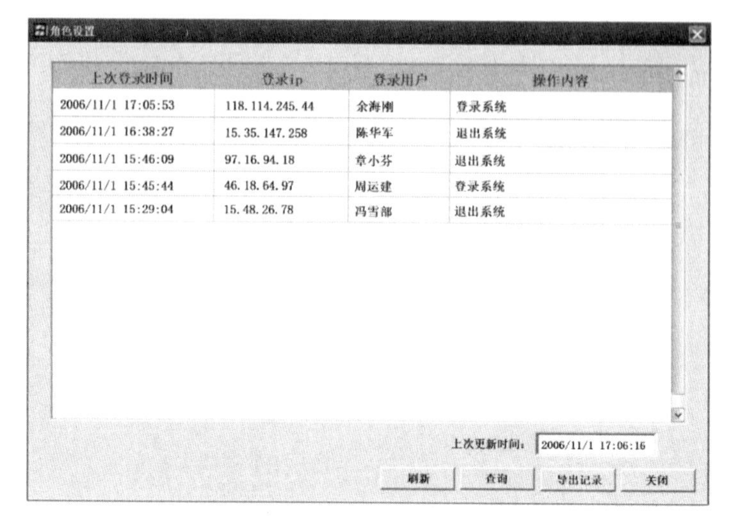

图 11-86　用户的角色设置

以上图形化软件系统详细介绍了空分设备质量协同化、智能化控制系统信息平台的构建过程，结合企业实际情况，开发了一套数字化质量控制系统 HY-ASEQCS。该系统目前已在企业运行并得到了好评。此外，本章演示了所研究的质量控制技术在企业生产中的具体成功应用，有效地增强了杭氧集团股份有限公司的开发设计能力，提高了空分设备的质量，取得了较好的应用效果。

从整个 HY-ASEQCS 体统的运行情况来看，本书所提出的方法得到了实践应用的有效检验，为面向质量的空分设备产品的研发提供了先进的、可行的新方法。

习题

1．简要说明数控加工中心细分需求建模的概念，重点强调通过细化客户需求、提取和优化质量特性来提升整体性能的重要性。

2．列出并简要解释数据驱动在大型注塑装备设计中的主要步骤。

3．什么是复杂锻压装备性能增强设计？它包括哪些关键步骤？

4．高速乘客电梯的模块置换设计中如何利用客户异构数据进行需求知识挖掘？

5．大型空分设备质量控制系统集成与实现的关键因素是什么？

6．定义数据驱动设计，简要说明其在产品设计中的作用和优势。

7．解释质量特性提取的概念，说明其在定制产品设计中的重要性。

参考文献

[1] 张君，郭晓锋，杨建，等. 中国重型锻压装备现状及发展趋势思考[J]. 中国重型装备，2024(02): 1-5+11.

[2] 山丹. 铝型材数控加工中心的电气自适应 PID 控制研究[J]. 自动化应用，2024，65(05): 73-75+78.

[3] 李红军，李春，李建强，等. 卧式加工中心空间坐标转换模块开发与利用[J]. 中国机械，2023(27):44-47.

[4] 袁超，孙勇，张浩，等. 基于云边协同的大型锻压装备远程运维系统研究[J]. 锻压装备与制造技术，2022，57(04): 16-24.

[5] 赵宝锋. 多产品空分供气网络生产调度研究[D]. 杭州：浙江大学，2022.

[6] 吴峻睿，谢仲铭，王立斌，等. 一种智能注塑工厂系统设计与应用[J]. 机电工程技术，2021，50(10): 176-179.

[7] 梁晶晶. 基于混合特征的注塑制品缺陷多级分类识别技术研究[D]. 杭州：浙江大学，2020.

[8] 顾承超. 基于 Unity3D 的大型空分装置虚拟演练系统[D]. 济南：山东大学，2019.

[9] 李塘. 高速电梯轿厢系统水平振动多因素耦合建模与减振优化应用研究[D]. 杭州：浙江大学，2019.

[10] 王松林. 高速电梯导向系统多因素耦合水平振动分析与减振技术及其应用[D]. 杭州：浙江大学，2018.

[11] Zhong R, Feng Y, Li P, et al. Uncertainty-aware nuclear power turbine vibration fault diagnosis method integrating machine learning and heuristic algorithm [J]. IET Collaborative Intelligent Manufacturing, 2024, 6: e12108.

[12] Cheng D, Hu B, Feng Y, et al. A digital twin-driven human-machine interactive assembly method based on lightweight multi-target detection and assembly feature generation [J]. International Journal of Production Research, 2024.

[13] Pan J, Zhong R, Hu B, et al. Smart scheduling df hanging workshop via digital twin and deep reinforcement learning[J]. Flexible Services and Manufacturing Journal, 2024.

[14] Gao Y, Feng, Y, Wang, Q, et al. A multi-objective decision making approach for dealing with uncertainty in EOL product recovery[J]. Journal of Cleaner Production, 2018, 204: 712-725.

[15] Feng Y, Zhang Z, Tian G, et al. Data-driven accurate design of variable blank holder force in sheet forming under interval uncertainty using sequential approximate multi-objective optimization[J]. Future Generation Computer Systems, 2017, 86: 1242-1250.